“笨办法”学C语言

Learn C the HARD WAY

Practical Exercises on the Computational Subjects You Keep Avoiding (Like C)

[美] 泽德 A. 肖（Zed A. Shaw）著

王巍巍 译

人民邮电出版社

北京

图书在版编目（CIP）数据

“笨办法”学C语言 / (美) 泽德·A. 肖
(Zed A. Shaw) 著 ; 王巍巍译. -- 北京 : 人民邮电出
版社, 2018.4（2020.10重印）
书名原文: Learn C the Hard Way: Practical
Exercises on the Computational Subjects You Keep
Avoiding (Like C)
ISBN 978-7-115-47730-9

Ⅰ. ①笨… Ⅱ. ①泽… ②王… Ⅲ. ①C语言－程序设
计 Ⅳ. ①TP312.8

中国版本图书馆CIP数据核字(2018)第016523号

内容提要

这本书的目标是让读者掌握足够的 C 语言技能，从而可以自己用 C 语言编写程序或者修改别人的 C 语言代码，成为一名优秀的程序员。但这并不完全是一本讲 C 语言编程的书，书中还重点介绍防御性编程。本书以习题的方式引导读者一步一步学习编程，结构非常简单，共包括 52 个习题，每一个习题都重点讲解一个重要的主题，多数是以代码开始，然后解释代码的编写，再运行并测试程序，最后给出附加任务。此外，每个习题都配套教学视频。

本书是写给至少学过一门编程语言的读者的，本书有趣、简单，并且讲解方法独特，让读者了解众多 C 语言的基础知识和 C 程序中常见的缺陷，在慢慢增强自己的技术能力的同时，深入了解怎样破坏程序，以及怎样让代码更安全。

◆ 著　[美] 泽德 A. 肖（Zed A. Shaw）
译　王巍巍
责任编辑　杨海玲
责任印制　焦志炜

◆ 人民邮电出版社出版发行　北京市丰台区成寿寺路 11 号
邮编　100164　电子邮件　315@ptpress.com.cn
网址　http://www.ptpress.com.cn
北京九州迅驰传媒文化有限公司印刷

◆ 开本：800×1000　1/16
印张：20.75
字数：470 千字　2018 年 4 月第 1 版
印数：5 951 – 6 250 册　2020 年 10 月北京第 7 次印刷

著作权合同登记号　图字：01-2015-8786 号

定价：69.00 元

读者服务热线：(010)81055410　印装质量热线：(010)81055316
反盗版热线：(010)81055315
广告经营许可证：京东市监广登字 20170147 号

版权声明

译者简介

王巍巍是一名受软件和编程的吸引，从硬件测试做到软件测试，又从软件测试做到软件开发的IT从业人员。代码和翻译是他的两大爱好，此外他还喜欢在网上撰写和翻译一些不着边际的话题和文章。如果读者对书中的内容有疑问，或者发现了书中的错误，再或者只是想随便聊聊，请通过电子邮件（wangweiwei@outlook.com）与他联系。

译者序

大部分技术书籍都在教你一些具体的东西：某门语言、某种技术、某个框架、某个工具……你看完书，大致模拟演练一下，然后就可以把这样东西写在简历里。你把简历发给心仪的公司，就幸运地获得了一份新工作。你在新公司解决了一些技术问题，但也积累了一些技术债务。你解决的问题为你带来更多经验并铺平了你前进的道路，积累的债务你也不用担心，因为没过几年，你要么已经成功升职，没人敢让你还债，要么已经成功跳槽，没人能找到你还债了。

这就是每一名上进的程序员的上升之路，用一个时髦的词汇讲，这算得上个人成长的“增长黑客”之路。当然，等这本书出版的时候，这个词也许跟“给力”一样，被扫到互联网的垃圾堆里了。

这本书不是这样的，作者竟然找了一门已经过时的编程语言，来教你一些没法写在简历里的东西。作者疯了？

其实这本书和作者的其他书一样，表面上是在教你编程语言，实际上是在教你编程的思维方式和最佳实践。这些东西在学校的课堂里讲得不多，市面上的书籍讲这个的就更少。工作时间长了，你也许会遇到一种人，他们技术水平似乎挺不错，很多东西都能讲出些门道，但写的代码质量却不太理想。这样的人，也许就是缺了这么一课。这一课很多人都是在工作实战中通过栽跟头补上的，但是现在你可以通过这本书补上。

这本书的价值就是在于让初级水平的程序员也能写出牢靠可用的代码。沉下心打好基础，未来的路才会更顺畅。

关于这本书涉及的具体话题，请参考作者的前言“这不完全是一本 C 语言的书”，我就不在此赘述了。

在这里我要感谢人民邮电出版社编辑的辛勤劳动，并且感谢王以恒小朋友没有跟他爸爸我抢电脑玩。

如有问题或者建议，欢迎和我联系，我的邮箱是 wangweiwei@outlook.com。

致谢

我要感谢 3 类人，是他们让我的书以现在的面目问世：恨我的人、帮我的人，还有绘画的人。

恨我的人让我的这本书变得更强，更能站住脚。他们脑子不会转弯，盲目地崇拜着 C 语言的旧神祇们，完全没有教学经验。要是没有他们作为反例，我也许就不会这么努力，让这本教人成为更好的程序员的书完整问世了。

帮我的人包括 Debra Williams Cauley、Vicki Rowland、Elizabeth Ryan，还有整个 Addison-Wesley 团队，以及每一个在线指出错误和提出建议的人。他们的制作、纠错、编辑、优化工作，让这本书变得更为专业，也更为优秀。

绘画的人就是 Brian、Arthur、Vesta 和 Sarah，他们帮我找到了一种新的自我表达方式，让我忘掉了 Debra 和 Vicki 为我设得清清楚楚而我又次次赶不上的最后期限。没有绘画，没有这些艺术家们给我的艺术礼物，我的生活就没这么丰富和有意义了。

谢谢你们所有人在我写书过程中提供的帮助。完美的书不存在，这本书也谈不上完美，不过我已经尽力让它尽可能好了。

这不完全是一本 C 语言的书

别觉得自己上当了，这本书其实并不是一本教你 C 语言编程的书。你会学到编写 C 语言程序，但这本书给你最重要的一课是严谨的防御性编程。现在有太多的程序员会天真地假设他们写的东西没问题，但却总有一天，灾难性的失败会发生在这些东西上面。如果你主要学习和使用的都是现代编程语言来解决问题，那你尤其会碰到这种情况。阅读了这本书，并跟着做了里边的习题，你就会学会怎样写出有自卫能力的程序，它们可以防卫自己不被恶意行为和自身缺陷所伤害。

我使用 C 语言有一个很特别的原因：C 是一门“烂”语言。C 语言有很多设计选择在 20 世纪 70 年代还算颇有意义，但放到今天则毫无道理。从毫无限制到处乱用的指针，到严重没法用的 NUL 结尾的字符串，这些东西是 C 程序几乎所有安全缺陷的罪魁祸首。尽管 C 语言用途广泛，但我相信 C 语言之烂，它是最难写出安全代码的一门语言。我猜就连汇编语言都比 C 语言更容易写出安全代码。说句心底的大实话，我觉得大家都不该再写新的 C 代码了。

既然这样，那为什么我还要教你 C 语言呢？因为我想要让你成为一个更好、更强大的程序员。如果你要变得更好，C 语言是一个极佳的选择，其原因有二。首先，C 语言缺乏任何现代的安全功能，这意味着你必须更为警惕，时刻了解真正发生的事情。如果你能写出安全、健壮的 C 代码，那你就能用任何编程语言写出安全、健壮的代码。你在这里学到的技术，可以应用到今后你用到的任何编程语言中。其次，学习 C 语言让你能直接接触到如山似海的旧代码，还能教会你众多衍生语言的基本语法。一旦学了 C 语言，你学习 C++、Java、Objective-C 和 JavaScript 也就更容易，就连一些别的语言也会变得更加易学了。

告诉你这些不是为了把你吓跑，我计划把这本书写得非常有趣、简单而且“离经叛道”。我会给你一些用别的语言也许很少会去做的项目，通过这种方式让你从中获得乐趣。我会用我百试不爽的习题模式，让你学习 C 语言编程并且慢慢增强自己的能力，这种方式会让你觉得这本书很好上手。我还会教你怎样破坏程序以及怎样让你的代码变得更安全，让你知道为什么这些事情很重要，这种方式可以说是相当的“离经叛道”。你将学会怎样导致栈溢出和非法内存访问，了解众多 C 程序中常见的缺陷，最终知道自己面对的究竟是什么。

像我的所有书一样，这本书的通关很有挑战性，不过如果你真的通关了，那会成为一名更好且更自信的程序员。

未定义行为

当你学完这本书以后，你会有能力调试、阅读、修正几乎所有你遇到的 C 程序，还能在需要的时候写出新的、稳固的C代码。然而，我不会教你官方的C语言。你会学到C语言，也能学到如何正确使用它，但官方C语言并不是非常安全。大多数的C程序员写的代码并不稳固，其原因就在于一个叫未定义行为（undefined behavior，UB）的东西。未定义行为是美国国家标准组织（ANSI）的C语言标准中的一部分，这部分罗列了编译器能忽略你写的代码的所有方法。这份标准里真的有这么一块内容，里边写着如果你这么写代码，那么编译器就不和你玩了，它的行为就会变得不可预测。当C程序读到字符串的结尾，就会发生未定义行为，这是C语言中极其常见的一种错误。再来讲点背景吧，C语言将字符串定义为以NUL字节（为简化定义，可称为0字节）结尾的内存块。由于很多字符串都是来自程序之外，C程序会经常接收到不包含NUL字节的字符串。当发生这种情况的时候，C程序会越过字符串结尾接着读下去，读到计算机的内存中去，从而导致程序崩溃。C语言之后的每一种语言都试图避免这种情况的发生，但C却是个例外。C语言自己几乎完全不会预防未定义行为，而似乎每一个C程序员都认为这意味着他们无须应付这件事情。他们写的代码里充满了NUL字节越界的潜在可能性，当你指出这些地方以后，他们会说："不就是未定义行为嘛，没必要费劲儿预防的。"这种对C程序中大量未定义行为的依赖，就是大部分C代码都极其不安全的原因所在。

我写代码时会试图避免未定义行为，避免的方法就是让我写的代码要么不触发未定义行为，要么能防止未定义行为。后来我发现这是一个不可能的任务，因为未定义行为实在太多了，到处都是各种互相关联的陷阱，形成一个难解的戈耳狄俄斯之结。在你学习这本书的过程中，我会指出各种你会触发未定义行为的方法，告诉你可能的话该如何避免，以及如何在别人的代码中触发可能的未定义行为。不过你应该记住，要完全避免未定义行为这种带着近乎随机性质的东西是几乎不可能的，你也只能尽力而为。

警告 你会发现C语言的铁粉会拿未定义行为这个话题来欺负你。有一类C程序员，他们写的C程序不多，但他们记住了所有的未定义行为，并以此来欺负编程新手的智商。别理这样的人。大部分时候，他们并不是真正会写程序的C程序员，他们目空一切，出言不逊，只会没完没了考你。他们所做的一切，都只是为了证明自己高人一等，而不是为了帮忙解决问题。如果你需要有人帮忙指点一下你的C代码，给我的邮箱help@learncodethehardway.org写封邮件就好了，我很乐意帮你。

C是一门既美丽又丑陋的语言

未定义行为的存在，是你学习C语言的又一个理由，如果你想成为一名更好的程序员，这会对你很有帮助。如果你能用我教你的方法写出良好稳固的C代码，那你就能应付任何语言。C语言还有积极的一面，它在很多方面都是一门真正优美的语言。尽管它功能强大，语法却简单到令人难以置信。在差不多45年里，众多语言都复制了C语言的语法，这不是没有原因的。

C 语言会给你提供很多，使用到的技术却极少。学完 C 语言后你会发现，这门语言既优雅美丽，同时又有几分丑陋。C 语言很老了，它就像一块纪念碑，远看雄伟壮丽，近看会有很多的裂缝和缺陷。

我知道我用的 C 挺稳固，因为我花了 20 年撰写整洁、稳固的 C 代码，它们支撑了大型程序的运作，而且基本没怎么出过问题。我的 C 代码支撑了 Twitter 和 Airbnb 等公司的业务，这些代码也许已经处理过数万亿个事务。它们极少出问题或受到安全攻击。在许多年里我的代码都支撑着 Ruby on Rails 的 Web 世界，它一直运行完美，甚至还防止过安全攻击，而别的 Web 服务器程序常被各种简单的攻击攻陷。

我的 C 代码编写风格是很稳固的，不过更重要的是我写 C 代码时的意识状态，这应该是每一个程序员都应具备的东西。我在着手 C 语言或者任何别的编程语言时，会时刻想着尽可能预防错误的发生，并且会带着凡事皆不会顺利的想法。别的程序员，就连那些据说很厉害的程序员，也会在写代码时假设一切顺利，而后则需要依赖未定义行为或操作系统来拉自己一把，这二者作为解决方案都是不及格的。你只需要记住，如果有人告诉你，说我在这本书里教你的不是“真正的 C 语言”，那么你可以考察一下他们的编程历史，如果他们的纪录没我这么好，那么没准儿你还可以用我教你的方法，给他们展示一下为什么他们的代码安全性不太好。

那么是不是我的代码就完美了呢？当然不是。这可是 C 代码。写出完美的 C 代码是不可能的，其实用任何语言写出完美的代码都是不可能的。编程的乐趣和烦恼，有一半都和这一点有关。我可以把别人的代码批得一文不值，别人也可以把我的代码贬得一无是处。所有的代码都是有缺点的，但我假设自己的代码总有缺陷，然后去避免这些缺陷，那么事情就不一样了。如果你学完了这本书，我给你的礼物就是教会你防御性编程的思维模式，这种意识在 20 年里为我带来了不少好处，让我写出了高质量、健壮的软件。

你会学到的东西

这本书的目的是让你掌握足够的 C 语言技能，从而可以自己写软件，或者修改别人的 C 代码。学完这本书以后，你应该去阅读 Brian Kernighan 和 Dennis Ritchie 的《C 语言编程设计（第 2 版）》，英文书名为 *C Programming Language, Second Edition*，这是 C 语言发明者写的一本书，又称作 K&R C。我将教会你的是以下内容：

- 基本的 C 语法和习惯写法；
- 编译、Makefile 和链接器；
- 找出 bug，防止它们发生；
- 防御性编程实践；
- 破坏 C 代码；
- 撰写基本的 Unix 系统软件。

等你完成了最后一个习题，你将会拥有充足的“弹药”，用来应对基本的系统软件、库以及别的小型项目。

怎样阅读本书

本书针对的是至少学过一门编程语言的人。如果你还没学过编程语言，我建议你通过我的《“笨办法”学 Python》（*Learn Python the Hard Way*）开始学习，它是一本专为初学者写的书，是一本非常有效的编程入门书。读过《“笨办法”学 Python》以后，你就可以开始看这本书了。

对于已经学过编程的人来说，本书一开始也许看上去有些奇怪。别的书里边会有大段大段的讲解，然后让你时不时写一点儿代码。这本书不一样，每一个习题都有视频讲解，你一上手就要输入代码，然后我再向你解释你输入的内容。这种形式更为有效，因为用抽象的形式解释你不熟悉的东西你会很难理解，而如果你已经做过了一次，我解释起来就更为容易了。

由于本书结构独特，你必须在学习时遵守几条规则。

- 先看视频，除非习题中另有指示。
- 录入所有代码。禁止复制粘贴！
- 一字不差地录入代码，连注释也要一模一样。
- 运行代码，确保输出相同。
- 如果有缺陷，就修正它们。
- 做附加练习，不过如果遇到弄不清楚的东西，跳过去也没关系。
- 遇到问题先自己想办法解决，然后再求助。

如果你遵守这些规则，照着书里的内容去做了，最后还没有学会编写 C 代码，那么至少你已经尝试过了。C 语言并不适合每一个人，但尝试的过程会让你成为一个更好的程序员。

视频

本书为每一个习题都配了视频[①]，很多情况下一个习题会包含多个视频。这些视频至关重要，能让你完全领会本书的教学方法。这样做是因为撰写 C 代码的很多问题都是交互问题，交互的对象是失败、调试、命令等东西。Python 和 Ruby 这样的编程语言中，代码要运行就运行了。C 语言中要让代码运行，要修正问题，需要的交互要多得多。有些话题用视频讲解也更容易，比如指针和内存管理，在视频中我可以演示机器真正是如何工作的。

我建议你先看视频再做习题，除非我另有指示。在有的习题中，我使用一个视频演示问题，再用另一个视频来演示解决方案。在另外的大部分习题中，我使用视频作为讲座，然后你完成练习，弄懂课题。

① 本书配套视频读者可扫各习题首页标题边上的二维码在线观看。——编者注

关键技能

我猜你是从一门菜鸟语言来到这里的（我只是在调侃而已，你应该看得出来）。要么你来自像 Python 或者 Ruby 这样“还算能用”的语言，这些语言让思维不清、半吊子、瞎鼓捣的人也能写出能运行的程序来；要么你用过 Lisp 这样的编程语言，这些编程语言假装计算机是某个纯函数的仙境，四周还装了五彩的婴儿墙；要么你学过 Prolog，因而认为整个世界应该只是一个供你上下求索的数据库。更糟糕的还在后面，我打赌你还用过某个集成开发环境（integrated development environment，IDE），所以你的脑子充满里记忆空洞，如果你不是每敲 3 个字符就按一次 Ctrl+Space 的话，我怕你连一个完整的函数名称都敲不出来。

不管背景如何，你都可能有以下 4 样技能有待提高。

读写能力

如果你平时使用 IDE 的话，尤其如此。不过大体来说我发现程序员略读的时候太多了，从而导致理解性阅读能力有些问题。他们将代码扫视一遍就觉得自己读懂了，其实不然。其他编程语言还提供了各种工具，从而避免让程序员直接撰写代码，所以一旦面对 C 这样的编程语言，他们就立马崩溃了。最简单的办法就是要理解每个人都有这样的问题，解决方案就是强迫自己慢下来，更加细致地去读写代码。一开始你也许会觉着很痛苦、很烦躁，那就增加自己休息的频率，最后你会觉得这其实也很容易做到。

关注细节

这方面没有人能做得好，这也是产生劣质软件的最大成因。其他编程语言会让不够专注的你蒙混过关，但 C 语言却要求你完全聚精会神，因为 C 语言直接和计算机打交道，而计算机又是极其挑剔的。在 C 的语境中没有“有点儿像”或是“差不多”这样的说法，所以你需要专注。反复检查你的工作。在证明正确之前，要先假设一切都可能是错的。

发现差异

用过其他编程语言的程序员有一个问题，就是他们的大脑已经被训练成可以发现那种语言中的差异，而不是 C 语言中的差异。当你在对比你的代码和标准答案时，你的视线会直接跳过那些你认为不重要或不熟悉的部分。我给你的解决办法是：强迫自己观察自己的错误，如果你的代码跟本书中的代码不是一字不差，那它就是错的。

规划和除错

我喜欢其他更简单的编程语言，因为我可以“胡搞乱来”。我把想法敲出来，然后就能直接在编译器里看到结果。这些语言可以让你很方便地尝试新的想法，但你有没有发现：如果你一直用“乱改直到能用”的方法写代码，到头来就是什么都不能用了。C 语言对你要求比较高，因为它要求你先计划好要创建的东西。当然你也可以偶尔胡乱弄弄，但和其他编程语言相比，你需要在更早的阶段就开始认真做计划。在你写代码之前，我会教你如何规划程序的关键部分，希望这能同时使你成为一个更优秀的程序员。即使是很小的计划也能让你的后续工作更为顺利。

在学习 C 语言的过程中，你将被迫更早、更多地应对这些问题，所以学习 C 语言更能让你成为一名更好的程序员。你不能对自己写的东西思维不清，否则什么都不会做出来。C 语言的优势是，作为一门简单的语言，你可以自己把它弄明白，因此如果你要学习机器的工作原理，并增强这些核心的编程技能的话，C 语言是上佳的选择。

目录

准备工作

老规矩，第一个练习是习题 0，讲的是怎样配置你的计算机，为本书后续学习做好准备工作。在这个习题中，你将为自己的计算机安装相应的工具包和软件。

Linux

Linux 很可能是 C 语言开发最好配置的操作系统。对于 Debian 系统，你只要从命令行运行下面这条命令：

```
$ sudo apt-get install build-essential
```

下面是在基于 RPM 的系统（如 Fedora、RedHat 或者 CentOS 7）上安装同样的配置所使用的命令：

```
$ sudo yum groupinstall development-tools
```

如果你使用的是不同的 Linux 变体，只要搜索一下“C development tools”（C 开发工具）加上你的 Linux 名称，就能找到所需要的工具。安装好以后，你可以在命令行输入：

```
$ cc --version
```

这样就能看到你安装的是什么编译器（compiler）。你最有可能安装的是 GNU C Compiler（GCC），不过，如果你安装的和本书中用到的不一样，那也没关系。你还可以试着安装一下 Clang C 编译器，参考一下你 Linux 系统的 *Clang's Getting Started* 文档，如果这些文档不适用，那就上网搜索一下。

Mac OS X

在 Mac OS X 上安装就更容易了。你需要先从苹果公司官网下载最新版的 Xcode，或者找出你的安装 DVD，通过 DVD 进行安装。下载文件很大，可能永远都下载不完，所以我建议你使用 DVD。此外，上网搜索一下“installing Xcode”（安装 Xcode），看看安装说明。你还可以使用 App Store（应用商店）来安装 Xcode，步骤和你安装别的应用一样，这种方式安装以后，你还可以自动收到更新。

输入下面的命令以确保你的 C 编译器能正常工作：

```
$ cc --version
```

你应该能看到你正在使用的 Clang C 编译器的版本，不过如果你的 Xcode 版本较老，那么你可能已经给你安装了 GCC。本书中二者皆可使用。

Windows

对于微软公司的 Windows，推荐使用 Cygwin 系统来获取一系列标准的 UNIX 软件开发工具。除了 Cygwin，你还可以选择 MinGW 系统，该系统更为精简，不过应该也可以使用。我要警告你的是，微软公司似乎在他们的开发工具中正逐渐取消对 C 语言的支持，所以如果用微软的编译器构建本书中的代码，你可能会遇到问题。

还有一个比较高级的选项，那就是用 VirtualBox 安装一个 Linux 发行版，在你的 Windows 机器上运行完整的 Linux 系统。这样还有一个好处：就算把虚拟机折腾坏，也不用担心你的 Windows 系统会受到影响。这也是学习使用 Linux 的一个好机会——学习 Linux 不仅有趣，对提高你的编程技能也有帮助。现在众多分布式计算和云平台企业的主要操作系统都是 Linux。学习 Linux 可以让你增长知识，了解计算行业的未来。

文本编辑器

程序员的文本编辑器选择真是一言难尽。对初学者来说，我会直接告诉他使用 gedit，因为它既简单又适合编程使用。然而，它在有些多语言环境下会出问题，而且如果你已经写过一阵子程序的话，很有可能你已经有了一个自己喜欢的文本编辑器。

考虑到这一点，我还是建议你在自己的平台上试用几个标准的程序员文本编辑器，然后挑一个喜欢的。如果你用过 gedit 而且挺喜欢，那就继续用吧。如果你想要尝尝鲜，那就快速试试，然后选一个接着用。

最重要的事情是不要困在选择最佳编辑器的尝试中。文本编辑器都有这样或者那样的缺点。你只需要选一个持续使用就好，如果找到别的喜欢的编辑器，那就也试试。不要到头来把时间都消耗在配置编辑器以及使其更完美上面。

下面是一些值得尝试的编辑器。

- Linux 和 OS X 上面的 gedit。
- OS X 上的 TextWrangler。
- Nano，在终端上运行，几乎在任何环境下都能工作。
- Emacs，包括 OS X 版，不过要做好学习的准备。
- Vim 和 MacVim。

市面上的编辑器很多，也许一人分一种都有多余的，以上只是一些我知道挺好用的免费编辑器，你可以找其中几个试试，或者你也可以试试商业版的编辑器，直到找到你喜欢的为止。

不要使用 IDE

警告 学习编程语言的时候不要使用集成开发环境（Integrated Development Environmen，IDE）。尽管它们是你完成任务的好帮手，但它们提供的帮助可能会阻碍你真正学会编程语言。以我的经验，不少编程高手都不使用 IDE，而且写代码的速度和使用 IDE 不相上下。我还发现，使用 IDE 写出的代码质量会比较差。我不知道为什么会这样，不过如果你想要深入、稳固地掌握一门编程语言，那我强烈建议你在学习的时候不要使用 IDE。

学会使用专业的程序员文本编辑器也是一项有用的职业技能。如果你需要依赖 IDE，那你只能等拿到新的 IDE 以后才能开始学习新的编程语言。这会阻碍你学习新的流行语言，让你无法抢到前面，从而增加你的职业成本。使用通用的文本编辑器，你可以在任何时候使用任何编程语言写代码，不需要等待 IDE 的支持。通用文本编辑器意味着你可以自由探索，看情况自主决定自己的职业生涯。

打开尘封的编译器

一切安装好以后，你需要确认编译器能正常运行。最简单的办法就是写一个 C 程序。由于你已经至少学过一门编程语言，我相信你可以用这个小巧而涵盖面广的例子作为开始。

ex1.c

```c
1   #include <stdio.h>
2
3   /* This is a comment. */
4   int main(int argc, char *argv[])
5   {
6       int distance = 100;
7
8       // this is also a comment
9       printf("You are %d miles away.\n", distance);
10
11      return 0;
12  }
```

如果你运行这段代码有问题，那就先看看我在视频里是怎样做的。

代码详解

在这段代码中有一些 C 语言的特性，你在输入代码的时候也许没弄明白。我来快速地逐行解释一下，然后我们就可以通过练习进一步更好地理解这些部分。详解中有的内容看不懂也没关系，我只是让你快速深入接触一下 C 语言。相信我，在本书的后面，你将学会所有这些概念。

对上述代码的逐行解释如下。

- **第 1 行**：一条 include 语句，这是一种将文件内容引入当前代码文件的方式。C 语言习惯上会对头文件（head file）使用 .h 后缀，其中包含一系列函数，供你在程序中使用。
- **第 3 行**：这是一个多行注释，在/*和*/之间，你可以放入任意多行的字符。
- **第 4 行**：这是你目前用过的比较复杂的一个 main 函数。C 程序的工作原理是这样的：操作系统加载你的程序，然后运行名为 main 的函数。为了函数的完整性，它需要返回一个 int，并且接收两个参数，一个 int 表示的是命令行参数的个数，还有一个 char *类型的数组用来存储命令行参数的内容。前面这段没看懂吧？没关系，我们很快就会讲到。

- **第 5 行**：要开始一个函数体，你写一个花括号{，用来表示代码块（block）的开始。在 Python 中，你只要写一个冒号:然后接着缩进就可以了。在别的语言里，你也许要用一个 begin 或 do 单词作为开始。
- **第 6 行**：既是变量声明，又是变量赋值。这就是你创建变量的方式，格式为 type name = value;。在 C 语言中，语句需要以分号;结尾（逻辑语句除外）。
- **第 8 行**：另一种注释。它的原理和 Python 或 Ruby 一样，注释内容从//开始，直到行尾结束。
- **第 9 行**：调用了你的老朋友 printf 函数。和在很多语言中一样，函数调用的语法是 name (arg1, arg2); ，参数可以有任意多个，也可以一个不带。其实 printf 函数接收任意多个参数的行为有点儿怪，后面你就会看到了。
- **第 11 行**：从 main 函数返回，并且为操作系统提供了一个退出值。也许你对 UNIX 软件使用返回值的方式不熟悉，后面我们还会讲到它。
- **第 12 行**：最后，我们用一个闭合花括号}结束 main 函数，至此这段程序就结束了。

这个逐行解释部分信息量很大，所以你要逐行研究一下，确保自己至少大致明白代码所做的事情。你可能无法全部都弄懂，对于不懂的部分，你可以大致猜测一下，然后我们继续学习。

应该看到的结果

你可以将代码存到一个名为 ex1.c 的文件中，然后运行这里所示的命令。如果你不确定怎么做，那就看看这个习题的视频中我是怎么做的。

习题 1 会话

```
$ make ex1
cc -Wall -g    ex1.c    -o ex1
$ ./ex1
You are 100 miles away.
$
```

第一个命令用到了 make，这个工具知道如何构建 C 程序（以及众多其他程序）。你运行并给它一个 ex1 的参数，这相当于告诉 make 让它去寻找 ex1.c 文件，运行编译器对其进行构建，并将生成的结果放到一个叫 ex1 的文件中。这个 ex1 是一个可执行文件，你可以用./ex1 来运行它，然后它会为你输出结果。

如何破坏程序

在本书中，可能的情况下，我会为每一个程序提供一节内容，教你如何破坏程序。我会让你对程序做一些奇特的事情，用古怪的方法运行程序，或者修改代码，让程序崩溃或者出现编译错误。

对于这个程序，我要求你在里边随便删除一些东西，但依然还能让它编译通过。猜测一下哪些内容可以删除，然后重新编译，会看到什么错误。

附加任务

- 用文本编辑器打开 ex1 文件，随便修改或者删除一些内容，再次运行，看会发生什么事情。
- 再多打印 5 行比“hello world”更复杂的内容。
- 运行 man 3 printf，阅读一下关于这个函数以及别的函数的内容。
- 针对每一行代码，将你不认识的符号写下来，看能不能猜出它们的意思。在纸上写下你猜测的结果，以后再来验证是不是猜对了。

使用 Makefile 构建程序

我们将使用一个叫 make 的程序来简化习题代码的构建。make 是一个颇有历史的程序，因此它知道如何构建许多类型的软件。在这个习题中，我将教会你一些 Makefile 语法，不多不少，足够让你继续接下来的课程，再后面的一个习题会教你更多 Makefile 的复杂用法。

使用 make

make 的工作原理是，你声明依赖，然后描述如何构建程序，或者依靠 make 程序的内部相关知识来构建最常见的软件。这个程序里边有几十年的知识积累，知道根据某些文件去构建其他文件的方法。在上一个习题中你已经使用命令做过这件事情了：

```
$ make ex1
# or this one too
$ CFLAGS="-Wall" make ex1
```

在第一个命令里，你告诉 make："我要创建一个叫 ex1 的文件。"然后 make 程序按下面的方式提出了问题并完成了任务。

1. ex1 文件是不是已经存在了？
2. 不存在。好的，是不是还有一个以 ex1 开头的文件？
3. 是，这个文件是 ex1.c。我知道怎样构建.c 文件吗？
4. 知道。我要执行 cc ex1.c -o ex1 命令。
5. 那么我就使用 cc 构建 ex1.c，给你生成一个 ex1 文件。

上面列出的第二条命令展示了将修饰符（modifier）传递给 make 命令的一种方法。如果你不熟悉 UNIX shell 的工作原理，可以创建这些环境变量，它们会被你运行的程序取到。根据你所用的 shell 类型，有时你可以使用 export CFLAGS="-Wall"这样的命令。不过你也可以直接把它放到你要运行的命令前面，这样的话，这个环境变量将只作用于你运行的那条命令。

在这个例子中，我使用了 CFLAGS="-Wall" make ex1，这样它就会为make 通常运行的 cc 命令加上-Wall 选项。这个命令行选项让编译器 cc 汇报所有的警告信息（然而事无常态，它无法准确地给出所有可能的警告）。

仅通过这种方式使用 make，你其实也可以走很远，不过让我们学习一下如何创建 Makefile，这样你会更好地理解 make 的功能。现在来创建一个文件，里边只包含如下内容。

ex2.1.mak

```
CFLAGS=-Wall -g

clean:
    rm -f ex1
```

将该文件存到你的当前目录中，命名为Makefile。make程序会自动假设Makefile的存在，并且会去运行这个文件。

警告 确保你输入的只是制表符（Tab），而不是制表符和空格的混合。

这个 Makefile 文件向你展示了 make 的一些新功能。首先，我们在该文件中设置了CFLAGS，这样我们就无须再次设置它了，另外它还添加了-g标志，用来启用调试。然后，我们有一个叫clean的区块，用来告诉make如何清理我们的小项目。

确保该文件和你的ex1.c处于同一目录下，然后运行下面的命令：

```
$ make clean
$ make ex1
```

应该看到的结果

如果一切顺利，你应该看到以下结果[①]。

习题 2 会话

```
$ make clean
rm -f ex1
$ make ex1
cc -Wall -g    ex1.c   -o ex1
ex1.c: In function 'main':
ex1.c:3: warning: implicit declaration of function 'printf'
$
```

这里你可以看到，我运行了make clean，告诉make运行我们的clean目标。再去看看Makefile，你会发现在这个命令下面，我添加了缩进，然后将shell命令放到那里让make为我运行。你可以在这里放尽可能多的命令，所以make是一个了不起的自动化工具。

① 这里的警告是提醒ex1.c中缺少#include...一行，而警告行号为3，表明此处提到的ex1.c并不是习题1中的ex1.c。——译者注

警告 如果你修改好 ex1.c，让它里面包含了#include <stdio.h>这句，那么你的输出中应该不会有这个关于 printf 的警告（虽叫警告，其实相当于一个错误）。因为我的代码没有改对，所以就有这个错误。

注意，尽管我们没有在 Makefile 中提到 ex1，make 依然知道怎样构建它，并且会使用我们的特殊设置。

如何破坏程序

前面的内容足够带你上道了，不过首先让我们用一种特别的方式来破坏 Makefile，给你看看会发生什么事情。找到 rm -f ex1 这行，将缩进取消（将其移到最左边），然后看看会发生什么。重新运行 make clean，你会看到类似下面这样的出错信息：

```
$ make clean
Makefile:4: *** missing separator.  Stop.
```

一定别忘记缩进，如果你看到这样的奇怪错误，那就重复检查一下，看你是不是一致地使用了制表符，因为有些版本的 make 程序非常挑剔。

附加任务

- 创建一个 all: ex1 目标，这样只要输入 make 命令就可以构建 ex1。
- 阅读 man make，学习更多关于如何运行 make 程序的信息。
- 阅读 man cc，找出关于-Wall 和-g 标志功能的更多信息。
- 上网研究一下 Makefile，看看有没有办法改进一下这个文件。
- 在另一个 C 项目中找出 Makefile，试着弄懂它的功能。

习题 3

格式化打印

留着前面的 Makefile 文件，它可以帮你找出错误，我们后面还会在其中加入内容，让它实现更多的自动化任务。

很多编程语言都使用 C 语言的方式来格式化输出，所以就让我们试一下。

ex3.c

```c
#include <stdio.h>

int main()
{
    int age = 10;
    int height = 72;

    printf("I am %d years old.\n", age);
    printf("I am %d inches tall.\n", height);

    return 0;
}
```

写好了代码，用老方法 `make ex3` 来构建程序，然后再运行一遍。确保你修正了所有警告。

这个习题代码不多，其中的门道却不少。我们来逐行看一下。

- 首先我们在代码中包含了另一个叫 `stdio.h` 的头文件。这告诉了编译器你将使用标准输入/输出函数，其中之一就是 `printf`。
- 然后我们使用了一个叫 `age` 的变量，将其设为 `10`。
- 接下来我们使用了一个叫 `height` 的变量，将其设为 `72`。
- 然后我们让 `printf` 打印出了年龄和身高，这是地球上 10 岁小孩里最高的一个了。
- 在 `printf` 中，你注意到我们包含了一个格式化字符串，和众多其他编程语言中一样。
- 在格式化字符串之后，我们放置了多个变量名，`printf` 会把它们“替换”到格式化字符串中。

结果就是我们给了 `printf` 几个参数，然后它创建了一个新字符串，并将其打印到终端。

应该看到的结果

完整构建以后，你应该看到类似下面的内容。

习题 3 会话

```
$ make ex3
cc -Wall -g    ex3.c    -o ex3
$ ./ex3
I am 10 years old.
I am 72 inches tall.
$
```

很快我将不再告诉你去运行 make，也不会再给你展示构建时的输出，所以要确保你弄对了这些内容，并且一切运行正常。

外部研究

在每个习题的附加任务中，我可能都会让你自己搜索信息，弄懂一些东西。作为一个自力更生的程序员，这是一件很重要的事情。如果你总是在自己研究之前就跑去问别人，那么你就无法学会独立解决问题。你将时时刻刻都需要依赖别人，无法对自己的技能树立起信心。

改掉这个坏习惯的方法就是，强迫自己先回答自己的问题，然后再去确认自己的答案是正确的。你要试着把东西弄坏，对自己的答案进行实验，并且自己做研究。

对于这个习题，我要求你上网找出 printf 的所有转义字符和格式化序列。转义字符是\n 和\t 之类的符号，它们分别让你打印出新行或者制表符。格式化序列是%s 或者%d 这样的符号，它们让你打印出字符串或者整数。把它们都找出来，学习如何修改它们，看看你能用它们做什么样的“精度”和宽度调整。

从现在起，这种作业会在附加任务中出现，你应当做一做。

如何破坏程序

试试用下面的这些方法破坏这段程序，在你的计算机上，程序可能会崩溃，也可能不会。

- 将 age 变量从第一个 printf 调用中删除，然后重新编译。你应该会看到一些警告。
- 运行新编译的程序，它要么会崩溃，要么会打印出非常不着边际的年龄值来。
- 将 printf 恢复到原来的样子，然后取消对 age 的初始赋值，方法是将那行改为 int age;，然后重新构建和运行程序。

习题 3 错误会话

```
# edit ex3.c to break printf
$ make ex3
cc -Wall -g    ex3.c   -o ex3
ex3.c: In function 'main':
ex3.c:8: warning: too few arguments for format
```

```
ex3.c:5: warning: unused variable 'age'
$ ./ex3
I am -919092456 years old.
I am 72 inches tall.
# edit ex3.c again to fix printf, but don't init age
$ make ex3
cc -Wall -g    ex3.c   -o ex3
ex3.c: In function 'main':
ex3.c:8: warning: 'age' is used uninitialized in this function
$ ./ex3
I am 0 years old.
I am 72 inches tall.
$
```

附加任务

- 找出并尝试尽可能多的破坏 ex3.c 的方法。
- 运行 man 3 printf，阅读更多关于如何使用%格式化字符的内容。如果你在别的编程语言中也用过的话（它们都源于 printf），这些看上去应该很熟悉。
- 将 ex3 加到 Makefile 的 all 列表中。使用它来运行 make clean all，然后重新构建到目前为止所有的习题代码。
- 将 ex3 加到 Makefile 的 clean 列表中。在需要的时候，你可以使用 make clean 将它删除。

使用调试器

这个习题以视频为中心，我将向你展示如何使用你计算机中的调试器来调试程序、发现错误，甚至调试当前正在运行的进程。请观看本书的配套视频，学习这一主题的更多内容。

GDB 小技巧

下面列出了 GNU 调试器（GNU Debugger，GDB）的一些简单技巧。

- **gdb --args**：通常 gdb 接收到传给它的参数以后会认为这些参数是给它自己的，如果使用--args，参数就会被传递给被调试的程序。
- **thread apply all bt**：为所有的线程转储回溯信息（backtrace），它非常有用。
- **gdb --batch --ex r --ex bt --ex q --args**：运行程序，如果程序崩溃，你将得到回溯跟踪信息。

GDB 快速参考

视频对于学习使用调试器来说是不错，但你工作时还是需要命令行。下面是我在视频中用到的 GDB 命令的一个快速参考，供你日后查看。

- **run [args]**：用[args]参数启动你的程序。
- **break [file:]function**：在[file:]function 处设置一个断点（break point）。你还可以使用 b。
- **backtrace**：转储当前调用栈的回溯信息。简写为 bt。
- **print expr**：打印 expr 的值。简写为 p。
- **continue**：继续运行程序。简写为 c。
- **next**：下一行，但碰到函数调用时单步跳过（step over）。简写为 n。
- **step**：下一行，但碰到函数调用时单步进入（step into）。简写为 s。
- **quit**：退出 GDB。
- **help**：列出命令类型。你可以获取一类命令的帮助，也可以获取单个命令的帮助。
- **cd、pwd 和 make**：和在 shell 中运行这些命令时一样。
- **shell**：快速启动 shell，以便你可以在其中做别的事情。
- **clear**：清除一处断点。

- **info break** 和 **info watch**：显示关于断点和监视点（watch point）的信息。
- **attach pid**：将 GDB 绑定到一个正在运行的进程上，这样你就可以对它进行调试。
- **detach**：将 GDB 与进程解绑。
- **list**：列出接下来的 10 行源代码。加一个“-”可以列出之前的 10 行源代码。

LLDB 快速参考

在 OS X 中，GDB 已经不复存在，你需要使用一个类似的叫 LLDB 调试器的程序。命令几乎都是一样的，下面是 LLDB 的快速参考。

- **run [args]**：用`[args]`参数启动你的程序。
- **breakpoint set --name [file:]function**：在`[file:]function` 处设置一个断点。你还可以更方便地使用 `b`。
- **thread backtrace**：转储当前调用栈的回溯信息。简写为 `bt`。
- **print expr**：打印 `expr` 的值。简写为 `p`。
- **continue**：继续运行程序。简写为 `c`。
- **next**：下一行，但碰到函数调用时单步跳过。简写为 `n`。
- **step**：下一行，但碰到函数调用时单步进入。简写为 `s`。
- **quit**：退出 LLDB。
- **help**：列出命令类型。你可以获取一类命令的帮助，也可以获取单个命令的帮助。
- **cd**、**pwd** 和 **make**：和在 shell 中运行这些命令时一样。
- **shell**：快速启动 shell，以便你可以在其中做别的事情。
- **clear**：清除一处断点。
- **info break** 和 **info watch**：显示关于断点和监视点的信息。
- **attach -p pid**：将 LLDB 绑定到一个正在运行的进程上，这样你就可以对它进行调试。
- **detach**：将 LLDB 与进程解绑。
- **list**：列出接下来的 10 行源代码。加一个 “-” 可以列出之前的 10 行源代码。

你还可以上网搜索 GDB 和 LLDB 的快速参考卡片和教程。

记忆 C 语言运算符

学习第一门编程语言的时候，你很可能是读过一本书，输入了你不太懂的代码，然后试图弄懂它们的原理。我写的其他书大多是这个样子，这对初学者非常有效。初学的时候，对于有一些复杂的主题，你需要在弄懂它们之前先学会怎么用，因此这是一个简单的学习方式。

然而，一旦你已经学过了一门编程语言，这种慢速摸索语法的方法就不那么有效了。这样学习语言是可以的，但是有一种更快的方法让你学会编程技能，并且建立起使用的信心。这种学习编程的方法像是魔术，但你要相信我，它的效果出奇地好。

学习 C 语言的时候，我想要你首先记住所有的基本符号和语法，然后将它们用到一系列的习题中。这种方法和你学习人类语言的过程很相似：记忆单词和语法，然后将记住的东西用到对话中。只要一开始下功夫简单记住一些东西，你就有了足够的基础知识，以后读写 C 代码就更容易了。

警告 有的人极其反对背诵记忆。一般他们会说这会抹杀你的想象力，让你变成呆子。其实不会，我就是一个活的证据。我会画油画，会弹吉他，会制作吉他，会唱歌，会写代码，会写书，而且我背过很多东西。因此，这种说法不但毫无根据，而且会破坏学习效率。别把他们的话当回事儿。

如何记忆

最好的记忆方法过程其实很简单。

1. 创建一系列的速记卡，将符号写在一面，将描述写在另一面。你还可以使用一个叫 Anki 的程序在计算机上完成这件事。我喜欢自己制作速记卡，因为制作的过程也有助于记忆。
2. 将速记卡打乱，然后一张一张开始浏览，先只看其中的一面，努力想想另一面的内容，别着急看答案。
3. 如果无法想起另一面的内容，那就看看答案，然后复述答案，再把卡片放到单独的一摞里边。
4. 看完所有的卡片以后，你手头就有两摞卡片了：一摞是你能快速记起的，另一摞是你没有记住的。拿起没记住的那一摞，下功夫努力去记这些卡片。

5. 一个阶段结束以后（通常是 15～30 分钟），你手头还是会有一摞没记住的卡片。将这些卡片随身携带，只要有空，就背一会儿里边的内容。

记忆的技巧有很多，不过我发现，这是让你能做到即时想起你需要能立即使用的东西的最好方法。C 语言的符号、关键字、语法是你需要即时想起的东西，所以这个方法最适用。

另外还要记住，你需要做到卡片的双面记忆。你应该能做到通过描述知道对应的符号，也要能从符号知道它的描述。

最后，你不需要专门停下来去背这些运算符。最好的方法是将其和书中的习题结合起来，以便对记忆的内容进行应用。关于这一点参见下一个习题。

运算符列表

首先要列出的是算术运算符，与几乎每一种编程语言里的算术运算符都很像。写卡片的时候，描述中要写上它是算术运算符，并说明它的具体功能。

算术运算符	描述
+	加
-	减
*	乘
/	除
%	取模
++	自增
--	自减

关系运算符用于测试等值性，它们在各种编程语言中也都很常见。

关系运算符	描述
==	等于
!=	不等于
>	大于
<	小于
>=	大于等于
<=	小于等于

逻辑运算符用于逻辑测试，它们的功能你应该已经知道了。唯一特殊的是逻辑三元运算符（logical ternary），你将会在本书的后面学到。

逻辑运算符	描述
&&	逻辑与
||	逻辑或
!	逻辑非
?:	条件运算符/逻辑三元运算符

按位运算符做的事在现代代码中不常见到。它们会用各种方式改变构成字节和其他数据结构的位。我不会在本书中讲这些，不过在一些特定类型底层系统中，它们用起来会非常顺手。

按位运算符	描述
&	按位与
|	按位或
^	按位异或
~	按位取反
<<	按位左移
>>	按位右移

赋值运算符的作用是将表达式赋给变量，不过 C 语言中很多运算符都可以和赋值合并使用。因而，当我说“与等”（and-equal），我说的是按位运算符，而不是逻辑运算符。

赋值运算符	描述
=	赋值（等）
+=	加后赋值（加等）
-=	减后赋值（减等）
*=	乘后赋值（乘等）
/=	除后赋值（除等）
%=	取模后赋值（取模等）
<<=	按位左移后赋值（左移等）
>>=	按位右移后赋值（右移等）
&=	按位与后赋值（与等）
^=	按位异或后赋值（异或等）
|=	按位或后赋值（或等）

我把下面的操作叫数据运算符，不过它们其实处理的是指针、成员访问，以及 C 语言的各种数据结构的元素。

数据运算符	描述
sizeof()	获取……的大小
[]	数组下标
&	……的地址
*	……的值
->	结构体解引用
.	结构体引用

最后还有一些杂项符号，它们要么用途多变（如,），要么由于各种原因没法归类，所以一并列在下面。

杂项运算符	描述
,	逗号
( )	圆括号
{ }	花括号
:	冒号
//	单行注释开始
/*	多行注释开始
*/	多行注释结束

一边学习速记卡，一边继续阅读本书。如果你每次学习之前花 15～30 分钟攻读速记卡，每天睡前也花 15～30 分钟，那么应该用不了几个星期你就能都记住了。

记忆 C 语言语法

学完运算符以后，就该记忆你将用到的关键字和基本语法结构了。相信我，你花在记忆上的少量时间，会在后面阅读本书时给你巨大的回报。

正如我在习题 5 中提到的，你不需要停止阅读本书专门去记忆，你可以两者同时进行，而且也应该这样做。在每天编码之前，用你的速记卡作为热身。将卡片拿出来，背上 15～30 分钟，然后坐下来做本书的习题。在你阅读本书的时候，试着将你输入的代码作为一种记忆练习。有一个小技巧，就是在你写代码的过程中，将你看到后没法直接想起的运算符和关键字的速记卡收集在一起。一天的学习结束以后，再花 15～30 分钟学习记忆这些卡片上的内容。

坚持这样做，你就可以更快、更牢固地学会 C 语言。这比你只通过录入代码，四处碰壁，最后得到一堆二手记忆的过程要高效得多。

关键字

编程语言中的关键字（keyword）是扩展其符号集的一些单词，它们让编程语言更加易读。有一些语言（如 APL）并没有真正的关键字，还有一些语言（如 Forth 和 LISP）除了关键字几乎什么都没有。介于中间的就是像 C、Python、Ruby 以及很多语言一样的语言，这些语言的基本内容是由关键字和符号混合构成的。

警告　编程语言中处理符号和关键字的过程叫作词法分析（lexical analysis）。这些符号和关键字中的任一单词叫作词素（lexeme）。

关键字	描述
auto	给局部变量局部寿命
break	退出复合语句
case	switch 语句的一个分支
char	数据类型：字符型
const	创建一个不可修改的变量
continue	继续从循环顶部运行代码
default	switch 语句的默认分支

续表

关键字	描述
do	开始一个 do-while 循环
double	数据类型：双精度浮点型
else	if 语句的 else 分支
enum	定义一组 int 常量
extern	声明一个标识符是外部定义的
float	数据类型：浮点型
for	开始一个 for 循环
goto	跳到某个标签
if	if 语句的开始
int	数据类型：整型
long	数据类型：长整型
register	声明一个变量，令其存储在 CPU 寄存器中
return	从函数中返回
short	数据类型：短整型
signed	表示整数类型的有符号修饰符
sizeof	确定数据的大小
static	在作用域退出后依然保留变量值
struct	将多个变量合并到一条记录中
switch	开始一个 switch 语句
typedef	创建一个新类型
union	开始一个 union 语句
unsigned	表示整数类型的无符号修饰符
void	声明数据类型为空
volatile	声明变量可能会在别处被改动
while	开始一个 while 循环

语法结构

我建议你记住这些关键字，也记住语法结构。**语法结构**（syntax structure）是一系列符号的模式，用来组成 C 程序的代码格式，如 if 语句或者 while 循环这样的固定结构。你应该会发现下面大部分内容都很熟悉，因为你已经学过了一门语言。你唯一要做是学习其在 C 语言中的做法。

下面是阅读这些内容的方法。

1. 全大写意味着该位置需要填入内容或空位。
2. 看到方括号中有全大写就意味着这部分内容是可选的。
3. 测试你对语法结构的记忆的最好方法是打开文本编辑器，在其中当你看到了一个 switch 语句，那就说出它的功能，然后试着写出代码格式。

if 语句是基本逻辑分支控制工具：

```
if(TEST) {
    CODE;
} else if(TEST) {
    CODE;
} else {
    CODE;
}
```

switch 语句和 if 语句类似，但它对简单的整型常量才有效：

```
switch (OPERAND) {
    case CONSTANT:
        CODE;
        break;
    default:
        CODE;
}
```

while 循环是最基本的循环：

```
while(TEST) {
    CODE;
}
```

你还可以使用 continue 来实现循环。我们暂时就叫它 while-continue 循环：

```
while(TEST) {
    if(OTHER_TEST) {
        continue;
    }
    CODE;
}
```

你还可以使用 break 退出循环。我们称其为 while-break 循环：

```
while(TEST) {
    if(OTHER_TEST) {
        break;
```

```
    }
    CODE;
}
```

do-while 循环是 while 循环的逆转，它会先运行代码，然后再测试条件来看是不是需要再次运行代码：

```
do {
    CODE;
} while(TEST);
```

它里边也可以有 continue 和 break，用来控制其运行方式。

for 循环是一个可控的计数循环，它使用计数器来实现（期望的）固定次数的迭代：

```
for(INIT; TEST; POST) {
    CODE;
}
```

enum 会创建一组整型常量：

```
enum{ CONST1, CONST2, CONST3 } NAME;
```

goto 会跳到一个标签的位置，只在很少的情况下有用，如错误检测和退出的时候：

```
if(ERROR_TEST) {
    goto fail;
}

fail:
    CODE;
```

函数是这样定义的：

```
TYPE NAME(ARG1, ARG2, ..) {
    CODE;
    return VALUE;
}
```

这个也许不好记，那就来看看下面这个例子，然后你就知道 TYPE、NAME、ARG、VALUE 分别是什么了：

```
int name(arg1, arg2) {
    CODE;
    return 0;
}
```

typedef 用来定义新类型：

```
typedef DEFINITION IDENTIFIER;
```

更具体的例子如下：

```
typedef unsigned char byte;
```

别被空格欺骗了，在这个例子中，DEFINITION 对应的是 unsigned char，IDENTIFIER 对应的是 byte。

struct 是由多种数据类型打包在一起形成的一个概念，它在 C 语言中会大量使用：

```
struct NAME {
    ELEMENTS;
} [VARIABLE_NAME];
```

[VARIABLE_NAME] 是可选项，除了几个小场景之外，我一般选择不使用它。它通常会像下面这样和 typedef 组合使用：

```
typedef struct [STRUCT_NAME] {
    ELEMENTS;
} IDENTIFIER;
```

最后，union 会创建类似 struct 的东西，不过其中的元素会在内存中重叠。这个东西挺怪，不好懂，所以暂时就这样记住就好了：

```
union NAME {
    ELEMENTS;
} [VARIABLE_NAME];
```

鼓励的话

为每一项创建速记卡以后，先从名字那一面开始学习，再阅读背面的描述和使用格式。在本习题的视频中，我展示了如何用 Anki 高效地完成这项任务，不过你一样可以用简单的索引卡片来完成这件事情。

我注意到一些学生遇到这样的背诵记忆任务会感觉不适或者害怕。我不确定这是为什么，不过我还是鼓励你无论如何去做这件事情，将它看成一个提高自己记忆方面和学习方面技能的一个机会。熟能生巧，做得越多，这件事对你就越容易。

如果感觉到不爽或者沮丧，这也是很正常的，别当回事儿。也许你花了 15 分钟，然后心烦得不得了，感觉自己真失败。这很正常，而且这并不意味着你就真的失败了。坚持不懈，你就可以度过一开始的沮丧期，这个练习将教会你两件事情。

1. 你可以用记忆作为自我能力评估。要知道自己对一样东西的掌握程度，没有什么比记忆测验更靠谱的了。

2. 克服困难的方法是一次攻克一点。编程是学习这一技巧的好方法，因为在编程中，你很容易就能将问题切分成小块，然后有针对性地下手。将这当成一个机会，把大任务切成小任务，以此建立自信。

告诫的话

关于背诵记忆，我还有最后一句告诫的话。记住大量的知识点并不会自动让你成为应用这些知识的高手。就算你背下整本 ANSI C 标准，你可能依然无法成为一个好程序员。我遇到过很多人，他们对于标准 C 语法几乎无所不知，按理说也该是 C 语言专家了，但他们依然会写出糟糕、古怪、充满缺陷的代码，有的甚至连代码都写不来。

不要把记忆知识点的能力和高质量完成任务的能力混为一谈。要真正成为高手，你需要在不同的场合下应用这些知识点，直到你掌握它们的使用方法。本书剩下的部分将会助你做到这一点。

习题 7

变量和类型

现在你应该大体知道了如何构造一个简单的 C 程序，让我们再来做一件简单的事情，创建各种类型的变量。

ex7.c

```
1    #include <stdio.h>
2
3    int main(int argc, char *argv[])
4    {
5        int distance = 100;
6        float power = 2.345f;
7        double super_power = 56789.4532;
8        char initial = 'A';
9        char first_name[] = "Zed";
10       char last_name[] = "Shaw";
11
12       printf("You are %d miles away.\n", distance);
13       printf("You have %f levels of power.\n", power);
14       printf("You have %f awesome super powers.\n", super_power);
15       printf("I have an initial %c.\n", initial);
16       printf("I have a first name %s.\n", first_name);
17       printf("I have a last name %s.\n", last_name);
18       printf("My whole name is %s %c. %s.\n", first_name, initial, last_name);
19
20       int bugs = 100;
21       double bug_rate = 1.2;
22
23       printf("You have %d bugs at the imaginary rate of %f.\n", bugs, bug_rate);
24
25       long universe_of_defects = 1L * 1024L * 1024L * 1024L;
26       printf("The entire universe has %ld bugs.\n", universe_of_defects);
27
28       double expected_bugs= bugs *bug_rate;
29       printf("You are expected to have %f bugs.\n", expected_bugs);
30
31       double part_of_universe = expected_bugs / universe_of_defects;
32       printf("That is only a %e portion of the universe.\n", part_of_universe);
33
```

```
34        // this makes no sense, just a demo of something weird
35        char nul_byte = '\0';
36        int care_percentage = bugs * nul_byte;
37        printf("Which means you should care %d%%.\n", care_percentage);
38
39        return 0;
40    }
```

在这段程序中，我们声明了不同类型的变量，然后将它们用不同的 printf 格式化字符串打印出来。上述代码逐行解释如下。

- **第 1～4 行**：常见的 C 程序开头。
- **第 5～7 行**：声明一个 int、一个 float 和一个 double，用于做一些假的计算。
- **第 8～10 行**：声明一些字符数据。先声明单个字符，然后声明两个字符数组字符串。
- **第 12～18 行**：使用 printf 打印出声明的每一个变量。
- **第 20～21 行**：声明一个 int 类型变量和一个 double 类型变量来展示你不是非要在函数的顶部声明变量。
- **第 23 行**：再次使用 printf 打印这些变量。
- **第 25 行**：使用 long 整型计算大数的。注意，L 表示法用来指示长整型常量（1L、1024L）
- **第 26～32 行**：利用我们有的变量打印出一些计算和数学运算。
- **第 35～37 行**：这实际上并不是一个好的样式，但它通过让 char 和 int 相乘然后打印出来，演示了 C 语言可以让你在数学表达式中使用 char 变量。
- **第 39～40 行**：main 函数的结尾。

这个源文件演示了不同类型变量是如何进行数学计算的。程序的结尾还演示了只有 C 语言中有而别的语言中没有的东西。在 C 语言中，字符其实就是整数，一个很小的整数，仅此而已。这就意味着你可以用字符做数学运算，很多软件就是这么做的，不管目的是好是坏。

本章最后的这点内容是让你初窥一下 C 语言是怎样让你直接访问计算机的。我们会在后面的习题中进一步探索这个主题。

你应该看到的结果

和平常一样，下面是你应该在输出中看到的结果。

习题 7 会话

```
$ make ex7
cc -Wall -g    ex7.c   -o ex7
$ ./ex7
You are 100 miles away.
You have 2.345000 levels of power.
You have 56789.453200 awesome super powers.
```

```
I have an initial A.
I have a first name Zed.
I have a last name Shaw.
My whole name is Zed A. Shaw.
You have 100 bugs at the imaginary rate of 1.200000.
The entire universe has 1073741824 bugs.
You are expected to have 120.000000 bugs.
That is only a 1.117587e-07 portion of the universe.
Which means you should care 0%.
$
```

如何破坏程序

和之前一样，试着为 `printf` 函数传入错误的参数，破坏它的输出。看看用 `%s` 和 `%c` 打印 `nul_byte` 变量时分别会输出什么结果。代码被破坏以后，在调试器中运行它，看它会跟你说什么。

附加任务

- 为 `universe_of_defects` 赋不同大小的值，直到从编译器得到警告信息为止。
- 这些庞大数字实际上打印出的是什么？
- 把 `long` 换成 `unsigned long`，试着找到一个太大的数。
- 上网查查 `unsigned` 的功能是什么。

习题 8

if, else-if, else

C语言中其实没有真正的布尔类型。取而代之，任何为 0 的整数都为假（false），否则就为真（true）。在上一个习题中，表达式 `argc > 1` 其实就会产生一个 1 或 0 的结果，并不是像在 Python 中那样明确的 `True` 或 `False`。这也是一个 C 语言更接近计算机工作原理的例子，因为对计算机来说，真值其实只是整数而已。

然而，C 语言的确拥有典型的 `if` 语句，用数值表示真假，从而实现代码分支。这和 Python 和 Ruby 中的情况很相似，马上你就能在这个习题中看到了。

ex8.c

```
1   #include <stdio.h>
2
3   int main(int argc, char *argv[])
4   {
5       int i = 0;
6
7       if (argc == 1) {
8          printf("You only have one argument. You suck.\n");
9       } else if (argc > 1 && argc < 4) {
10          printf("Here's your arguments:\n");
11
12          for (i = 0; i < argc; i++) {
13              printf("%s ", argv[i]);
14          }
15          printf("\n");
16      } else {
17          printf("You have too many arguments. You suck.\n");
18      }
19
20      return 0;
21  }
```

`if` 语句的格式是这样的：

```
if(TEST) {
    CODE;
} else if(TEST) {
    CODE;
```

```
} else {
    CODE;
}
```

这和大部分别的语言是一样的，只不过有几处C语言特有的不同点。

- 正如之前提到的，如果 `TEST` 部分值为0，那么它就是假，否则为真。
- 你需要在 `TEST` 元素周围加上圆括号，而一些别的语言中无须如此。
- 你不需要用`{}`花括号将代码括起来，不过不使用花括号是一种很坏的格式。花括号可以清楚地告诉你分支代码从哪里开始，到哪里结束。如果不使用花括号，你就会遇到让自己头大的错误。

除此之外，代码的工作方式和大部分别的语言一样。`else if` 和 `else` 部分也不是必须有的。

应该看到的结果

这个程序运行起来很简单，试试看。

习题8会话

```
$ make ex8
cc -Wall -g    ex8.c   -o ex8
$ ./ex8
You only have one argument. You suck.
$ ./ex8 one
Here's your arguments:
./ex8 one
$ ./ex8 one two
Here's your arguments:
./ex8 one two
$ ./ex8 one two three
You have too many arguments. You suck.
$
```

如何破坏程序

这个例子不容易出错，因为它太简单了，不过可以试着把 `if` 语句里的测试条件改乱试一下。

- 移除结尾的 `else`，这样程序就永远不会捕捉到边界情况了。
- 把`&&`换成`||`，用“或”代替“与”测试，看看结果是怎样的。

附加任务

- 你已经简单学习了`&&`，它的功能是执行“与”比较，再上网查一下各种不同的布尔运算符（Boolean operator）。
- 多写写条件判断语句，看看你还能玩出些什么花样儿来。
- 第一个条件判断真的是对的吗？对你来说，第一个参数和用户输入的第一个参数是不一样的。把这里修改正确。

习题 9

while 循环和布尔表达式

首先要向你展示的循环结构是 while 循环，这是 C 语言中最简单、最有用的循环结构。下面是供讨论的本习题的代码。

ex9.c

```
1   #include <stdio.h>
2
3   int main(int argc, char *argv[])
4   {
5       int i = 0;
6       while (i < 25) {
7           printf("%d",i);
8           i++;
9       }
10
11      // need this to add a final newline
12      printf("\n");
13
14      return 0;
15  }
```

从这段代码以及你记忆的基本语法可以看出 while 循环就是这么简单：

```
while(TEST) {
    CODE;
}
```

只要 TEST 为真（1），CODE 就会运行。因此，为了复制 for 循环的工作方式，我们需要自己初始化 i 的值，并手动为其增值。i++是使用后增值运算符为 i 加值的，如果不认识这个符号，就回去参考一下你的符号列表。

应该看到的结果

输出基本都是一样的，所以我略微做了点儿改变，给你看看不一样的运行方式。

习题 9 会话

```
$ make ex9
cc -Wall -g    ex9.c    -o ex9
$ ./ex9
0123456789101112131415161718192021222324
$
```

如何破坏程序

让 while 循环出错的方法有好几种，所以我建议如果不是不得已，就别使用它。下面展示了几种简单的破坏方法。

- 忘记初始化第一个 int i;。循环可能完全不会运行，也可能会运行很长时间，这取决于开始时的 i 值。
- 忘记初始化第二个循环中的 i，于是它维持了在第一个循环结束时的值。现在你的第二个循环可能会运行，也可能不会运行。
- 忘记在循环底部进行 i++增值，你将会得到了一个无限循环，这是编程历史的前一二十年人们常见的最可怕的问题之一。

附加任务

- 使用 i--让循环反向计数，从 25 开始，计数到 0。
- 使用已经学过的知识，再写几个复杂的 while 循环。

switch 语句

在一些编程语言（如 Ruby）中，switch 语句可以接收任何表达式。还有一些编程语言（如 Python）中没有 switch 语句，因为它其实和 if 语句加布尔表达式是一样的。对于这些编程语言，switch 语句更像是 if 语句的替代品，它们的内部原理是一样的。

C 语言中的 switch 语句很不一样，它其实是一个跳转表（jump table）。可以放到其中的不是随机的布尔表达式，而是结果为整数的表达式。这些整数用于计算从 switch 顶部跳转到匹配值的位置。下面的代码可以帮你弄懂跳转表的概念。

ex10.c

```
1   #include <stdio.h>
2
3   int main(int argc, char *argv[])
4   {
5       if (argc != 2) {
6           printf("ERROR: You need one argument.\n");
7           // this is how you abort a program
8           return 1;
9       }
10
11      int i = 0;
12      for (i = 0; argv[1][i] != '\0'; i++) {
13          char letter = argv[1][i];
14
15          switch (letter) {
16              case 'a':
17              case 'A':
18                  printf("%d: 'A'\n", i);
19                  break;
20
21              case 'e':
22              case 'E':
23                  printf("%d: 'E'\n", i);
24                  break;
25
26              case 'i':
27              case 'I':
28                  printf("%d: 'I'\n", i);
```

```
29                      break;
30
31                  case 'o':
32                  case 'O':
33                      printf("%d: 'O'\n", i);
34                      break;
35
36                  case 'u':
37                  case 'U':
38                      printf("%d: 'U'\n", i);
39                      break;
40
41                  case 'y':
42                  case 'Y':
43                      if(i > 2) {
44                          // it's only sometimes y
45                          printf("%d: 'Y'\n", i);
46                      }
47                      break;
48
49                  default:
50                      printf("%d: %c is not a vowel\n", i, letter);
51              }
52          }
53
54          return 0;
55      }
```

在这段程序里，我们从命令行获得一个参数，然后输出参数里所有的元音字母，这个例子演示了使用 `switch` 语句的方法，尽管有些乏味。让我们来看看它是怎么工作的。

- 编译器标记了程序中 `switch` 语句开始的位置，我们把这个位置叫 `Y` 好了。
- 然后编译器推导了 `switch(letter)` 表达式，并从中得到一个数。在这里，该数是命令行参数 `argv[1]` 中的某个字母对应的原始 ASCII 码。
- 编译器还对每一个 `case` 块（如 `case 'A':`）进行转译，将其转至程序中的一个很远的位置。这样 `case 'A'` 下面的代码就处于 `Y+A` 的位置。
- 然后编译器进行计算，算出“`Y+字母`”处于 `switch` 中的哪个位置。如果位置太远，它将把这个位置值置为“`Y+default`”。
- 一旦程序知道了这个位置，它就会跳转到代码中的那个位置，然后继续运行。这就是有的代码块有 `break` 语句而有的没有的原因。
- 如果输入了 `'a'`，那么程序将会跳转到 `case 'a'`，这里没有 `break` 语句，所以它会“贯穿”（fall through）到紧挨着它下面的 `case 'A'`，这个 `case` 下面有一些代码，并以 break 语句结束。

- 最后，编译器会运行这段代码，碰到 break，然后退出整个 switch 语句。

这是对 switch 语句如何工作的一个深度讲解，不过在实际应用时，你只需要记住下面这些简单的规则。

- 永远都要包含一个 default:分支，这样就能捕捉到任何意料之外的输入。
- 除非真的需要，否则不要允许代码中出现“贯穿”。如果出现了，那就添加一个注释 //fallthrough，这样其他人就知道这是你特意而为。
- 永远都要先写好 case 和 break 语句，然后再撰写其中的代码。.
- 如果可以，就用 if 语句取而代之。

应该看到的结果

下面是程序运行的一个例子，这里还演示了传递参数的多种方法。

习题 10 会话

```
$ make ex10
cc -Wall -g   ex10.c   -o ex10
$ ./ex10
ERROR: You need one argument.
$
$ ./ex10 Zed
0: Z is not a vowel
1: 'E'
2: d is not a vowel
$
$ ./ex10 Zed Shaw
ERROR: You need one argument.
$
$ ./ex10 "Zed Shaw"
0: Z is not a vowel
1: 'E'
2: d is not a vowel
3:   is not a vowel
4: S is not a vowel
5: h is not a vowel
6: 'A'
7: w is not a vowel
$
```

记得在最开始部分有一个 if 语句其中包含一句 return 1;，这一句会在参数个数不足时被调用到。操作系统收到的返回值不为 0，就意味着该程序发生了错误。你可以在自己的程序中返回大于 0 的值，或者看看别的程序返回大于 0 的情况，研究一下到底发生了什么。

如何破坏程序

要破坏 switch 语句是非常简单的，下面就列出了几种方法。

- 忘记一处 break，程序将会运行两个或者更多你本不期望运行的代码块。
- 忘记一处 default，它就会默默地忽略那些你没考虑到的值。
- 意外地放一个值为非预期值的变量在 switch 语句中，如一个 int，它会变成很奇怪的值。
- 在 switch 语句中使用未初始化的变量。

你也可以用其他方法来使程序中断，看看你能否破坏它。

附加任务

- 再写一个程序，对字母做一些数学运算，将它们转换成小写字母，然后删除 switch 中那些多余的大写字母的分支。
- 使用','（逗号）来初始化 for 循环中的 letter。
- 让它再使用一个 for 循环来处理所有你传入的参数。
- 把 switch 语句改写为 if 语句。你更喜欢哪一个？
- 在'Y'这个 case 中，我把 break 放到了 if 语句外面。如果把它放在 if 语句内部会发生什么事情，有什么样的影响？证明你的猜想是正确的。

数组和字符串

这个习题将展示 C 语言如何存储字符串，存储格式为一个以'\0'（空字节）结尾的字节数组。你可能在前一个习题中就猜出来了，因为我们手动实现了这一点。下面是另一种实现方法，我们将其与数字组成的数组进行比较，会显得更明了。

ex11.c

```
1    #include <stdio.h>
2
3    int main(int argc, char *argv[])
4    {
5        int numbers[4] = {0};
6        char name[4] = {'a'};
7
8        // first, print them out raw
9        printf("numbers: %d %d %d %d\n", numbers[0], numbers[1], numbers[2], numbers[3]);
10
11       printf("name each: %c %c %c %c\n", name[0], name[1], name[2], name[3]);
12
13       printf("name: %s\n", name);
14
15       // set up the numbers
16       numbers[0] = 1;
17       numbers[1] = 2;
18       numbers[2] = 3;
19       numbers[3] = 4;
20
21       // set up the name
22       name[0] = 'Z';
23       name[1] = 'e';
24       name[2] = 'd';
25       name[3] = '\0';
26
27       // then print them out initialized
28       printf("numbers: %d %d %d %d\n", numbers[0], numbers[1], numbers[2], numbers[3]);
29
30       printf("name each: %c %c %c %c\n", name[0], name[1], name[2], name[3]);
31
32       // print the name like a string
```

```
33        printf("name: %s\n", name);
34
35        // another way to use name
36        char *another = "Zed";
37
38        printf("another: %s\n", another);
39
40        printf("another each: %c %c %c %c\n", another[0], another[1], another[2], another[3]);
41
42        return 0;
43    }
```

在这段代码中，我们用一种笨拙的方式建立了几个数组，对每一个元素分别进行赋值。在 numbers 中，我们写进去的是数字，而在 name 中，我们其实是手动创建了字符串。

应该看到的结果

运行这段代码的时候，你应该首先看到打印出来的内容是数组初始值 0，然后才是它们初始化之后的内容。

习题 11 会话

```
$ make ex11
cc -Wall -g    ex11.c  -o ex11
$ ./ex11
numbers: 0 0 0 0
name each: a
name: a
numbers: 1 2 3 4
name each: Z e d
name: Zed
another: Zed
another each: Z e d
$
```

你会注意到这段程序的一些有趣之处。

- 我在初始化的时候并没有将 4 个元素的值全部给出。这是 C 语言中的一个快捷方式。如果你只设置了一个元素，它会将剩下的用 0 填充。
- 当打印 numbers 中的每一个元素时，它们的值都是 0。
- 当 name 的每一个元素都被打印出来之后，只有第一个'a'会显示出来，因为'\0'是一个特殊字符，不会显示。
- 第一次打印 name 时只打印出了字母 a。这是因为在初始化语句设过第一个'a'以后，数组会被用 0 填充，所以字符串正确地被'\0'终止了。

- 然后我们用笨拙的手动方式为数组赋值，并将它们再次打印出来。看看它们值的变化。现在数组 numbers 被设置好了，不过你有没有看懂数组 name 是怎样正确地打印了我的名字呢？
- 处理字符串有两种语法：第 6 行的 char name[4] = {'a'}，第 36 行的 char *another = "name"。第一种方法比较少见，第二种方法适用于这样的字符串字面量。

注意，我在和整数数组以及字符数组交互时使用了一样的语法和代码风格，但 printf 认为 name 数组只是一个字符串。再次说明一下，这是因为 C 语言不区分字符串和字符数组。

最后，当你创建字符串字面量时，应该使用典型的 char *another = "Literal"语法。结果是一样的，不过这种写法更地道，写起来也更容易。

如何破坏程序

几乎所有的 C 程序中的 bug 都源自没有准备足够的空间，或者没有在字符串结尾添加'\0'。事实上，这些问题是如此常见而且如此难做对，以至于大部分高质量 C 代码都不使用 C 风格的字符串。在后面的习题里，我们会学到如何完全避免使用 C 字符串。

在这个程序中，破坏的关键方式是忘记在字符串结尾添加'\0'字符。有几种做法。

- 删除设置 name 数组的初始化语句。
- 无意间设置了 name[3] = 'A';，这样一来就没有终止符了。
- 初始式设置为{'a','a','a','a'}，这样'a'太多，就没有足够空间放'\0'终止符了。

试着再想想别的破坏这个程序的方法，然后在调试器下运行它们，以便观察究竟会发生什么以及产生什么样的错误。有时你的错误就连调试器也无法找出来。试着改变声明变量的位置，看看会不会得到出错信息。有时变量换一个位置，就会产生或改变代码 bug，这是 C 语言“巫术”的一部分。

附加任务

- 将字符赋给 numbers，然后使用 printf 打印出来，一次打印一个字符。你会得到什么样的编译器警告？
- 反过来处理 name，将它作为一个 int 数组处理，让它每次打印一个 int。调试器会给出什么样的警告？
- 你还可以用多少种方式将这些内容打印出来？

- 如果一个字符数组有 4 字节长，一个整数也是 4 字节长，那么你可以将整个 name 数组当作一个整数吗？怎样才可能实现这个疯狂的把戏？
- 拿出一张纸，将每一个数组以一行格子的形式画出来，然后在纸上模拟你之前的操作，看看能不能得到正确的结果。
- 将 name 转换成 another 的风格，看看代码是否还能继续正常工作。

数组和大小

上一个习题中你做了些数学运算，不过你在运算中使用了'\0'（空）字符。如果你学过其他编程语言，这对你来说可能会有些奇怪，因为其他编程语言会将字符串（string）和字节数组（byte array）当作不同的东西来对待。然而，C 语言则将字符串直接当作字节数组对待，而只有那些实现打印功能的 C 函数才知道它们的差异。

在解释这一点之前，有几个概念一定要讲清楚，即 sizeof 和数组。下面是我们即将探讨的代码。

ex12.c

```
1   #include <stdio.h>
2
3   int main(int argc, char *argv[])
4   {
5       int areas[] = {10, 12, 13, 14, 20};
6       char name[] = "Zed";
7       char full_name[] = {
8           'Z', 'e', 'd',
9           ' ', 'A', '.', ' ',
10          'S', 'h', 'a', 'w', '\0'
11      };
12
13      // WARNING: On some systems you may have to change the
14      // %ld in this code to a %u since it will use unsigned ints
15      printf("The size of an int: %ld\n", sizeof(int));
16      printf("The size of areas (int[]): %ld\n", sizeof(areas));
17      printf("The number of ints in areas: %ld\n", sizeof(areas) / sizeof(int));
18      printf("The first area is %d, the 2nd %d.\n", areas[0], areas[1]);
19
20      printf("The size of a char: %ld\n", sizeof(char));
21      printf("The size of name (char[]): %ld\n", sizeof(name));
22      printf("The number of chars: %ld\n", sizeof(name) / sizeof(char));
23
24      printf("The size of full_name (char[]): %ld\n", sizeof(full_name));
25      printf("The number of chars: %ld\n", sizeof(full_name) / sizeof(char));
26
27      printf("name=\"%s\" and full_name=\"%s\"\n", name, full_name);
28
```

```
29        return 0;
30    }
```

在这段代码中，我们创建了一些包含不同数据类型的数组。由于数组是 C 语言工作原理的核心，所以我们可以用很多种不同的方法来创建数组。在这里我们暂时先用 `type name[] = {initializer};`这种语法，后面我们还会探讨更多方法。这个语法的意思就是："我需要一个类型为 `type` 的数组，并将其初始化为`{..}`。"当 C 语言看到这行代码时，它就知道自己应该做以下几件事。

- 查看类型，程序中最先出现的类型是 `int`。
- 查看`[]`，发现长度值没有给出。
- 查看初始式`{10, 12, 13, 14, 20}`，于是知道你要将这 5 个整数放入数组中。
- 在本机创建出一片内存区域，用来依次保存这 5 个整数。
- 将你选择的变量名称 `areas` 指定到这一内存位置。

对变量 `areas` 来说，这一行的作用就是创建容纳这 5 个整数的数组。而到了 `char name[] = "Zed";`这一行，它做的事情也是一样的，只不过它创建了另一个有 3 个字符的数组并赋值给 `name`。我们创建出来的最后一个数组是 `full_name`，但逐个字符的拼写方式却很烦人。对 C 语言来说，`name` 和 `full_name` 作为创建字符数组的方式并无差别。

接下来我们将使用一个叫 `sizeof` 的关键字来询问某些东西的大小（以字节为单位）。C 语言就是一门关于内存大小、内存位置以及如何处理内存的语言。更简单一点儿说，C 语言提供了 `sizeof`，就是为了让你在用到某样东西之前，可以查到这样东西的大小。

这里的内容可能比较难理解，因此我们先运行下面这段代码再来解释。

应该看到的结果

习题 12 会话

```
$ make ex12
cc -Wall -g    ex12.c   -o ex12
$ ./ex12
The size of an int: 4
The size of areas (int[]): 20
The number of ints in areas: 5
The first area is 10, the 2nd 12.
The size of a char: 1
The size of name (char[]): 4
The number of chars: 4
The size of full_name (char[]): 12
The number of chars: 12
name="Zed" and full_name="Zed A. Shaw"
$
```

现在你看到了不同的 printf 调用的输出，也大致看到了 C 是如何工作的。由于你的计算机的整型大小可能与我的不一样，你的输出有可能会跟我的完全不同，我就拿我的输出来讲讲吧。

- **第 4 行**：我的计算机认为 int 的大小是 4 字节。计算机系统有 32 位和 64 位之分，所以你的计算机可能会使用一个不同的整型大小。
- **第 5 行**：数组 areas 里有 5 个整数，我的计算机就合情合理地用了 20 字节来存储它。
- **第 6 行**：如果用 areas 的大小除以 int 的大小，我们将得到元素个数为 5。再看看这段代码，这正是初始式中设定的。
- **第 7 行**：我们访问了数组，得到了 areas[0]和 areas[1]，这意味着 C 和 Python、Ruby 一样，数组的下标也是从 0 开始的。
- **第 8～10 行**：用一样的方法去访问 name 这个数组，有没有发现数组的大小有些奇怪？"Zed"是 3 个字符，可它的长度怎么是 4 字节呢？这第 4 个字节是哪来的呢？
- **第 11～12 行**：用一样的方法去读取 full_name，我们看到这次的值是正确的。
- **第 13 行**：最后，我们打印出 name 和 full_name，以证明对 printf 来说，它们实际上都是“字符串”。

确保你弄懂了这些代码，并且明白这些输出结果跟输入代码的对应关系。之后我们将在这个基础上更多地探索数组和存储。

如何破坏程序

破坏这个程序很简单，试一试下面这些方法。

- 删除 full_name 尾部的'\0'并重新运行程序。再在调试器下运行一次。现在将 full_name 的定义放到 main 的顶部，areas 的前面。在调试器下运行几次，看看会不会得到新的出错信息。有时候你可能会幸运到一个错误都看不到。
- 尝试打印 areas[10]而非 areas[0]，并看看调试器有什么意见。
- 多做几个类似的尝试，在 name 和 full_name 上也试一下。

附加任务

- 尝试使用 areas[0] = 100;这样的语句对数组 areas 中的元素进行赋值。
- 尝试对 name 和 full_name 的元素进行赋值。
- 尝试把 areas 中的一个元素设置成 name 中的一个字符。
- 上网搜索一下不同 CPU 的整型数的大小差异。

习题 13

for 循环和字符串数组

字符串和字节数组是一回事。利用这一概念，你可以创建出各种类型的数组。下一步是创建一个包含字符串的数组。我们还将介绍一种循环结构，即 for 循环。我们将用它来打印这个新的数据结构。

有一个有趣的地方，那就是你的程序里一直藏着一个字符串数组——main 函数的 char *argv[]参数。下面的代码会打印出任何传入的命令行参数。

ex13.c

```
1   #include <stdio.h>
2
3   int main(int argc, char *argv[])
4   {
5       int i = 0;
6
7       // go through each string in argv
8       // why am I skipping argv[0]?
9       for (i = 1; i < argc; i++) {
10          printf("arg %d: %s\n", i, argv[i]);
11      }
12
13      // let's make our own array of strings
14      char *states[] = {"California","Oregon", "Washington","Texas"};
15
16      int num_states = 4;
17
18      for (i = 0; i < num_states; i++) {
19          printf("state %d: %s\n", i, states[i]);
20      }
21
22      return 0;
23  }
```

for 循环的格式是下面这样的：

```
for(INITIALIZER; TEST; INCREMENTER) {
    CODE;
}
```

下面是 for 循环的工作原理。

- INITIALIZER 是用来初始化循环的代码，我们的代码中是 i = 0。
- 接下来，检查 TEST 布尔表达式的值，如果它是假（0），那么 CODE 就会被跳过，什么事情都不做。
- 运行 CODE，该干什么就干什么。
- 运行完 CODE 后，再运行 INCREMENTER 部分，通常是一个增值操作，如 i++。
- 然后从第二步开始重复，直到 TEST 为假（0）。

这段程序里 for 循环会使用 argc 和 argv 来逐一访问命令行参数，过程如下。

- 操作系统将每一个命令行参数作为字符串传递到 argv 数组中。程序的名字（./ex13）处于位置 0，后面跟着其他参数。
- 操作系统还将 argc 设为 argv 数组的参数个数，这样处理的过程中你就不会让它在结束时越界。记住，程序的名称为第一个参数，因此，当你提供一个参数时，argc 就是 2。
- for 循环使用 i = 1 进行初始化。
- 然后它用 i < argc 来判断 i 是否小于 argc。由于 1 小于 2，这里将会通过测试。
- 然后它会运行代码，打印出 i，并使用 i 作为 argv 的索引。
- 使用 i++语法（这是 i = i + 1 的简写）进行增值。
- 然后它重复运行，直到 i < argc 最终为假（0），退出循环，程序继续后面的内容。

应该看到的结果

要试验这个程序，你不得不用两种方式运行。第一种方式是传入一些命令行参数，让 argc 和 argv 有值。第二种方式是运行时不添加参数，这样你就能看到第一个 for 循环没有运行，因为 i < argc 为假。

习题 13 会话

```
$ make ex13
cc -Wall -g    ex13.c   -o ex13
$ ./ex13 i am a bunch of arguments
arg 1: i
arg 2: am
arg 3: a
arg 4: bunch
arg 5: of
arg 6: arguments
state 0: California
state 1: Oregon
state 2: Washington
state 3: Texas
$
$ ./ex13
```

```
state 0: California
state 1: Oregon
state 2: Washington
state 3: Texas
$
```

理解字符串数组

在 C 语言中，创建字符串数组的方式是，将 char *str = "blah"语法和 char str[] = {'b','l','a','h'}语法合并，从而构建出一个二维数组。第 14 行的 char *states[] = {...}语法就是这个二维合并的操作，第一层中每个字符串是一个元素，第二层中字符串中的每个字符是一个元素。

晕了吗？多维的概念很多人从来都没有想过，所以你应该做的是在纸上构建出这个字符串数组来。

- 创建一个网格，将每个字符串的索引值写在左边。
- 然后将每个字符的索引放到顶部。
- 然后在中间的方块中填入内容，每个字符占用一个方块。
- 网格做好了，就使用这个纸上的这个网格追踪代码。

还有一种理解的方法是使用一门你熟悉的编程语言构建出一样的结构，像 Python 或 Ruby 这样的语言都可以。

如何破坏程序

- 使用你最喜欢的一种别的编程语言，用它来运行这个程序，给它尽可能多的命令行参数，看如果参数给得过多程序会不会崩溃。
- 将 i 初始化为 0，看会发生什么事情。你还需要调整 argc，还是说不调整程序也能正常运行？为什么基于 0 的索引在这里没有问题？
- 将 num_states 设为错误值，让它的值过大，看会发生什么事情。

附加任务

- 弄清楚你能将什么样的代码放到 for 循环的各个部分。
- 查一下如何使用逗号（,）来分隔 for 循环中的分号（;）之间的多条语句。
- 阅读关于 NULL 的资料，试着将其用作 states 数组的某个元素，看会打印出什么内容。
- 看看你能不能在打印出二者之前，将 states 数组中的一个元素赋值给 argv 数组。再反过来试一下。

编写和使用函数

到目前为止，你已经使用了部分由头文件 stdio.h 包含的函数。在这个习题中你将会编写一些函数并使用一些别的函数。

ex14.c

```
1   #include <stdio.h>
2   #include <ctype.h>
3
4   // forward declarations
5   int can_print_it(char ch);
6   void print_letters(char arg[]);
7
8   void print_arguments(int argc, char *argv[])
9   {
10      int i = 0;
11
12      for (i = 0; i < argc; i++) {
13          print_letters(argv[i]);
14      }
15  }
16
17  void print_letters(char arg[])
18  {
19      int i = 0;
20
21      for (i = 0; arg[i] != '\0'; i++) {
22          char ch = arg[i];
23
24          if (can_print_it(ch)) {
25              printf("'%c' == %d ", ch, ch);
26          }
27      }
28
29      printf("\n");
30  }
31
32  int can_print_it(char ch)
33  {
```

```
34          return isalpha(ch) || isblank(ch);
35      }
36
37      int main(int argc, char *argv[])
38      {
39          print_arguments(argc, argv);
40          return 0;
41      }
```

在这个例子中我们创建了一个函数，用来打印属于字母或者空格的字符及其对应的 ASCII 码值。下面是代码的详解。

- **第 2 行**：包含一个新的头文件，这样就能访问 isalpha 和 isblank 函数。
- **第 5～6 行**：告诉 C 语言你将在程序后面使用一些还没有定义的函数。这就是前置声明（forward declaration），它解决了在未定义函数之前就使用函数这个“先有鸡还是先有蛋”的问题。
- **第 8～15 行**：定义函数 print_arguments，这个函数知道如何打印出 main 函数接收到的字符串数组。
- **第 17～30 行**：定义下一个函数 print_letters，它由 print_arguments 函数调用，而且知道如何打印每一个字符及其对应的 ASCII 码值。
- **第 32～35 行**：定义函数 can_print_it，它会简单地给调用它的函数 print_letters 返回 isalpha(ch) || isblank(ch) 的真值（0 或 1）。
- **第 37～41 行**：最后，main 函数调用了函数 print_arguments，整个函数调用链就从这里开始了。

其实我没必要描述各个函数中的实际内容，因为这些都是你在之前的练习中遇到过的。你应该看到的是我用和定义 main 函数一样的方式定义了一些函数。唯一的不同是，如果你使用那些还没有在文件中遇到过的函数需要提前告诉 C 语言。这就是那些代码头部的前置声明所做的事情。

应该看到的结果

要体验这个程序，你只需给它提供不同的命令行参数即可，这些参数将被传递到你的函数里边。下面是我的演示。

习题 14 会话

```
$ make ex14
cc -Wall -g    ex14.c   -o ex14

$ ./ex14
'e' == 101 'x' == 120
```

```
$ ./ex14 hi this is cool
'e' == 101 'x' == 120
'h' == 104 'i' == 105
't' == 116 'h' == 104 'i' == 105 's' == 115
'i' == 105 's' == 115
'c' == 99 'o' == 111 'o' == 111 'l' == 108
$ ./ex14 "I go 3 spaces"
'e' == 101 'x' == 120
'I' == 73 ' ' == 32 'g' == 103 'o' == 111 ' ' == 32 ' ' == 32\
        's' == 115 'p' == 112 'a' == 97 'c' == 99 'e' == 101 's' == 115
$
```

函数 isalpha 和 isblank 所做的工作就是判断一个输入的字符是字母还是空格。我最后一次运行时，它打印了除了字符 3 以外的所有字符，因为 3 是一个数字，所以没有打印。[①]

如何破坏程序

有以下两种不同的方式可以破坏这个程序。

- 去除前置声明，以此来迷惑编译器，促使它抱怨找不到函数 can_print_it 和 print_letters。
- 当你在 main 函数中调用 print_arguments 时对 argc 加 1，这样就越过了 argv 数组的最后一个参数。

附加任务

- 重做这些函数，减少函数的个数。例如，你真的需要 can_print_it 这个函数吗？
- 让 print_arguments 函数调用 strlen 函数，从而获知每个参数字符串的长度，再把长度作为参数传递给 print_letters。然后重写 print_letters 函数，使它只处理这个固定长度，这样就不需要依赖'\0'终止符了。这里你需要#include <string.h>。
- 用 man 来查询 isalpha 和 isblank 函数的信息。用其他类似的函数来实现只打印数字或其他字符。
- 去看看别人会怎样写自己的函数。不要使用“K&R 语法”（这是一种过时且让人迷惑的方式）。不过，你以后可能会碰到喜欢这种风格的人，为防万一，你需要了解这种风格的特点。

① 其实还有符号和其他数字没有打印，作者省略没提。——译者注

习题 15

指针，可怕的指针

指针是 C 语言中著名的神兽。我将教你一些处理指针的词汇，从而揭开指针的神秘面纱。事实上，指针并不复杂，只不过它们常常被以各种方式滥用，导致它显得十分难用。如果尽量避免那些愚蠢的使用方法，指针实际上是相当容易的。

为了便于演示和讨论，我写了一个简单的小程序，用 3 种不同的方式打印一组人员的年龄。

ex15.c

```c
1   #include <stdio.h>
2
3   int main(int argc, char *argv[])
4   {
5       // create two arrays we care about
6       int ages[] = { 23, 43, 12, 89, 2 };
7       char *names[] = {"Alan", "Frank", "Mary", "John", "Lisa" };
8
9       // safely get the size of ages
10      int count = sizeof(ages) / sizeof(int);
11      int i = 0;
12
13      // first way using indexing
14      for (i = 0; i < count; i++) {
15          printf("%s has %d years alive.\n", names[i], ages[i]);
16      }
17
18      printf("---\n");
19
20      // set up the pointers to the start of the arrays
21      int *cur_age = ages;
22      char **cur_name = names;
23
24      // second way using pointers
25      for (i = 0; i < count; i++) {
26          printf("%s is %d years old.\n", *(cur_name + i), *(cur_age + i));
27      }
28
29      printf("---\n");
30
```

```
31        // third way, pointers are just arrays
32        for (i = 0; i < count; i++) {
33            printf("%s is %d years old again.\n", cur_name[i], cur_age[i]);
34        }
35
36        printf("---\n");
37
38        // fourth way with pointers in a stupid complex way
39        for (cur_name = names, cur_age = ages; (cur_age - ages) < count; cur_name++, cur_age++){
40            printf("%s lived %d years so far.\n", *cur_name, *cur_age);
41        }
42
43        return 0;
44    }
```

在解释指针的工作原理之前，我们先来逐行分析一下这个程序，以便你了解它的工作过程。在阅读这些详细描述的同时，试着在纸上回答各个问题的答案，留待和我之后的解释相比较，看看是否相同。

- **第6～7行**：创建两个数组，ages用于存储一些int型数据，names则用于存储一个字符串数组。
- **第10～11行**：这些是for循环稍后要用到的变量。
- **第14～16行**：此处代码循环访问两个数组并打印出每人的年龄。此处使用i作为数组的索引。
- **第21行**：创建一个指向ages的指针。注意，int *创建了一个指向整数类型的指针。它和char *很相似，后者是一个指向字符的指针，而字符串就是一个字符的数组。发现相似之处了没有？
- **第22行**：创建一个指向names的指针。char *已经是一个指向字符型的指针了，其实它就是一个字符串。然而，因为names是二维的，所以这里需要两级，也就是char **，用来表示指向字符指针的指针类型。请推敲研究，并尝试解释给自己听。
- **第25～27行**：循环访问ages和names，但这次使用指针加上i的偏移量。写为*(cur_name+i)和写为name[i]是一样的，你可以将它读成“(指针cur_name加i)的值”。
- **第32～34行**：这里展示了访问数组元素的语法，这对指针和数组是一样的。
- **第39～41行**：这是又一个让人抓狂的循环，与另外两个循环做的事情是一样的，只不过它用了多种指针计算方法。
- **第39行**：初始化for循环，将cur_name和cur_age设置到names和ages数组的起点。然后for循环的测试部分比较了指针cur_age到起点ages的距离。为何这样可行呢？接下来for循环的自增部分同时为cur_name和cur_age增值，以便二者指向数组 name 和 age 的下一个元素。

- **第 40 行**：指针 cur_name 和 cur_age 现在指向数组中正在操作的元素，我们只要用 *cur_name 和*cur_age 就可以将它们打印出来，*cur_name 的意思是“cur_name 指向的位置的值”。

这个程序看似简单，却包含大量信息，我的目的是使你在看我解释它们之前，自己尝试理解指针。请你写下自己对指针功能的理解之后，再继续看后面的内容。

应该看到的结果

运行这个程序之后，尝试根据每行打印结果追溯源代码。必要时更改 printf 的调用，以确保你得到了正确的行号。

习题 15 会话

```
$ make ex15
cc -Wall -g  ex15.c  -o ex15
$ ./ex15
Alan has 23 years alive.
Frank has 43 years alive.
Mary has 12 years alive.
John has 89 years alive.
Lisa has 2 years alive.
---
Alan is 23 years old.
Frank is 43 years old.
Mary is 12 years old.
John is 89 years old.
Lisa is 2 years old.
---
Alan is 23 years old again.
Frank is 43 years old again.
Mary is 12 years old again.
John is 89 years old again.
Lisa is 2 years old again.
---
Alan lived 23 years so far.
Frank lived 43 years so far.
Mary lived 12 years so far.
John lived 89 years so far.
Lisa lived 2 years so far.
$
```

解释指针

当你输入 ages[i]这样的代码时，你已经索引到了数组 ages 内部，索引值就是 i 中存储的数字。如果 i 设为 0，就相当于输入了 ages[0]。我们将 i 称为下标（或索引），是因为数字 i 表示我们在 age 中需要访问的位置。我们也可以称之为地址，就相当于说“我想要获得 ages 中地址 i 对应的整数。”

如果 i 是一个索引，那么 ages 又是什么呢？对于 C 语言来说，ages 是计算机内存中这组整数的起始位置。它也是一个地址，在程序里的任何地方，C 编译器都会用它代表 ages 数组中第一个整型元素的地址。另一种思考 ages 的方法是，它是“ages 中第一个整数的地址”。但有一个绕人的地方：ages 是整个计算机里的一个内存地址。不像 i 一样只是 ages 的内部地址。ages 的数组名其实是计算机里的一个地址。

至此我们得到一种认识：C 语言将整个计算机视为一个巨大的字节数组。显然这不是很有用，但是接下来 C 语言在这个巨大的字节数组的上一层加上了类型和这些类型的大小这类概念。从前面的习题中你已经见过它的工作方式，现在就开始了解 C 语言是如何对数组进行以下操作的。

- 在你的计算机上创建一个内存块。
- 将名称 ages 指向该内存块的起始位置。
- 以 ages 的基地址为出发点，获取和它距离为 i 的元素，以此方式对内存块进行索引。
- 将 ages+i 的地址转化为大小合适的有效的 int 型，以便索引正常工作，并返回你所需求的东西——索引 i 处的 int 型值。

取一个基地址（如 ages），再加上另一个地址（如 i），就能产生一个新地址，那么你是否能得到一个始终指向此地址的东西呢？当然可以，这东西就是指针。指针 cur_age 和 cur_name 的功能就是这样的：这两个变量指向你计算机内存里存放 ages 和 names 的地址。示例程序中将它们移来移去，或者对它们进行数学计算，从而获得了内存中存储的值。在这个用例中，代码只是将 i 加到 cur_age 上，这和 array[i]的功能是一样的。在最后一个 for 循环里，两个指针没有 i 的帮忙也能自行移动。在这个循环中，指针被当作是数组和整数偏移量的组合。

指针仅仅是一个具有明确类型的指向计算机内存的地址，通过它你可以得到大小正确的数据。这有点儿像 ages 与 i 二者结合成了一种数据类型。C 语言知道指针指向何处，知道它们所指数据类型，也知道该类型数据的大小以及如何为你获取它们。像 i 一样，你可以让它们自增、自减，或者做加、减运算。像 ages 一样，你可以通过它们取出旧值，放入新值，进行所有数组操作。

指针的目的在于当数组不能完全胜任的时候，让你能够手动检索内存块。在大部分别的情况下，你其实只要使用数组就可以了。不过有时你不得不操作原始内存块，这就需要指针来大显身手了。指针提供了对内存块的原始、直接的访问方式，让你能够对其进行处理。

这一阶段最后一件要弄明白的事是，对于大部分的数组和指针操作，这两种语法都是可以使用的。拿着一个指向某个东西的指针，你可以使用数组语法来访问它。拿着一个数组，你可以对其进行指针运算。

指针的实际应用

在 C 语言中指针主要有 4 种用途。

- 向系统请求一块内存，使用指针来处理它。这包括字符串，以及你还没见过的一个东西——`struct`。
- 利用指针向函数传递一大块内存（如巨大的 `struct`），这样你就不必传递一份完整的数据了。
- 取得函数地址，这样你就可以将它用作动态回调。
- 扫描复杂的内存区域，将网络套接字中的字节转换成数据结构，或者语法分析文件。

在几乎其他所有情况下，你也许都会看到人们在应该使用数组时使用了指针。在 C 语言编程的初期，编译器对数组的优化还很糟糕，人们就使用指针来加速程序的运行。而如今，不同的数组与指针语法被翻译成相同的机器码，得到了同样的优化，就不必非使用指针了。只要可以，你就应该使用数组，只有在必须使用指针进行性能优化的时候，你才应该使用指针。

指针词汇表

现在我要给你一个小小的指针词汇表，以供你阅读和编写指针时使用。只要遇到复杂的指针语句，你就可以参考这里，然后一点点地拆分它。（或者直接不用它也可以，因为它很可能本来就不太好。）

- **`type *ptr`**：一个叫 `ptr` 的 `type` 类型指针。
- **`*ptr`**：`ptr` 所指向的地址的值。
- **`*(ptr + i)`**：`ptr` 所指的地址加 `i` 的位置的值。
- **`&thing`**：`thing` 的地址。
- **`type *ptr = &thing`**：将名为 `ptr` 的 `type` 类型指针设置为 `thing` 的地址。
- **`ptr++`**：自增 `ptr` 指向的位置。

我们将用这个简单的词汇表来解决在本书后面遇到的所有指针问题。

指针不是数组

无论如何，你都不应该认为指针和数组是一回事。它们不一样，尽管在 C 语言中你可以用很多一样的方法来操作它们。例如，如果对上面的代码执行 sizeof(cur_age)，你得到的会是指针的大小，而不是指针所指数据的大小。如果要得到完整数组的大小，你需要像我在第 10 行中做的那样，使用数组的名字——ages。

如何破坏程序

只需将指针指向错误的地方，就能破坏这个程序。

- 尝试将 cur_age 指向 names。你需要用 C 语言中的类型转换（cast）来强制执行，研究一下具体需要怎样做。
- 在最后一个 for 循环中，尝试用各种方法让计算出错。
- 尝试重写这些循环，从结尾向开头访问数组。这个任务看着简单，做起来却很难。

附加任务

- 将这个程序中的所有数组重写为指针。
- 将这个程序中的所有指针重写为数组。
- 回顾以往使用数组的程序，尝试使用指针代替。
- 只用指针处理命令行参数，方法与本例中处理 names 相似。
- 尝试将获取地址与获取值结合起来使用。
- 在结尾加入另一个 for 循环，打印这些指针使用的地址。你需要在 printf 中用到%p 格式。
- 重写这个程序，使每种打印方式使用一个函数。尝试将指针传递给函数以便它们获得数据。记住，你可以声明一个函数接受指针作为参数，但这人参数也可以作为数组使用。
- 将 for 循环改为 while 循环，看看对于不同种类的指针使用，哪种循环更为适用。

习题 16

结构体和指向结构体的指针

在这个习题中，你将学到如何创建结构体，如何用指针指向它，如何用它来理解内存结构。我们还将应用在上个习题中学到的指针知识，让你使用 malloc 从原始内存创建这些结构。

和往常一样，下面是我们要讨论的程序，录入代码并让它运行起来。

ex16.c

```
1    #include <stdio.h>
2    #include <assert.h>
3    #include <stdlib.h>
4    #include <string.h>
5
6    struct Person {
7        char *name;
8        int age;
9        int height;
10       int weight;
11   };
12
13   struct Person *Person_create(char *name, int age, int height, int weight)
14   {
15       struct Person *who = malloc(sizeof(struct Person));
16       assert(who != NULL);
17
18       who->name = strdup(name);
19       who->age = age;
20       who->height = height;
21       who->weight = weight;
22
23       return who;
24   }
25
26   void Person_destroy(struct Person *who)
27   {
28       assert(who != NULL);
29
30       free(who->name);
```

```
31        free(who);
32    }
33
34    void Person_print(struct Person *who)
35    {
36        printf("Name: %s\n", who->name);
37        printf("\tAge: %d\n", who->age);
38        printf("\tHeight: %d\n", who->height);
39        printf("\tWeight: %d\n", who->weight);
40    }
41
42    int main(int argc, char *argv[])
43    {
44        // make two people structures
45        struct Person *joe = Person_create("Joe Alex", 32, 64, 140);
46
47        struct Person *frank = Person_create("Frank Blank", 20, 72, 180);
48
49        // print them out and where they are in memory
50        printf("Joe is at memory location %p:\n", joe);
51        Person_print(joe);
52
53        printf("Frank is at memory location %p:\n", frank);
54        Person_print(frank);
55
56        // make everyone age 20 years and print them again
57        joe->age += 20;
58        joe->height -= 2;
59        joe->weight += 40;
60        Person_print(joe);
61
62        frank->age += 20;
63        frank->weight += 20;
64        Person_print(frank);
65
66        // destroy them both so we clean up
67        Person_destroy(joe);
68        Person_destroy(frank);
69
70        return 0;
71    }
```

我将使用一种与以往不一样的方法来描述这个程序。我就不逐行分析了，我将要求你自己写出来。我会基于程序的几部分内容写一个指南，你的任务是写出每一行的功能。

- **include**：我包含了几个新的头文件，用来访问一些新函数。每个头文件给了你哪些函数？

- **struct Person**：这里我创建了一个结构体，里面包含 4 个元素，用来描述一个人。最后的结果是一个新的复合类型，可以让我整体引用这些元素，也可以让我使用名称访问每一部分数据。这和数据库表的“行”类似，也和面向对象编程中的“类”相似。
- **function Person_create**：我需要一种方法来创建这些结构体，于是我创建了一个函数来做这件事。下面是一些重点。
  - 我用 malloc 进行内存分配（memory allocate），让操作系统给我一块原始内存。
  - 我将 sizeof(struct Person)传递给 malloc，它计算了结构体的总大小，包含其中所有的字段。
  - 我用 assert 来确保我从 malloc 得到了一块有效的内存。这里使用了一个特殊的常量 NULL，它的意思是“未设置或无效的指针”。这个 assert 用来检测 malloc 函数没有返回 NULL 无效指针。
  - 我使用 x->y 语法初始化了 struct Person 的每一个字段，这一语法意思是说我要设置结构体的哪些部分。
  - 我用 strdup 函数来复制 name 的字符串，这只是为了确保这个结构体实际拥有 name。strdup 其实和 malloc 差不多，它还会将原始字符串复制到它创建的内存中。
- **function Person_destroy**：如果我有一个 create 函数，那我就应该有一个 destroy 函数，用它来销毁 Person 结构体。我再次用 assert 来确保输入有效。然后我用 free 函数来归还我用 malloc 和 strdup 获取的内存。如果不这样做，结果就会内存泄露。
- **function Person_print**：然后我需要一种方法来打印个人信息，这个函数做的就是这件事。它使用一样的 x->y 语法，获取并打印结构体中的字段。
- **function main**：在 main 函数中，我使用前面定义的所有函数以及 struct Person 完成了下面这些事情。
  - 创建了两个人，即 joe 和 frank。
  - 把它们打印出来，注意我使用了%p 格式，这样你就能看到程序将你的结构体放到了内存的哪个位置。
  - 给它们增长 20 岁，体形也改变了一下。
  - 增长年龄以后再次打印它们。
  - 最后销毁结构体，正确清理内存。

仔细过一遍这段描述，然后完成下面的任务。

- 查阅每一个你不认识的函数和头文件。记住，你通常可以使用 man 2 或 man 3 加函数名，然后就能得到文档。你还可以上网搜索相关信息。
- 在每一行代码上面写注释，解释对应代码行的功能。
- 追踪每个函数调用和每个变量，了解它们的来源。
- 查阅你不懂的符号。

应该看到的结果

在你用注释增强程序以后，确保它能正常运行并得到以下输出。

习题 16 会话

```
$ make ex16
cc -Wall -g    ex16.c   -o ex16

$ ./ex16
Joe is at memory location 0xeba010:
Name: Joe Alex
  Age: 32
  Height: 64
  Weight: 140
Frank is at memory location 0xeba050:
Name: Frank Blank
  Age: 20
  Height: 72
  Weight: 180
Name: Joe Alex
  Age: 52
  Height: 62
  Weight: 180
Name: Frank Blank
  Age: 40
  Height: 72
  Weight: 200
```

什么是结构体

如果做了这个习题，你应该对结构体有了一定的了解，不过我还是明确解释一下，确保你真的明白。

C 语言中的结构体是一些别的数据类型（变量）的集合，存储在一整块内存中，你可以通过名称访问每一个变量。它们和数据库中的记录类似，也和 OOP 语言中的简单类差不多。我们可以这样分解。

- 上面的代码中，我们创造了一个 struct，其中有一些关于人的字段：name、age、weight 和 height。
- 每一个字段都有一个类型，如 int。
- 然后 C 语言将它们包到一起，让它们包含在一个单独的 struct 中。

- 现在 struct Person 就是一个复合数据类型，也就是说你可以像引用其他数据类型一样引用 struct Person。
- 这样你就可以将整个黏在一起的一组数据传到别的函数中，就像在 Person_print 中那样。
- 然后如果你应对的是指针，你就可以通过 x->y 用名称访问 struct 中的各个部分。
- 还有一种不使用指针创建 struct 的方法，你要使用 x.y（句点）语法来操作。在附加任务中我们会这样做。

如果没有 struct，就需要知道数据的大小、数据类型和内存块的地址，才能找到相应的数据。事实上，早期的汇编代码（甚至当今的一些）就是这样做的。但是，在 C 语言里，你可以轻松利用 struct 来处理复合数据类型数据在内存里的布局，从而把注意力集中在怎样运用这些结构上。

如何破坏程序

破坏这个程序的方法与你如何使用指针以及 malloc 系统有关。

- 试着传 NULL 到 Person_destroy 中，看会发生什么事。如果程序不中止，那么你一定是在 Makefile 的 CFLAGS 中缺了-g 选项。
- 忘记在程序结尾调用 Person_destroy，然后在调试器中运行，看它怎样报告说你忘记了释放内存。研究一下看你需要给调试器传递什么选项，让它打印出内存泄露的相关细节。
- 忘记释放 Person_destroy 中的 who->name，然后比较输出。再提醒一遍，使用正确的选项，让调试器告诉你程序具体在哪里出错了。
- 这一次将 NULL 传给 Person_print，然后看调试器会有什么反应。你会发现 NULL 是让程序崩溃的一个快速方法。

附加任务

在这部分中，我需要你试着做一点有难度的事情：将这个程序转换成不使用指针和 malloc 的版本。这个难度比较高，需要你研究一下下面这些课题。

- 如何在栈（stack）上创建 struct，就和你创建任何别的变量一样。
- 如何使用 x.y（句点）而非 x->y 语法来初始化 struct。
- 如何不使用指针将结构体传递给别的函数。

习题 17

内存分配：堆和栈

这个习题会有一个难度的飞跃，你需要创建一个完整的小程序，用来管理数据库。这个数据库效率不是很高，也存不了多少东西，不过它的确可以演示你到目前为止学到的大部分知识。它还是对内存分配的一个更正式的介绍，并且会让你开始处理文件。我们使用了一些文件 I/O 函数，不过我不会特别详细地解释它们，你可以自己先去研究一下它们。

和往常一样，录入整个程序，让它能正常运行，然后我们再来接着讨论。

ex17.c

```
1    #include <stdio.h>
2    #include <assert.h>
3    #include <stdlib.h>
4    #include <errno.h>
5    #include <string.h>
6
7    #define MAX_DATA 512
8    #define MAX_ROWS 100
9
10   struct Address {
11       int id;
12       int set;
13       char name[MAX_DATA];
14       char email[MAX_DATA];
15   };
16
17   struct Database {
18       struct Address rows[MAX_ROWS];
19   };
20
21   struct Connection {
22       FILE *file;
23       struct Database *db;
24   };
25
26   void die(const char *message)
27   {
28       if (errno) {
29           perror(message);
```

```
30          } else {
31              printf("ERROR: %s\n", message);
32          }
33
34          exit(1);
35      }
36
37      void Address_print(struct Address *addr)
38      {
39          printf("%d %s %s\n", addr->id, addr->name, addr->email);
40      }
41
42      void Database_load(struct Connection *conn)
43      {
44          int rc = fread(conn->db, sizeof(struct Database), 1, conn->file);
45          if (rc != 1)
46              die("Failed to load database.");
47      }
48
49      struct Connection *Database_open(const char *filename, char mode)
50      {
51          struct Connection *conn = malloc(sizeof(struct Connection));
52          if (!conn)
53              die("Memory error");
54
55          conn->db = malloc(sizeof(struct Database));
56          if (!conn->db)
57              die("Memory error");
58
59          if (mode == 'c') {
60              conn->file = fopen(filename, "w");
61          } else {
62              conn->file = fopen(filename, "r+");
63
64              if (conn->file) {
65                  Database_load(conn);
66              }
67          }
68
69          if (!conn->file)
70              die("Failed to open the file");
71
72          return conn;
73      }
74
```

```
75  void Database_close(struct Connection *conn)
76  {
77      if (conn) {
78          if (conn->file)
79              fclose(conn->file);
80          if (conn->db)
81              free(conn->db);
82          free(conn);
83      }
84  }
85
86  void Database_write(struct Connection *conn)
87  {
88      rewind(conn->file);
89
90      int rc = fwrite(conn->db, sizeof(struct Database), 1, conn->file);
91      if (rc != 1)
92          die("Failed to write database.");
93
94      rc = fflush(conn->file);
95      if (rc == -1)
96          die("Cannot flush database.");
97  }
98
99  void Database_create(struct Connection *conn)
100 {
101     int i = 0;
102
103     for (i = 0; i < MAX_ROWS; i++) {
104         // make a prototype to initialize it
105         struct Address addr = {.id = i,.set = 0 };
106         // then just assign it
107         conn->db->rows[i] = addr;
108     }
109 }
110
111 void Database_set(struct Connection *conn, int id, const char *name, const char *email)
112 {
113     struct Address *addr = &conn->db->rows[id];
114     if (addr->set)
115         die("Already set, delete it first");
116
117     addr->set = 1;
118     // WARNING: bug, read the "How To Break It" and fix this
119     char *res = strncpy(addr->name, name, MAX_DATA);
```

```
120         // demonstrate the strncpy bug
121         if (!res)
122             die("Name copy failed");
123 
124         res = strncpy(addr->email, email, MAX_DATA);
125         if (!res)
126             die("Email copy failed");
127     }
128 
129     void Database_get(struct Connection *conn, int id)
130     {
131         struct Address *addr = &conn->db->rows[id];
132 
133         if (addr->set) {
134             Address_print(addr);
135         } else {
136             die("ID is not set");
137         }
138     }
139 
140     void Database_delete(struct Connection *conn, int id)
141     {
142         struct Address addr = {.id = id,.set = 0 };
143         conn->db->rows[id] = addr;
144     }
145 
146     void Database_list(struct Connection *conn)
147     {
148         int i = 0;
149         struct Database *db = conn->db;
150 
151         for (i = 0; i < MAX_ROWS; i++) {
152             struct Address *cur = &db->rows[i];
153 
154             if (cur->set) {
155                 Address_print(cur);
156             }
157         }
158     }
159 
160     int main(int argc, char *argv[])
161     {
162         if (argc < 3)
163             die("USAGE: ex17 <dbfile><action> [action params]");
164 
```

```
165     char *filename = argv[1];
166     char action = argv[2][0];
167     struct Connection *conn = Database_open(filename, action);
168     int id = 0;
169
170     if (argc > 3) id = atoi(argv[3]);
171     if (id >= MAX_ROWS) die("There's not that many records.");
172
173     switch(action) {
174         case 'c':
175             Database_create(conn);
176             Database_write(conn);
177             break;
178
179         case 'g':
180             if (argc != 4)
181                 die("Need an id to get");
182
183             Database_get(conn, id);
184             break;
185
186         case 's':
187             if (argc != 6)
188                 die("Need id, name, email to set");
189
190             Database_set(conn, id, argv[4], argv[5]);
191             Database_write(conn);
192             break;
193
194         case 'd':
195             if (argc != 4)
196                 die("Need id to delete");
197
198             Database_delete(conn, id);
199             Database_write(conn);
200             break;
201
202         case 'l':
203             Database_list(conn);
204             break;
205         default:
206             die("Invalid action: c=create, g=get, s=set, d=del, l=list");
207     }
208
209     Database_close(conn);
```

```
210
211         return 0;
212     }
```

在这个程序里，我们使用了一系列的结构体，来创建一个简单的地址簿数据库。这段代码里有一些你没见过的东西，所以你应该一行一行过一遍，解释每一行的功能，查阅你不认识的函数。有一些关键的东西你需要特别注意一下。

- **#define 定义常数**。我们使用了 C 预处理器（C preprocessor，CPP）的另一部分功能，创建了 MAX_DATA 和 MAX_ROWS 的常数设置。我后面会讲 CPP 的更多功能，现在你只要知道这是创建可靠工作的常量的一种方法。还有别的方法，不过在某些情况下它们并不适用。
- **固定大小的结构体**。结构体 Address 使用这些常量，创建了一个固定大小的数据块，使得它效能低了一些，但更方便存储和读取。Database 结构体大小也是固定的，因为它是 Address 结构体组成的固定长度的数组。这会让你后面一次就能将整个东西写入磁盘。
- **die 函数中止并报错**。在像这样的小程序中，你可以写一个单独的函数，用来在出错时杀死程序。我把它叫 die，它的用处是在出错时退出程序，比如函数调用失败或输入无效。
- **errno 和 perror() 报告错误**。当你让函数返回错误时，它通常会设置一个叫 errno 的外部变量，用来表示究竟具体发生了什么。这些都只是数字，所以你可以使用 perror 来打印出错消息。
- **FILE 相关函数**。我使用了一些新函数，如 fopen、fread、fclose、rewind，用来处理文件。每一个函数都用在 FILE 结构体上，它和别的结构体类似，只不过它是定义在 C 标准库中的一种结构体。
- **嵌套结构体指针**。有一个用法你要学习一下，那就是嵌套结构体以及获取数组元素的地址。像&conn->db->rows[i]这样的代码可以读作“获取 rows 中的序号为 i 的元素（它在 db 中，db 又在 conn 中），然后获取它的地址”。
- **复制 struct 原型**。最好的例子是 Database_delete，你可以看到我用了一个临时的本地 Address，初始化了它的 id 和 set 字段，然后通过将其分配给期望的元素，简单地将它复制到数组 rows 中。这一招确保了除了 id 和 set 以外所有的字段都初始化成了 0，而且这样写起来更容易。顺便说一下，你不应该用 memcpy 进行这些结构体复制工作。现代 C 语言允许你简单将一个结构体赋值给另一个结构体，它会为你处理复制工作。
- **处理复杂参数**。我做了一些更复杂的参数分析，不过这并不是最好的处理方式。在本书的后面我们会讲到一个更好的参数处理方法。
- **将字符串转成整数**。我用 atoi 函数把从命令行得到的 id 字符串转成 int id 变量。

查阅一下这个函数以及类似函数的信息。

- **在堆上分配大块数据**。这个程序的整个意义在于，我在创建 Database 的时候，用 malloc 向操作系统索取了一大片内存。我们后面会讲到更多细节。
- **NULL 就是 0，所以布尔表达式可用**。在很多检查的位置，我用 if(!ptr) die("fail!") 检查了指针是否为 NULL，因为 NULL 会被认为是假。你也可以明确说 if(ptr == NULL) die("fail!")。在少数几种系统中，NULL 会被存为一个非 0 的东西，不过 C 标准说你在写代码时应该就把它当作 0 值。从现在开始，当我说“NULL 就是 0”时，我的意思是它的值为 0，这样算对吹毛求疵的人的一个交代。

应该看到的结果

你应该多花时间确保代码能运行，运行调试器确保弄对所有的内存操作。下面是我正常测试时的会话，接下来你用调试器检查所有操作。

习题 17 会话

```
$ make ex17
cc -Wall -g    ex17.c   -o ex17
$ ./ex17 db.dat c
$ ./ex17 db.dat s 1 zed zed@zedshaw.com
$ ./ex17 db.dat s 2 frank frank@zedshaw.com
$ ./ex17 db.dat s 3 joe joe@zedshaw.com
$
$ ./ex17 db.dat l
1 zed zed@zedshaw.com
2 frank frank@zedshaw.com
3 joe joe@zedshaw.com
$ ./ex17 db.dat d 3
$ ./ex17 db.dat l
1 zed zed@zedshaw.com
2 frank frank@zedshaw.com
$ ./ex17 db.dat g 2
2 frank frank@zedshaw.com
```

堆分配和栈分配的区别

你们这些现在的年轻人赶上了好时光。你们用 Ruby 或者 Python 可以直接创造对象和变量，不用关心它们“住”在哪里。你不在乎它是住在栈（stack）上，还是在堆（heap）上。管它呢。你根本不知道，而且你知道吗，很有可能你喜欢的编程语言完全不会把变量放在栈上。所有地方都用了堆，而你完全不知道。

C 语言不一样，因为它使用了真正的 CPU 来完成它的工作，而这就和两块内存有关，一块叫栈，另一块叫堆。它们有什么不同呢？这完全取决于你在哪里获取存储空间。

堆比较好解释，因为它就是你的计算机的所有剩余内存，你可以通过 `malloc` 函数获取更多内存。每次调用 `malloc`，操作系统就会使用内部函数将那块内存注册给你，然后返回一个指向这块内存的指针。当你用完以后，你使用 `free` 将内存返回给操作系统以供其他程序使用。忘记释放内存会导致程序内存泄露，不过 Valgrind 可以为你追踪到这些泄露。

栈是一块用来存储临时变量的特殊内存，也就是每个函数创建的局部变量。它的工作原理是函数的每个参数都被推入栈内，然后在函数中被使用。它其实就是一个栈的数据结构，所以最后进去的东西会第一个出来。对于所有局部变量都是这样的，比如 `main` 函数中的 `char action` 和 `int id` 就是。使用栈的好处在于当函数退出时，C 编译器会将这些变量从栈上弹出，从而清空内存。使用栈处理起来更容易，而且还能防止内存泄露。

最简单的理解方法就是使用这句口诀：如果变量不是用 `malloc` 直接获取的，也不是在函数内通过 `malloc` 间接获取的，那么这个变量就是在栈上的。

使用堆和栈要注意 3 个主要问题。

- 如果你通过 `malloc` 获取了一块内存，把指针放在栈上，当函数退出后，指针就会被从栈上弹出，然后就不复存在了。
- 如果你在栈上放了太多的数据（如大型结构体和数组），那你可能会导致栈溢出（stack overflow），从而中止程序。在这种情况下，你应该通过 `malloc` 使用堆。
- 如果你取了一个栈上的指针，然后在函数中传递或者返回它，那么收到它的函数将会发生段错误（segfault），因为真实数据会被弹出并消失。你的指针将指向一块无效区域。

这就是为什么我创建了一个 `Database_open`，用来分配内存或者执行 `die`，然后还有一个 `Database_close` 用来释放一切。如果你创建了一个 `create` 函数，用来负责创建整个东西或者什么都不创建，然后一个 `destroy` 函数用来安全地清理一切，那么程序就能保持简单直接了。

最后，当程序退出时，操作系统会为你清理所有的资源，不过有时候并不是马上清理。有一个常见的习惯用法，我这个习题也用到了，就是直接中止程序，让操作系统在出错时清理程序。

如何破坏程序

你可以在很多地方破坏这个程序，试试下面的这些，也自己想一些出来。

- 经典的方法是删除一些安全检查，这样你就可以传入任意数据。例如，删除第 171 行防止输入任意记录数据的检查。
- 你还可以试着破坏数据文件。用编辑器打开文件，随机修改其中的字节，然后关闭文件。
- 你还可以找到程序运行时传入错误参数的方法。例如，把文件名和动作反过来，它就会创建一个以动作命名的文件，然后根据第一个字符来执行这一动作。

- 因为 strncpy 设计很糟，所以这个程序中有一个缺陷。去查阅一下 strncpy，试着找出当 name 或 address 大于 512 字节时会发生什么。将最后一个字符强制设为'\0'可以解决此问题，这样它就会永远设对，这也是 strncpy 该做的事情。
- 在附加任务部分，我要求你加强程序，创建任意大小的数据库。试试看最大能创建多大的数据库，直到 malloc 无法获取足够内存而导致程序崩溃。

附加任务

- 你需要加强 die 函数，让它能传入 conn 变量，这样 die 就可以关闭连接并清理程序。
- 修改这段代码，让它接受 MAX_DATA 和 MAX_ROWS 的参数传入，将它们存储在 Database 结构体中，并且写到文件中去，这样就能创建任意大小的数据库。
- 添加更多的数据库操作，如 find。
- 查阅 C 语言是怎样对结构体进行封装的，接着了解文件大小为何如此。试着在结构体里加入新字段，并根据其大小计算推测新的文件大小。
- 在 Address 内加入新字段，并使新加的成员支持搜索操作。
- 写一个命令行脚本，让它用正确的顺序运行命令，为你进行自动测试。提示：在 bash 脚本顶部使用 set -e，这样命令出错时整个脚本就会中止。
- 试着修改这个程序，让它使用一个全局数据库连接。新版和旧版程序有什么不同？
- 研究一下栈数据结构体，用你最喜欢的编程语言写一个，再用 C 语言写一个。

习题 18

指向函数的指针

C语言中的函数实际上只是指向程序中某处代码的指针。就像你创建的指向结构体、字符串、数组的指针一样，你也能用指针指向函数。这么做的主要作用就是向其他函数传递回调函数（callback），或者模拟类与对象。在这个习题中，我们会用到一些回调函数，在下一个习题中我们会做一个简单的对象系统。

函数指针的格式看起来像下面这样：

```
int (*POINTER_NAME)(int a, int b)
```

这个方法可以帮助你记住如何写出函数指针：

- 写一个普通的函数声明：`int callme(int a, int b)`。
- 用指针的语法格式包装函数名：`int (*callme)(int a, int b)`。
- 把名字改为指针名：`int (*compare_cb)(int a, int b)`。

记住这个的关键就是，当你用这种方法做完后，指针的变量名叫 compare_cb，而且你可以像使用函数一样使用它。这和指向数组的指针使用方法相似。指向函数的指针可以像函数那样使用，只是名字不同而已。

```
int (*tester)(int a, int b) = sorted_order;
printf("TEST: %d is same as %dn", tester(2, 3), sorted_order(2, 3));
```

即使函数指针返回一个指向别的什么东西的指针，这也会正常工作。

- 声明：`char *make_coolness(int awesome_levels)`。
- 包装：`char *(*make_coolness)(int awesome_levels)`。
- 重命名：`char *(*coolness_cb)(int awesome_levels)`。

通过使用函数指针要解决的下一个问题就是，很难把它们作为形参传给函数，例如你想把一个回调函数传给另一个函数的时候。解决方法就是使用 typedef，这个 C 语言关键字可以为其他复杂类型重新命名。

你唯一需要做的就是把 typedef 放到声明函数指针语法的前面，然后你就可以像使用数据类型一样使用这个名字。我用下面的习题代码演示一下。

ex18.c

```
1    #include <stdio.h>
2    #include <stdlib.h>
3    #include <errno.h>
```

```
4     #include <string.h>
5
6     /** Our old friend die from ex17. */
7     void die(const char *message)
8     {
9         if (errno) {
10            perror(message);
11        } else {
12            printf("ERROR: %s\n", message);
13        }
14
15        exit(1);
16    }
17
18    // a typedef creates a fake type, in this
19    // case for a function pointer
20    typedef int(*compare_cb) (int a, int b);
21
22    /**
23     * A classic bubble sort function that uses the
24     * compare_cb to do the sorting.
25     */
26    int *bubble_sort(int *numbers, int count, compare_cb cmp)
27    {
28        int temp = 0;
29        int i = 0;
30        int j = 0;
31        int *target = malloc(count * sizeof(int));
32
33        if (!target)
34            die("Memory error.");
35
36        memcpy(target, numbers, count * sizeof(int));
37
38        for (i = 0; i < count; i++) {
39            for (j = 0; j < count - 1; j++) {
40                if (cmp(target[j], target[j + 1]) > 0) {
41                    temp = target[j + 1];
42                    target[j + 1] = target[j];
43                    target[j] = temp;
44                }
45            }
46        }
47
48        return target;
```

```
49  }
50
51  int sorted_order(int a, int b)
52  {
53      return a - b;
54  }
55
56  int reverse_order(int a, int b)
57  {
58      return b - a;
59  }
60
61  int strange_order(int a, int b)
62  {
63      if (a == 0 || b == 0) {
64          return 0;
65      } else {
66          return a % b;
67      }
68  }
69
70  /**
71   * Used to test that we are sorting things correctly
72   * by doing the sort and printing it out.
73   */
74  void test_sorting(int *numbers, int count, compare_cb cmp)
75  {
76      int i = 0;
77      int *sorted = bubble_sort(numbers, count, cmp);
78
79      if (!sorted)
80          die("Failed to sort as requested.");
81
82      for (i = 0; i < count; i++) {
83          printf("%d ", sorted[i]);
84      }
85      printf("\n");
86
87      free(sorted);
88  }
89
90  int main(int argc, char *argv[])
91  {
92      if (argc < 2) die("USAGE: ex18 4 3 1 5 6");
93
```

```
 94         int count = argc - 1;
 95         int i = 0;
 96         char **inputs = argv + 1;
 97
 98         int *numbers = malloc(count *sizeof(int));
 99         if (!numbers) die("Memory error.");
100
101         for (i = 0; i < count; i++) {
102             numbers[i] = atoi(inputs[i]);
103         }
104
105         test_sorting(numbers, count, sorted_order);
106         test_sorting(numbers, count, reverse_order);
107         test_sorting(numbers, count, strange_order);
108
109         free(numbers);
110
111         return 0;
112     }
```

在这个程序中，你创建了一个动态排序算法，它可以使用比较回调函数对整型数组进行排序。下面是程序的详解，以便你清晰地理解它。

- **第 1～6 行**：屡见不鲜的 `include`，用来包含所有需要的函数。
- **第 7～17 行**：这是前一个习题中的 `die` 函数，我会用它来做错误检查。
- **第 20 行**：这里使用了 `typedef`，稍后我们会像在 `bubble_sort` 和 `test_sorting` 中使用 `int` 或 `char` 一样，把 `compare_cb` 当成类似 `int` 或 `char` 的类型来使用。
- **第 26～49 行**：一个冒泡排序的实现，这是一种效率很差的整数排序算法。详细解释如下。
  - **第 26 行**：我为 `compare_cb` 的最后一个参数 `cmp` 使用了 `typedef`。它现在是一个函数，它会为排序返回两个整型的比较结果。
  - **第 28～34 行**：常见的在栈上创建变量，接着是在堆上使用 `malloc` 创建整型数组。确保你知道 `count * sizeof(int)` 做的什么事。
  - **第 38 行**：冒泡排序的外层循环。
  - **第 39 行**：冒泡排序的内层循环。
  - **第 40 行**：现在我像调用一般函数一样的调用 `cmp` 这个回调函数，不过它不是我们定义的名字，而是一个指向它的指针。这样就可以向调用者传入任何它们想要的东西，只要满足 `compare_cb typedef` 的签名（signature）即可。
  - **第 41～43 行**：冒泡排序的实际需要做的交换操作。
  - **第 48 行**：最后返回新创建并排好序的结果数组 `target`。
- **第 51～68 行**：`compare_cb` 的 3 种不同版本的函数类型，它们需要和我们创建的 `typedef` 定义一样。如果类型不匹配，C 编译器将报错说类型不匹配。

- **第 74～88 行**：这是 bubble_sort 函数的测试程序。现在你可以看到我还把参数 compare_cb 传递给了 bubble_sort，表明它们能像其他指针一样传到函数里去。
- **第 90～103 行**：一个简单的 main 函数，根据你从命令行传入的整数建立数组，然后调用 test_sorting 函数。
- **第 105～107 行**：最后，你看到了 compare_cb 函数指针 typedef 的使用方法。我只是调用了 test_sorting，不过给了它 sorted_order、reverse_order 以及 strange_order 的名字，作为函数来使用。然后 C 编译器找到这些函数的地址，把它作为一个指针供 test_sorting 使用。如果看看 test_sorting，你会看到它把这些依次传递给 bubble_sort，但事实上它根本就不知道它们是做什么的，编译器只知道它们和 compare_cb 原型匹配，应该可以工作。
- **第 109 行**：最后我们要做的就是释放我们创建的数值数组。

应该看到的结果

运行这个程序很简单，不过你应该尝试不同数值的组合，甚至是其他字符，看会发生什么。

习题 18 会话

```
$ make ex18
cc -Wall -g    ex18.c   -o ex18
$ ./ex18 4 1 7 3 2 0 8
0 1 2 3 4 7 8
8 7 4 3 2 1 0
3 4 2 7 1 0 8
$
```

如何破坏程序

我将让你做一些奇怪的事情去破坏它。这些函数指针和普通指针一样，所以它们指向的是内存块。C 语言可以把一种指针转换成另一种，以便你能用不同的方法处理数据。这通常不是必需的，但为了让你看看如何“黑”掉你的电脑，我要求你在 test_sorting 函数结尾加上这些内容：

```
unsigned char *data =(unsigned char *)cmp;

for(i = 0; i < 25; i++) {
    printf("%02x:", data[i]);
}

printf("\n");
```

这个循环类似于先把你的函数转换成字符串，然后输出它们的内容。除非你正在使用的 CPU 或操作系统对你这么做有意见，否则这不会破坏你的程序。当它输出这个排序后的数组后，你会看到一个十六进制数的字符串：

```
55:48:89:e5:89:7d:fc:89:75:f8:8b:55:fc:8b:45:
```

这应该是这个函数自身的原始汇编字节码，你会看到它们开头都一样，但结尾不同。还可能是这个循环没取得所有的函数，或者是取到太多内容，踩到了程序别的位置。不多分析一下是不会知道的。

附加任务

- 找一个十六进制编辑器打开 ex18，然后找到包含这个十六进制数位串的函数，看看你是否可以在这个程序中找到这个函数。
- 在你的十六进制编辑器中随便找点儿别的东西，修改它们。回到你的程序看看发生了什么。修改你找到的字符串是最容易的。
- 给 compare_cb 传入错误的函数，然后看看 C 编译器提示什么信息。
- 传入 NULL 看看你的程序出了什么问题。然后运行调试器看看报告了什么。
- 再写一个排序算法，然后修改 test_sorting，让它可以接受任意排序函数以及排序函数的回调比较。用它来测试你的两个算法。

Zed 的强悍的调试宏

C语言中有一个一直存在的问题，每次你碰到它的时候，你都不得不想法子绕过，不过接下来，我要用自己开发的一套宏命令来解决这个问题。过一阵子，等你意识到我这套宏命令是多么强悍以后，你再回来感谢我吧。现在你应该意识不到这一点，所以你还是先直接拿来用好了。等到某一天，你会走到我面前说："Zed，这些调试宏太赞了。没有你这些东西，我都得头疼 10 年，没准儿都自杀好几次了。我简直欠你一条人命啊！谢谢你，你真是个大好人，这里是 100 万美元，再送你一把 Leo Fender 签名的 Snakehead Telecaster 电吉他原型好了。"

是的，就是这么强悍。

C 语言错误处理的问题

对几乎每一种语言来说，处理错误都是一件难事。有一些编程语言会通过各种方式极力避免"错误"这个概念的出现。另外一些编程语言则发明了类似"异常"这样的复杂的控制结构，用来传递错误状态。之所以存在错误处理的问题，很大程度上是因为程序员们会假设错误是不会发生的，而这种乐观态度影响了他们使用和创建的编程语言。

C 语言处理这个问题的方法是返回错误代码，并设置一个叫 `errno` 的全局变量供你检查。这就导致你要写大量的代码来检查你是否弄出了一个错误。随着你写的 C 语言代码越来越多，你会发现自己在不断重复下面这样的一个过程：

- 调用一个函数；
- 检查返回值是否有误（这也是每次要做的检查）；
- 如果有错的话，就清理到目前为止创建的所有资源；
- 最后打印出一个出错消息，并期望这个出错消息真能派上点儿用场。

这意味着对于每一个函数的调用（是的，每一个函数），你都可能要多写三四行代码以确认其有效。这还不包括出错时清理你构建出来的垃圾文件所需的代码。如果你有 10 个不同的结构体，3 个文件，还有一个数据库连接，那么当你碰到错误时，你要多写 14 行代码来做清理工作。

这在过去算不上一个问题，因为在那个时代，当 C 程序遇到错误时，它所做的和你做的是同一件事：中止程序。清理工作是没必要的，因为操作系统会为你做这些事情。然而时至今日，很多 C 程序需要一直运行几周、几个月，甚至若干年，而且要完美地处理各种原因产生的错误。如果你写了一个 Web 服务器，你总不能让它碰到一丁点儿错误就挂掉吧。如果你写的一个库被用到另一个程序上，你总不能让别人的程序一点儿不和就炸掉吧。这样也太粗鲁了。

别的语言是通过异常来解决这个问题的，不过异常在 C 语言里有一些问题（在别的语言里也有）。在 C 语言中，我们只有一个返回值，但异常是一个基于栈的返回系统，它返回的东西是不确定的。要在 C 语言的栈中逐层整理异常是一件难事，而且如果你这么做的话，别的库就无法跟你写的代码交流了。

调试宏

近年来我一直用着的解决方案是一套小的调试宏，就是一个基本的调试和错误处理系统。这个系统很容易理解，适用于所有的库，而且可以让 C 代码更清晰、更稳定。

它实现这些的方法是用了一个约定，每当发生一个错误时，你的函数就会跳到一个 `error:` 部分，这一部分知道如何清理一切并返回一个错误代码。你可以使用一个叫 `check` 的宏来检查返回值，打印出错消息，然后跳到清理的部分。你可以将它和一系列日志记录函数结合，打印出有用的调试信息。

现在我就向你展示一下我这个空前绝后的杰作。

dbg.h

```
1   #ifndef __dbg_h__
2   #define __dbg_h__
3
4   #include <stdio.h>
5   #include <errno.h>
6   #include <string.h>
7
8   #ifdef NDEBUG
9   #define debug(M, ...)
10  #else
11  #define debug(M, ...) fprintf(stderr, "DEBUG %s:%d: " M "\n",\
12          __FILE__, __LINE__, ##__VA_ARGS__)
13  #endif
14
15  #define clean_errno() (errno == 0 ? "None" : strerror(errno))
16
17  #define log_err(M, ...) fprintf(stderr,\
18          "[ERROR] (%s:%d: errno: %s) " M "\n", __FILE__, __LINE__,\
19          clean_errno(), ##__VA_ARGS__)
20
21  #define log_warn(M, ...) fprintf(stderr,\
22          "[WARN] (%s:%d: errno: %s) " M "\n",\
23          __FILE__, __LINE__, clean_errno(), ##__VA_ARGS__)
24
```

```
25    #define log_info(M, ...) fprintf(stderr, "[INFO] (%s:%d) " M "\n",\
26            __FILE__, __LINE__, ##__VA_ARGS__)
27
28    #define check(A, M, ...) if(!(A)) {\
29        log_err(M, ##__VA_ARGS__); errno=0; goto error; }
30
31    #define sentinel(M, ...) { log_err(M, ##__VA_ARGS__);\
32        errno=0; goto error; }
33
34    #define check_mem(A) check((A), "Out of memory.")
35
36    #define check_debug(A, M, ...) if(!(A)) { debug(M, ##__VA_ARGS__);\
37        errno=0; goto error; }
38
39    #endif
```

就是这个了，接下来是逐行解释。

- **第 1～2 行**：常见的防范措施，预防不小心包含了两次文件，这一点在上一个习题中已经看到。
- **第 4～6 行**：`include` 语句，引入宏需要的函数。
- **第 8 行**：`#ifdef` 的开头，允许你重新编译你的程序，以便所有的调试日志消息都会被移除掉。
- **第 9 行**：如果你在 `NDEBUG` 定义好的情况下编译，那么“no debug”消息会保留。你可以看到这种情况下`#define debug()`被替换成了空（右边为空）。
- **第 10 行**：上面`#ifdef` 对应的`#else`。
- **第 11～12 行**：`#define debug` 的另一实现，它将所有的 `debug("format", arg1, arg2)`翻译成了一个对 `stderr` 的 `fprintf` 调用。许多 C 程序员不知道这一点，其实你可以创建宏，让它像 `printf` 一样工作，并能接收可变参数。有的 C 编译器（其实就是 CPP）不支持这个，不过重要的编译器是支持的。这里的魔法是`##__VA_ARGS__`的使用，它在说“把它们多余的参数都放(`...`)这里”。另外注意`__FILE__`和`__LINE__`的使用，它们会为调试信息获取当前的文件行（文件:行）。非常有用。
- **第 13 行**：`#ifdef` 的结束。
- **第 15 行**：其他地方用到的 `clean_errno` 宏，用来获取一个安全、可读的 `errno` 版本。中间陌生的语法是一个三元运算符，后面你会学到它的功能。
- **第 17～26 行**：`log_err`、`log_warn` 和 `log_info` 这些宏用来记录给终端用户看的信息。它们和 `debug` 的工作方式一样，不过无法被编译出来。
- **第 28 行**：这个 `check` 是最好的宏，它会确保条件 `A` 为真，如果不是，它就会记录错误 `M`（带着 `log_err` 的可变参数），然后跳到函数的 `error:`处去进行清理工作。
- **第 31 行**：`sentinel` 是第二好的宏，它会被放到函数中任何不该运行的位置，如果运行了，它就会打印出一个出错消息，并跳到 error:标签。你应该把它放到 if 语句和 switch 语句中，用来抓取不应该发生的情况，如 default:。

- **第 34 行**：check_mem 是一个快捷宏，用来确保指针是有效的，如果无效，它就会报告一个 “Out of memory”（内存不足）的错误。
- **第 36 行**：check_debug 是又一个版本的宏，它依然会检查并处理错误，不过如果错误很常见，它就不报告了。在它里面使用了 debug 而非 log_err 来报告信息。所以，当你定义了 NDEBUG 时，检查行为和错误跳转仍然会发生，但出错消息不会被打印出来。

使用 dbg.h

下面是一个在小程序中使用 dbg.h 所有功能的例子。这个程序其实没做什么，只是演示了如何使用每一个宏。不过从现在开始，我们会在所有的程序中使用这些宏，所以一定要确保现在能弄懂如何使用它们。

ex19.c

```
1    #include "dbg.h"
2    #include <stdlib.h>
3    #include <stdio.h>
4
5    void test_debug()
6    {
7        // notice you don't need the \n
8        debug("I have Brown Hair.");
9
10       // passing in arguments like printf
11       debug("I am %d years old.", 37);
12   }
13
14   void test_log_err()
15   {
16       log_err("I believe everything is broken.");
17       log_err("There are %d problems in %s.", 0, "space");
18   }
19
20   void test_log_warn()
21   {
22       log_warn("You can safely ignore this.");
23       log_warn("Maybe consider looking at: %s.", "/etc/passwd");
24   }
25
26   void test_log_info()
27   {
```

```
28         log_info("Well I did something mundane.");
29         log_info("It happened %f times today.", 1.3f);
30     }
31
32     int test_check(char *file_name)
33     {
34         FILE *input = NULL;
35         char *block = NULL;
36
37         block = malloc(100);
38         check_mem(block);                   // should work
39
40         input = fopen(file_name, "r");
41         check(input, "Failed to open %s.", file_name);
42
43         free(block);
44         fclose(input);
45         return 0;
46
47     error:
48         if (block) free(block);
49         if (input) fclose(input);
50         return -1;
51     }
52
53     int test_sentinel(int code)
54     {
55         char *temp = malloc(100);
56         check_mem(temp);
57
58         switch (code) {
59             case 1:
60                 log_info("It worked.");
61                 break;
62             default:
63                 sentinel("I shouldn't run.");
64         }
65
66         free(temp);
67         return 0;
68
69     error:
70         if (temp)
71             free(temp);
72         return -1;
```

```
73    }
74
75    int test_check_mem()
76    {
77        char *test = NULL;
78        check_mem(test);
79
80        free(test);
81        return 1;
82
83    error:
84        return -1;
85    }
86
87    int test_check_debug()
88    {
89        int i = 0;
90        check_debug(i != 0, "Oops, I was 0.");
91
92        return 0;
93    error:
94        return -1;
95    }
96
97    int main(int argc, char *argv[])
98    {
99        check(argc == 2, "Need an argument.");
100
101       test_debug();
102       test_log_err();
103       test_log_warn();
104       test_log_info();
105
106       check(test_check("ex19.c") == 0, "failed with ex19.c");
107       check(test_check(argv[1]) == -1, "failed with argv");
108       check(test_sentinel(1) == 0, "test_sentinel failed.");
109       check(test_sentinel(100) == -1, "test_sentinel failed.");
110       check(test_check_mem() == -1, "test_check_mem failed.");
111       check(test_check_debug() == -1, "test_check_debug failed.");
112
113        return 0;
114
115   error:
116        return 1;
117   }
```

应该看到的结果

运行的时候胡乱给一个参数，就会看到下面这样的结果。

习题 19 会话

```
$ make ex19
cc -Wall -g -DNDEBUG    ex19.c   -o ex19
$ ./ex19 test
[ERROR] (ex19.c:16: errno: None) I believe everything is broken.
[ERROR] (ex19.c:17: errno: None) There are 0 problems in space.
[WARN] (ex19.c:22: errno: None) You can safely ignore this.
[WARN] (ex19.c:23: errno: None) Maybe consider looking at: /etc/passwd.
[INFO] (ex19.c:28) Well I did something mundane.
[INFO] (ex19.c:29) It happened 1.300000 times today.
[ERROR] (ex19.c:41: errno: No such file or directory) Failed to open test.
[INFO] (ex19.c:60) It worked.
[ERROR] (ex19.c:63: errno: None) I shouldn't run.
[ERROR] (ex19.c:78: errno: None) Out of memory.
```

看到了吧，check 出错的地方行号都被标记出来了。这会为你后面省下很多的调试时间。而且，当设好 errno 后出错消息也被打印出来了，这一样会为你省下很多的调试时间。

CPP 如何扩展宏

现在简单介绍一下 CPP，以便你能理解这些宏的实际原理。为了实现这一目的，我会对 dbg.h 中最复杂的宏进行分解，让你运行 CPP，看它实际做了什么。

想象一下我有一个函数叫 dosomething()，它成功以后会返回典型的 0，出错后返回-1。每次调用 dosomething，我都要检查这个错误代码，所以我会这么写代码：

```
int rc = dosomething();

if(rc != 0) {
    fprintf(stderr, "There was an error: %s\n", strerror());
    goto error;
}
```

我使用 CPP 的目的是封装这个 if 语句，让它成为一行更易读和好记的代码。我要用 debug.h 中的 check 宏来做这件事：

```
int rc = dosomething();
check(rc == 0, "There was an error.");
```

这样就清晰多了，而且确切解释了发生了什么：检查函数是否执行成功，如果没有，就报告一个错误。为了实现这一点，我们需要一些特殊的技巧，让 CPP 成为一个有用的代码生成工具。再来看一遍 check 和 log_error 宏：

```
#define log_err(M, ...) fprintf(stderr,\
    "[ERROR] (%s:%d: errno: %s) " M "\n", __FILE__, __LINE__,\
    clean_errno(), ##__VA_ARGS__)
#define check(A, M, ...) if(!(A)) {\
    log_err(M, ##__VA_ARGS__); errno=0; goto error; }
```

第一个宏 log_err 比较简单。它只是用一小段代码取代了自己，这段代码使用 stderr 作为参数，调用了 fprintf。这个宏唯一比较绕的是...在定义 log_err(M, ...)中的使用。它的功能是让你向宏传递参数，这样你就可以向 fprintf 传递参数了。怎样将参数注入 fprintf 函数呢？看看结尾的##__VA_ARGS__，它告诉 CPP 把输入的参数放到...所在的位置，然后将它们注入 fprintf 调用的那部分。接着你可以这样做：

```
log_err("Age: %d, name: %s", age, name);
```

参数 age、name 是...部分的定义，它们被注入到了 fprintf 的输出：

```
fprintf(stderr, "[ERROR] (%s:%d: errno: %s) Age %d: name %s\n",
    __FILE__, __LINE__, clean_errno(), age, name);
```

看到结尾的 age 和 name 了吧？这就是...和##VA_ARGS__的合作，这在调用其他可变参数宏的宏里也是可以工作的。看看 check 宏，它调用了 log_err，不过它也使用了...和##__VA_ARGS__来完成调用。这样你就能把完整的 printf 风格的格式化字符串传给 check，它会跑到 log_error，然后让二者都像 printf 一样工作。

接下来要学的是 check 如何用 if 语句做错误检查。如果我们抽取 log_err 的用法，我们会看到这个：

```
if(!(A)) { errno=0; goto error; }
```

它的意思是：若 A 为假，就清理 errno 然后 goto 到 error 标签。check 宏被 if 语句取代，所以如果我们手动扩展宏 check(rc == 0, "There was an error.")，我们会得到如下结果：

```
if(!(rc == 0)) {
    log_err("There was an error.");
    errno=0;
    goto error;
}
```

在这段包含两个宏的旅程里，你应该看到 CPP 把宏替换成了它们的扩展定义，然后对此进行递归，展开了宏里边的所有宏。正如我之前讲过的，CPP 就是一个递归模板系统。它的强大来自它能生成整块的参数化代码，是一个很好用的代码生成工具。

这就留下了一个问题：为什么不就使用一个像 die 一样的函数呢？原因在于你需要在错误处理退出时有 file:line 行号和 goto 操作。如果你在函数中做这件事，你就无法得到错误发生位置的行号了，goto 写起来也会更为复杂。

还有一个原因就是你依然需要写原始的 if 语句，和你代码别处所有的 if 语句看上去都差不多，所以就无法清楚体现当前 if 语句是一个错误检查。将 if 语句包裹在一个叫 check 的宏里面，你就清楚地表明了自己是在做错误检查，而不是主流程的一部分。

最后，CPP 可以有条件编译部分代码，所以你可以得到只在构建开发版或者调试版程序时才出现的代码。你在 dbg.h 中已经见过这个了，只有编译器想要的时候，debug 宏才会有一个主体。如果没有这种能力，你就需要浪费一个 if 语句来检查是否是调试模式，然后再浪费 CPU 资源去检查无值的情况。

附加任务

- 把#define NDEBUG 放到这个文件的顶部，看看是不是所有的调试信息都看不到了。
- 取消上面这行，为 Makefile 顶部的 CFLAGS 加上-DNDEBUG，然后重新编译，看看是不是能看到一样的调试信息。
- 修改日志记录机制，让它报告函数名称以及 file:line 格式的行号。

高级调试技巧

我已经教过你我做的强悍的调试宏，你也应用过它们了。当我调试代码的时候，我单独使用 `debug()` 宏就能分析出代码经过，并找出错误所在。这个习题中，我会教你 GDB 的基本应用，用它监视运行中的程序，不让程序退出。你将学会如何将 GDB 附在运行中的进程上，将进程停下来，看中间会发生什么。然后，我还会教你一些使用 GDB 的技巧。

这个习题也是一个视频为主的习题，我将为你展示高级的调试技巧。下面的讨论是视频的补充，所以请先看视频。通过看我在视频里的操作，调试将会更易掌握。

调试打印和 GDB

我调试主要用的是一种“科学方法”的风格：我推测可能的原因，排除它，或者证明它就是导致缺陷的原因。很多程序员对这种方法有意见，觉得这会减慢他们的速度。他们一出错就着急，忙中生乱，找不到问题的根源，收集不到有用的信息。我发现记录日志（打印调试信息）可以强制我科学地消灭 bug，大部分情况下从日志收集信息也更容易。

除此之外，我把调试打印作为主要的调试方法，还有以下几点原因。

- 调试打印变量能让你追踪到程序运行的整个过程，让你知道错误是怎样产生的。使用 GDB，你需要在每个需要的地方放一个 `watch` 和 `debug` 语句，要稳定跟踪程序执行过程是件难事。
- 打印调试信息可以保留在代码里，在需要时，你可以进行重新编译，把它们弄回来。使用 GDB 的话，针对每一个要消灭的缺陷，你都需要独立配置一套一样的信息。
- 如果服务器运行不正常，我们可以打开调试日志，在运行过程中检查日志中的错误。系统管理员知道如何处理日志，但他们不知道怎么使用 GDB。
- 打印东西出来就是很简单。调试器界面难用，行为不一致，又笨拙又古怪。`debug("Yo, dis right? %d", my_stuff);`就没有任何复杂之处。
- 当你通过打印调试信息找出缺陷时，你就不得不真的去分析代码，并且使用科学的方法。你可以把调试的使用想成“我假设这段代码出了问题”。然后当你运行它的时候，你就去验证了你的假设，如果问题不在这里，你就可以去检查下一处可疑的位置。这样分析似乎要花更长时间，但实际上很快，因为你进行了一个鉴别诊断的过程，通过排除法找出真正的问题。
- 打印调试信息与单元测试一起使用效果更好。你其实可以在工作时把调试编译进去，当单元测试爆了以后，任何时候都可以去看看日志。使用 GDB，你需要在 GDB 下重新运行单元测试，然后追踪看发生了什么。

尽管种种原因让我更信赖调试打印，在少数情况下我还是会使用 GDB，而且技多不压身，有时你可能非得连到出错的程序上鼓捣。或者，也许你碰到一个不停崩溃的服务器，你只能通过内核转储文件来分析原因。在这些少数情况下，GDB 就不失为一个好方法，而且会的工具越多，越有利于解决问题。

下面解释一下我使用 GDB、Valgrind 和打印调试信息的不同场合。

- 我用 Valgrind 捕捉内存错误。如果 Valgrind 无法解决问题或者降低了程序的运行速度，我就使用 GDB。
- 我通过打印调试信息来诊断或者修复一些逻辑或使用相关的问题。九成的缺陷可以靠这来解决，剩下的就用 Valgrind。
- 对于剩下的古怪难缠的问题，或者是紧急情况下搜集信息，我会使用 GDB。如果 Valgrind 无法发现问题，甚至打印调试信息也帮不上忙，就要借助 GDB 去探探究竟了。这种情况下我使用 GDB 完全是为了收集信息。一旦猜测到问题出在哪里，我就会回去写一个单元测试去重现问题，然后去添加打印语句，找出为什么会出错。

调试策略

其实这个过程和你正在使用的任何调试技巧都可以进行协作。我后面会用 GDB 讲讲，因为人们在使用调试器的时候最有可能跳过这个过程。针对每一个缺陷你都应该使用这一流程，等你水平提高以后，就只需要在很难的问题上使用这一招。

- 新建一个文件名为 `notes.txt` 的小文本文件，就像做“实验记录”那样写下想法、bug、问题等等。
- 启动 GDB 之前，写下你要修正哪个 bug，以及导致这个 bug 的可能原因。
- 对于每一个原因，写下你认为可能出错的代码文件和函数名，或者写下你不知道的事情。
- 现在启动 GDB，对于你分析的第一个原因，找出可能出问题的代码文件和函数，在里边设置断点。
- 用 GDB 运行程序，确认原因是否成立。最好的方法是看你能不能使用 `set` 命令快速修正程序或者立即重现错误。
- 如果问题不在这里，那就在 `notes.txt` 中标记好结果以及原因。然后跳到下一个最容易调试的假设原因，不停地收集相关信息。

这基本上就是所谓的科学的方法了。你写下一系列的假设，然后通过调试证明或者证伪这些假设。这个过程让你深入认识到更可能的原因，直至最后找出这个原因。这个过程能让你避免在同一个可能的原因上不停重复，尽管这个原因你已经排除过一次了。

你也可以将这一过程和打印调试信息一同使用。唯一的不同就是你把假设的原因写在代码中，而非 notes.txt 里。从某种意义上讲，写入打印调试信息会强迫你科学地应对缺陷，因为你需要以打印语句的形式写下你的假设。

附加任务

- 找个图形界面的调试器，将它与原始的 GDB 进行比较。图形界面调试器只适合本地运行的程序，如果你需要调试服务器上的程序，它们就毫无用处了。
- 你可以启用操作系统中的“内核转储”（core dump）。当程序崩溃的时候，你会得到一个内核转储文件。这个文件就像是程序验尸，你可以加载它，看崩溃的时候发生了什么事情，以及是什么导致了程序崩溃。尝试修改 ex18.c，让它在几次迭代后崩溃，然后试着获取内核转储文件并进行分析。

高级数据类型与流程控制

这个习题是 C 语言中你可以使用的数据类型和流程控制结构的一个完整缩影。它可以作为你的参考资料，让你的知识更为完备。这个习题不需要你写任何代码。我会让你制作一些速记卡，记忆这些信息，让你在脑海中夯实一些重要概念。

为了让这个习题发挥效果，你应该至少花一个星期去仔细推敲其内容，并且补充其中缺少的内容。你需要写出每一条的意思，然后写一个程序去验证你研究的结果。

可用数据类型

类型	描述
`int`	整型，通常存放一个整数，一般大小默认是32位
`double`	双精度浮点型，存放一个较大的浮点数
`float`	单精度浮点型，存放一个较小的浮点数
`char`	字符型，存放单个字节的字符
`void`	空类型，表示“没有类型”，用于表示一个函数不返回信息，或者一个指针没有类型，如 `void *thing`
`enum`	枚举类型，工作方式和整型一样，也能转成整型，但它会给你集合的符号名称。如果你在 `switch` 语句中没有涵盖枚举类型里的所有元素，一些编译器就会发出警告

类型修饰符

修饰符	描述
`unsigned`	改变某一类型使其不包含负数，这样会给你一个较大的上限，但无法容纳小于0的值
`signed`	给你正数与负数，但将正数的上限减少了一半，用来扩展到负数的下限
`long`	为这个类型分配一个较大的存储空间，用来存放更大的数值，通常空间是原来的两倍
`short`	使用较小的存储空间，它能存放的数值小一些，但是空间节省了一半

类型限定符

限定符	描述
const	表明这个变量在初始化之后就不会再发生改变
volatile	表明一切无法预测，编译器应该别乱动这个变量，不要做任何优化。只有当你要对这个变量做一些特别怪的事情的时候，你才需要使用这个限定符
register	强制编译器将变量放在寄存器里，编译器可以直接忽略你。现今的编译器更善于决定把变量应该放在哪里，所以只有确定可以提高速度时你才可以这么做

类型转换

C 语言使用了一种类似阶梯式类型提升的机制，当面对一个表达式两边的操作数时，它会在执行这个运算之前，提升较小的一边去适应较大的一边。如果表达式的一边在这个列表中，那么另一边会在运算完成前被转换成相应的类型。转换顺序如下：

1. long double
2. double
3. float
4. int（仅指 char 和 short int）
5. long

如果你想弄清楚表达式中的类型转换到底是怎么回事，就不要把这个工作交给编译器来做。使用明确的转换操作将其转换成你想要的类型。例如，如果给你：

```
long + char - int * double
```

与其揣测结果是否会被正确转换成 double，不如使用如下转换将你想要转换的类型放在变量前面的括号中：

```
(double)long - (double)char - (double)int * double
```

这样就可以进行强制转换。不过重要的一点是，数据类型转换只能提升不能降低。不要试图将 long 转换成 char，除非你明确地知道这么做的后果。

类型大小

头文件 stdint.h 为精确整数类型定义了一组 typedef，同时也为所有数据类型的大小定义了一组宏。它比老的 limits.h 更易用，因为它的行为更一致。类型定义如下：

限定符	描述
int8_t	8 位有符号整型
uint8_t	8 位无符号整型
int16_t	16 位有符号整型
uint16_t	16 位无符号整型
int32_t	32 位有符号整型
uint32_t	32 位无符号整型
int64_t	64 位有符号整型
uint64_t	64 位无符号整型

这里的规律格式是 (u)int(BITS)_t，其中 u 放在前面表明是“无符号”，BITS 是位数。然后这些格式又重复使用在返回这些类型最大值的宏定义上。

- **INT(N)_MAX**：*N* 位有符号整型的最大正数值，如 INT16_MAX。
- **INT(N)_MIN**：*N* 位有符号整型的最小负数值。
- **UINT(N)_MAX**：*N* 位无符号整型的最大正数值。因为无符号，所以最小值是 0，不可能有负值。

警告 注意！别去头文件中找 INT(N)_MAX 的字面定义，我这里的 (N) 是一个占位符号，用来表示你的操作系统当前支持的位数。这里的 (N) 可以是任何数字——8、16、32、64，甚至 128。我在这个习题中使用这种表示方法，是为了不用写出每一种可能的组合。

头文件 stdint.h 中也有表示 size_t 类型大小的宏（此整数类型大小可以用来装指针），还有其他关于大小定义的宏。编译器必须先有这些定义，然后才能允许有其他更大的类型。

下面是 stdint.h 中内容的一个完整列表。

类型	描述
int_least(N)_t	至少存储 *N* 位的整型
uint_least(N)_t	至少存储 *N* 位的无符号整型
INT_LEAST(N)_MAX	至少能存储 *N* 位的整型对应的最大值
INT_LEAST(N)_MIN	至少能存储 *N* 位的整型对应的最小值
UINT_LEAST(N)_MAX	至少能存储 *N* 位的无符号整型对应的最大值

续表

限定符	描述
int_fast(N)_t	与int_least(N)_t类似,但是要求的是“最快速”的至少能存储N位的整型
uint_fast(N)_t	无符号最快至少能存储N位整型
INT_FAST(N)_MAX	最快至少能存储N位最大整型
INT_FAST(N)_MIN	最快至少能存储N位最小整型
UINT_FAST(N)_MAX	无符号最快至少能存储N位最大整型
intptr_t	大小容纳一个指针的有符号整型
uintptr_t	大小容纳一个指针的无符号整型
INTPTR_MAX	intptr_t 的最大值
INTPTR_MIN	intptr_t 的最小值
UINTPTR_MAX	无符号 uintptr_t 的最大值
intmax_t	系统允许的最大有符号整数
uintmax_t	系统允许的最大无符号整数
INTMAX_MAX	最大有符号整数的最大值
INTMAX_MIN	最大有符号整数的最小值
UINTMAX_MAX	最大无符号整数的最大值
PTRDIFF_MIN	ptrdiff_t 的最小值
PTRDIFF_MAX	ptrdiff_t 的最大值
SIZE_MAX	size_t 的最大值

可用运算符

下面是C语言中所有运算符的完整清单。

运算符	描述
二元运算符	从左向右：X + Y
一元运算符	操作对象是自己：-X
前缀运算符	操作符在变量前面：++X
后缀运算符	通常和前缀运算符的情况是一样的，只是放在后面的意义不同：X++
三元运算符	只有一种，虽然名叫三元，其实意思是“三个操作数”：X ? Y : Z

数学运算符

这些运算符用来完成基本的数学运算，此外，我加上了()，因为它用作函数调用，所以和数学运算比较接近。

运算符	描述
( )	函数调用
*（二元运算符）	乘
/	除
+（二元运算符）	加
+（一元运算符）	正数
++（后缀运算符）	先读值，再自增
++（前缀运算符）	先自增，再读值
--（后缀运算符）	先读值，再自减
--（前缀运算符）	先自减，再读值
-（二元运算符）	减
-（一元运算符）	负数

数据运算符

这些运算符使用不同的方法和形式来存取数据。

运算符	描述
->	访问指针指向的结构体的成员
.	访问结构体成员
[]	数组索引（下标）
sizeof	类型或变量的大小
&（一元运算符）	取地址
*（一元运算符）	取值

逻辑运算符

这些运算符用来判断变量相等或者不相等。

运算符	描述
!=	不等于
<	小于
<=	小于等于
==	等于（非赋值）
>	大于
>=	大于等于

位运算符

这些运算符要更高级一些，用来对整数的原始位进行移动和修改。

<table>
<tr><th>运算符</th><th>描述</th></tr>
<tr><td>&（二元运算符）</td><td>按位与</td></tr>
<tr><td><<</td><td>按位左移</td></tr>
<tr><td>>></td><td>按位右移</td></tr>
<tr><td>^</td><td>按位异或（互斥或）</td></tr>
<tr><td>|</td><td>按位或</td></tr>
<tr><td>~</td><td>按位取反（翻转所有的位）</td></tr>
</table>

布尔运算符

用在真值检验中。好好学习三元运算符，它们非常好用。

<table>
<tr><th>运算符</th><th>描述</th></tr>
<tr><td>!</td><td>非</td></tr>
<tr><td>&&</td><td>与</td></tr>
<tr><td>||</td><td>或</td></tr>
<tr><td>?:</td><td>三元真值检验，X ? Y : Z 读作“如果 X 则 Y 否则 Z”</td></tr>
</table>

赋值运算符

以下为复合赋值运算符，它们在赋值的同时会执行一个其他操作。上面的大部分运算符都可以用来组成复合运算符。

运算符	描述
=	赋值
%=	取模后赋值
&=	按位与后赋值
*=	乘后赋值
+=	加后赋值
-=	减后赋值
/=	除后赋值
<<=	按位左移后赋值
>>=	按位右移后赋值
^=	按位异或后赋值
|=	按位或后赋值

可用的控制结构

还有一些你还没有接触到的控制结构。

- **do-while**：`do { ... } while(X);`先执行循环体中的代码，再验证`X`表达式，直到退出。
- **break**：把这个放到循环体中，就会提前结束循环。
- **continue**：跳出循环体，直接验证表达式，进行下一次循环。
- **goto**：跳到代码中你放置了`label:`的地方，你在`dbg.h`的宏中已经用过它了，用它跳到`error:`标签处。

附加任务

- 阅读`stdint.h`文件或者它的介绍，然后写出所有可用的大小标识符。
- 浏览这里的每一项，然后写出它们在代码中是做什么的。上网研究一下，确保你都弄对了。
- 制作速记卡，每天花费 15 分钟来加强记忆，夯实基础。
- 写一个程序打印出各种类型的例子，确认你的研究结果是正确的。

栈、作用域和全局变量

作用域（scope）的概念可能会使不少编程初学者感到困惑。最初这个词来自系统栈（system stack）的使用（之前我们简单接触过一点）和它如何用于存储临时变量。在这个习题中，我们会学习栈数据结构是如何工作的，从而学会作用域，然后再返回来看看在现代 C 中作用域是什么意思。

这个习题的真实目的是了解一下 C 语言中到底住着什么怪异的东西。如果某人不了解作用域的概念，也就基本不知道变量是如何创建、存在和销毁的。一旦你知道它们在哪，作用域的概念也就变得简单了。

这个习题需要以下 3 个文件。

- **ex22.h**：一个头文件，用来设置一些外部变量和一些函数。
- **ex22.c**：这和平时的主函数不一样，这个源代码文件会成为一个对象文件 ex22.o，它里面会有一些 ex22.h 中定义的函数和变量。
- **ex22_main.c**：真正的主文件，它会包含另外两个文件，演示它们包含的内容，以及其他与作用域相关的概念。

ex22.c 和 ex22.h

第一步是要创建一个叫 ex22.h 的头文件，里面定义了相关函数和外部变量。

ex22.h

```c
#ifndef _ex22_h
#define _ex22_h

// makes THE_SIZE in ex22.c available to other .c files
extern int THE_SIZE;

// gets and sets an internal static variable in ex22.c
int get_age();
void set_age(int age);

// updates a static variable that's inside update_ratio
double update_ratio(double ratio);
```

```c
void print_size();

#endif
```

这里的关键是使用了 extern int THE_SIZE，等你创建了 ex22.c 以后我再来解释。

ex22.c

```c
1   #include <stdio.h>
2   #include "ex22.h"
3   #include "dbg.h"
4
5   int THE_SIZE = 1000;
6
7   static int THE_AGE = 37;
8
9   int get_age()
10  {
11      return THE_AGE;
12  }
13
14  void set_age(int age)
15  {
16      THE_AGE = age;
17  }
18
19  double update_ratio(double new_ratio)
20  {
21      static double ratio = 1.0;
22
23      double old_ratio = ratio;
24      ratio = new_ratio;
25
26      return old_ratio;
27  }
28
29  void print_size()
30  {
31      log_info("I think size is: %d", THE_SIZE);
32  }
```

这两个文件引入了一些新类型的变量存储。

- **extern**：这个关键字可以告诉编译器“变量是存在的，但它位于一个外部（external）的位置”。典型情况是一个 .c 文件要用到另一个 .c 文件中定义的变量。在本例中，我们是说 ex22.c 中有一个变量 THE_SIZE，它会在 ex22_main.c 被访问到。

- **static(file)**：这个关键字类似 extern 的反义词，它是说这个变量只用在这个.c 文件中，程序的别的位置不应该可以使用。记住文件级别的 static（如这里的 THE_AGE）和别的地方的 static 是不一样的。
- **static(function)**：如果你在函数中用 static 定义了一个变量，那么这个变量的行为和文件级别的 static 是一样的，只不过它只能从这个函数访问到。这是一种为函数创建恒定状态的方式，但实际在现代 C 编程中非常少见，因为有线程的时候它们很难用。

在这两个文件中，你应该弄懂下面几个变量和函数。

- **THE_SIZE**：这是一个用 extern 定义的变量，会在 ex22_main.c 中引用到。
- **get_age** 和 **set_age**：它们接收 THE_AGE 变量，将它通过函数暴露给程序的其他位置。你不能直接访问 THE_AGE，不过这些函数可以。
- **update_ratio**：它会接收一个新的 ratio 值，然后返回一个旧值。它使用了一个函数级别的静态变量 ratio 来记载当前的 ratio 值。
- **print_size**：它会打印出 ex22.c 认为 THE_SIZE 当前应该是什么。

ex22_main.c

写好前面的文件，你就可以写 main 函数了，它会使用所有前面的东西，并演示更多作用域的习惯用法。

ex22_main.c

```
1    #include "ex22.h"
2    #include "dbg.h"
3
4    const char *MY_NAME = "Zed A. Shaw";
5
6    void scope_demo(int count)
7    {
8        log_info("count is: %d", count);
9
10       if (count > 10) {
11           int count = 100;    // BAD! BUGS!
12
13           log_info("count in this scope is %d", count);
14       }
15
16       log_info("count is at exit: %d", count);
17
18       count = 3000;
```

```
19
20         log_info("count after assign: %d", count);
21     }
22
23     int main(int argc, char *argv[])
24     {
25         // test out THE_AGE accessors
26         log_info("My name: %s, age: %d", MY_NAME, get_age());
27
28         set_age(100);
29
30         log_info("My age is now: %d", get_age());
31
32         // test out THE_SIZE extern
33         log_info("THE_SIZE is: %d", THE_SIZE);
34         print_size();
35
36         THE_SIZE = 9;
37
38         log_info("THE SIZE is now: %d", THE_SIZE);
39         print_size();
40
41         // test the ratio function static
42         log_info("Ratio at first: %f", update_ratio(2.0));
43         log_info("Ratio again: %f", update_ratio(10.0));
44         log_info("Ratio once more: %f", update_ratio(300.0));
45
46         // test the scope demo
47         int count = 4;
48         scope_demo(count);
49         scope_demo(count * 20);
50
51         log_info("count after calling scope_demo: %d", count);
52
53         return 0;
54     }
```

我来逐行解释一下这个文件，在我解释的过程中，你应该找出每个变量及其作用域。

- **第 4 行：** 一个 `const` 定义，它表示常量，使用 `define` 也可以创建常量，`const` 是另一个方法。
- **第 6 行：** 一个简单函数，演示了函数中更多的作用域问题。
- **第 8 行：** 打印出 `count` 在函数顶部的值。
- **第 10 行：** 一个 `if` 语句，以一个新作用域开始，然后其中还有另一个 `count` 变量。这个版本的 `count` 其实是一个全新的变量。这类似于 `if` 语句开始了一个新的迷你函数。

- **第 11 行**：当前区块本地的 count 和函数参数列表中的 count 其实是不同的。
- **第 13 行**：打印出值，你可以看到它这里是 100，并不是传入 scope_demo 的那个值。
- **第 16 行**：这部分就比较变态了。你在两个地方都有 count：函数的参数和 if 语句。if 语句创建了一个新区块，所以第 11 行的 count 并不会影响到同名的函数参数。把这行打印出来，你会看到参数的值，并不是 100。
- **第 18～20 行**：然后，我把参数的 count 设成了 3000，然后把它打印出来，你会看到修改函数参数并不会影响到调用者中同名变量的值。

一定要确保你完整跟踪了这个函数，不过别以为你现在就弄懂了作用域。你要意识到，如果在区块（一个 if 语句或 while 循环）中创建了变量，这些变量是新变量，只在当前区块中有效。这是要理解的重点，也是容易出很多 bug 的地方。很快我们会讲到为什么不应该在区块中创建变量。

ex22_main.c 剩下的部分操纵并打印了这些变量，从而展示了作用域的特点。

- **第 26 行**　打印出 MY_NAME 的当前值，并通过使用访问器 get_age 从 ex22.c 中获取 THE_AGE。
- **第 28～30 行**：使用了 ex22.c 中的 set_age 修改并打印了 THE_AGE 的值。
- **第 33～39 行**：然后我对 ex22.c 中的 THE_AGE 做了一样的事情，不过这次用了直接访问的方式。我还用 print_size 将其打印出来，从而证实了它其实在那个文件中就已经改变了。
- **第 42～44 行**：这里我演示了 update_ratio 中的静态变量 ratio 在函数调用之间是如何维持原值的。
- **第 47～51 行**：最后，我运行了 scope_demo 几次，这样你就能看到作用域的实用效果。要注意的一个重点是本地的 count 变量并没有变。你必须明白这样传递变量并不会在函数中改变它。要做这样的修改，你需要用到我们的老朋友——指针。如果你把一个指针传给这个 count，然后被调用的函数就有了它的地址，并可以对它的值进行修改。

以上就是代码的解释，不过你还是应该追踪这些文件，研究并确保你知道每样东西的位置。

应该看到的结果

这次我要求你不使用 Makefile，而是手动构建这两个文件，这样你就能看到编译器是怎样把它们放到一起的。下面是你的操作以及应该看到的结果。

习题 22 会话

```
$ cc -Wall -g -DNDEBUG   -c -o ex22.o ex22.c
$ cc -Wall -g -DNDEBUG   ex22_main.c ex22.o    -o ex22_main
$ ./ex22_main
[INFO] (ex22_main.c:26) My name: Zed A. Shaw, age: 37
```

```
[INFO] (ex22_main.c:30) My age is now: 100
[INFO] (ex22_main.c:33) THE_SIZE is: 1000
[INFO] (ex22.c:31) I think size is: 1000
[INFO] (ex22_main.c:38) THE SIZE is now: 9
[INFO] (ex22.c:31) I think size is: 9
[INFO] (ex22_main.c:42) Ratio at first: 1.000000
[INFO] (ex22_main.c:43) Ratio again: 2.000000
[INFO] (ex22_main.c:44) Ratio once more: 10.000000
[INFO] (ex22_main.c:8) count is: 4
[INFO] (ex22_main.c:16) count is at exit: 4
[INFO] (ex22_main.c:20) count after assign: 3000
[INFO] (ex22_main.c:8) count is: 80
[INFO] (ex22_main.c:13) count in this scope is 100
[INFO] (ex22_main.c:16) count is at exit: 80
[INFO] (ex22_main.c:20) count after assign: 3000
[INFO] (ex22_main.c:51) count after calling scope_demo: 4
```

确保你追踪了每个变量的变化，把它们和打印语句处的变量相匹配。我使用了 dbg.h 中的 log_info，这样你就能看到打印每个变量的精确行号，并且在这些文件中找到它进行追踪。

作用域、栈和 bug

如果你好好完成了这个习题，你应该会发现有很多方式可以把变量放到 C 代码中。你可以使用 extern 或 get_age 这样的访问函数来创建全局变量。你可以在任何区块中创建新变量，并且它们会维持自己的值，直到区块退出，不会碰触外层的变量。你还可以传值给函数，在函数中改变这个参数，而不影响到调用者中的同名变量。

最重要的一点是认识到这一切都会导致出现 bug。C 语言可以把东西放在机器中的很多位置，并让你访问这些位置，这意味着东西的位置会很容易让你迷惑每样东西在哪里。如果你不知道一样东西的位置，你很可能就会错误地管理它。

记住这一条以后，下面是一些写 C 代码要遵循的规则，以便你能够避免产生与栈相关的 bug：

- 不要像我在 scope_demo 中一样掩盖变量。这样会让你很容易碰到微妙的隐藏 bug，你觉得自己修改了一个变量，但其实并没有。
- 避免使用过多的全局变量，尤其在跨多个文件的场合。如果你要使用多个全局变量，那就使用类似我用的 get_age 这样的访问函数。这对常量不适用，因为常量是只读的。我说的是 THE_SIZE 这样的变量。如果你要修改或设置这个变量，那就创建访问函数。
- 如果不确定，就把变量放到堆上。直接用 malloc 创建东西好了，别依赖栈的语义或特定的位置。
- 不要使用 update_ratio 中那样的静态变量。它们用处非常少，而且当你用线程实现并发的时候，它们会给你带来巨大的痛苦。和定义明确的全局变量相比，它们更是难找得要命。

- 避免复用函数参数。这会让人很迷惑究竟你是在复用它还是在修改调用者中的同名变量。

和别的东西一样，这些规定也可以视情况打破。事实上，我可以保证，你会碰到打破所有这些规则但完全没有问题的代码。有时候由于不同平台的限制，这样做甚至可能是必需的。

如何破坏程序

对于这个习题，试着去访问和修改一些不能被改动的东西来破坏程序。

- 试着直接从 ex22_main.c 访问 ex22.c 中你觉得不能访问的变量。例如，你能访问 update_ratio 中的 ratio 吗？如果你有一个指向它的指针，那么结果如何？
- 丢掉 ex22.h 中的 extern 声明，看会得到什么样的错误或警告。
- 在不同的变量上加上 static 或 const 指示符，然后试着修改这些变量。

附加任务

- 研究按值传递与按引用传递的概念。为每一个概念写一个例子。
- 使用指针访问你本不该访问到的东西。
- 使用你的调试器看看如果没有做对，访问结果会是什么样的。
- 写一个递归函数让它导致栈溢出。不知道递归函数是什么？试着在 scope_demo 的最下面调用 scope_demo 本身，让它形成循环。
- 重写 Makefile，让它可以构建这些代码。

习题 23

达夫设备

这个习题可以看成是一个脑力游戏，你将接触到的是一个叫“达夫设备”（Duff's Device）的东西，它的名称来自于其发明者 Tom Duff，而这也是最著名的 C 语言实现范例之一。这一小段杰作（恶魔？）几乎包含了你学过的所有内容。研究它的工作原理也是一件有意义的乐事。

> **警告** C 语言的乐趣之一就是你可以用它产生和这个习题一样的各种令人匪夷所思的实现方案，不过这也是 C 语言让人恼火的一个原因。学习这些技巧能让你更深地了解 C 语言和你的计算机。然而，你绝对不能把这些技巧用到实际编程中去。简单易读的代码是你永远的奋斗目标。

达夫设备实际上是作者 Tom Duff 跟 C 编译器玩的一个骗招，按理说这种用法不应该生效才对。这是一道供你思考解决的谜题，所以我不会告诉你它的功能。你需要运行这段代码，从中理解它的功能，以及它为什么可以通过这种方法实现。

ex23.c

```
1    #include <stdio.h>
2    #include <string.h>
3    #include "dbg.h"
4
5    int normal_copy(char *from, char *to, int count)
6    {
7        int i = 0;
8
9        for (i = 0; i < count; i++) {
10           to[i] = from[i];
11       }
12
13       return i;
14   }
15
16   int duffs_device(char *from, char *to, int count)
17   {
18       {
19           int n = (count + 7) / 8;
```

```
20
21          switch (count % 8) {
22              case 0:
23                  do {
24                      *to++ = *from++;
25                      case 7:
26                      *to++ = *from++;
27                      case 6:
28                      *to++ = *from++;
29                      case 5:
30                      *to++ = *from++;
31                      case 4:
32                      *to++ = *from++;
33                      case 3:
34                      *to++ = *from++;
35                      case 2:
36                      *to++ = *from++;
37                      case 1:
38                      *to++ = *from++;
39                  } while (--n > 0);
40          }
41      }
42
43      return count;
44  }
45
46  int zeds_device(char *from, char *to, int count)
47  {
48      {
49          int n = (count + 7) / 8;
50
51          switch (count % 8) {
52              case 0:
53  again:          *to++ = *from++;
54
55              case 7:
56              *to++ = *from++;
57              case 6:
58              *to++ = *from++;
59              case 5:
60              *to++ = *from++;
61              case 4:
62              *to++ = *from++;
63              case 3:
64              *to++ = *from++;
```

```
65                  case 2:
66                  *to++ = *from++;
67                  case 1:
68                  *to++ = *from++;
69                  if (--n > 0)
70                      goto again;
71              }
72          }
73
74          return count;
75      }
76
77      int valid_copy(char *data, int count, char expects)
78      {
79          int i = 0;
80          for (i = 0; i < count; i++) {
81              if (data[i] != expects) {
82                  log_err("[%d] %c != %c", i, data[i], expects);
83                  return 0;
84              }
85          }
86
87          return 1;
88      }
89
90      int main(int argc, char *argv[])
91      {
92          char from[1000] = { 'a' };
93          char to[1000] = { 'c' };
94          int rc = 0;
95
96          // set up the from to have some stuff
97          memset(from, 'x', 1000);
98          // set it to a failure mode
99          memset(to, 'y', 1000);
100         check(valid_copy(to, 1000, 'y'), "Not initialized right.");
101
102         // use normal copy to
103         rc = normal_copy(from, to, 1000);
104         check(rc == 1000, "Normal copy failed: %d", rc);
105         check(valid_copy(to, 1000, 'x'), "Normal copy failed.");
106
107         // reset
108         memset(to, 'y', 1000);
109
```

```
110         // duffs version
111         rc = duffs_device(from, to, 1000);
112         check(rc == 1000, "Duff's device failed: %d", rc);
113         check(valid_copy(to, 1000, 'x'), "Duff's device failed copy.");
114
115         // reset
116         memset(to, 'y', 1000);
117
118         // my version
119         rc = zeds_device(from, to, 1000);
120         check(rc == 1000, "Zed's device failed: %d", rc);
121         check(valid_copy(to, 1000, 'x'), "Zed's device failed copy.");
122
123         return 0;
124     error:
125         return 1;
126     }
```

这段代码中有 3 个版本的复制函数。

- **normal_copy**：这是一段普通 `for` 循环代码，它将字符串从一个数组复制到另一个数组中。
- **duffs_device**：这就是所谓的"达夫设备"，以 Tom Duff 的姓氏命名，他就是这一段邪恶代码的始作俑者。
- **zeds_device**：这是"达夫设备"的另一个版本，是用一个 `goto` 语句实现的，以便你理解前面 `duffs_device` 函数中奇怪的 `do-while` 片段。

在继续往下读之前，先学习这 3 个函数。试着去解释究竟发生了什么。

应该看到的结果

这是一个没有输出的程序，程序运行完就退出了。在调试器下运行它，看是不是能发现更多错误。试着自己制造一些错误，就像我在习题 4 中展示的那样。

谜底

首先要明白的是，C 语言的语法是相当松散的，你可以把 `do-while` 的一半内容放到 `switch` 语句中，另一半放到别的地方，代码还能正常工作。如果你看我那个版本的 `goto again` 部分，其中的细节其实更容易理解。不过你还是应该弄明白原始版本中的那部分是如何实现的。

其次要明白的是 `switch` 语句默认的"贯穿"的语义，正因为如此，你才能跳到某个 `case`，然后接着运行，直到 `switch` 语句结束。

最后的线索就是前面的 count % 8 和 n 的计算结果。

接下来，你要通过下面的方法去理解函数是如何工作的。

- 将这些代码打印出来，这样你就能在纸上工作了。
- 在纸上用表列出在 switch 语句之前每一个变量的初始值。
- 跟着 switch 的逻辑，跳转到对应的 case 中。
- 更新变量，包括 to、from 以及它们指向的数组。
- 选择 while 版本或在我的 goto 版本进行跟踪。检查变量，并来回跟踪 do-while 或者 again 的定位标签。
- 手动追踪并更新变量的值，直到你确认完全理解代码流程为止。

何必呢

当你完全理解了它是如何工作的，最后的问题就是：为什么要这样做呢？这样做的目的是手动展开循环。大的循环执行起来可能会很慢，加快速度的方法之一就是找出循环中的固定步骤，把它放到循环外面顺次重复地写出来，并让重复的次数和循环的次数对应。例如，如果你知道一个循环要运行至少 20 次，那么你可以将循环的内容在代码中写 20 次以代替这一段循环。

“达夫设备”会每次自动让循环迭代 8 次。它能正常运行并非常巧妙，但是时至今日，好的编译器已经在帮你做这些事情了。这种技巧对你来说应该没多大用处，除非在极少数情况下，如果你可以证明这样做真能提高速度，那么用用也无妨。

附加任务

- 再也别去使用这个技巧。
- 去维基百科搜索“Duff's Device”词条。看你能否发现错误。比较词条上的代码和我们的代码，仔细阅读并试图理解为什么我们运行维基百科上的代码会失败，而当时 Tom Duff 却能运行成功。
- 创建一组宏，让你能生产任何长度的达夫设备。例如，你想要一个有 32 条 case 语句的达夫设备，你能一次性产生它们吗？你可以写一个一次能产生 8 条 case 语句的宏吗？
- 修改 main 函数，在里边放一些测速代码，看看 3 种实现方式哪种速度最快。
- 阅读 memcpy、memmove 和 memset 这几个函数的文档，并比较它们的速度。
- 再也别去使用这个技巧！

输入、输出、文件

你一直在用 printf 来打印东西，这非常好，但你不应该满足于此。在这个习题，你将会用 fscanf 和 fgets 来构建一个结构体以存储某个人的信息。简单介绍过如何读取输入之后，你将会看到 C 语言 I/O 函数的一个完整清单。你应该已经见过而且用过其中的一部分，因此本节又是一个记忆练习。

ex24.c

```
1   #include <stdio.h>
2   #include "dbg.h"
3
4   #define MAX_DATA 100
5
6   typedef enum EyeColor {
7       BLUE_EYES, GREEN_EYES, BROWN_EYES,
8       BLACK_EYES, OTHER_EYES
9   } EyeColor;
10
11  const char *EYE_COLOR_NAMES[] = {
12      "Blue", "Green", "Brown", "Black", "Other"
13  };
14
15  typedef struct Person {
16      int age;
17      char first_name[MAX_DATA];
18      char last_name[MAX_DATA];
19      EyeColor eyes;
20      float income;
21  } Person;
22
23  int main(int argc, char *argv[])
24  {
25      Person you = {.age = 0 };
26      int i = 0;
27      char *in = NULL;
28
29      printf("What's your First Name? ");
30      in = fgets(you.first_name, MAX_DATA - 1, stdin);
```

```
31        check(in != NULL, "Failed to read first name.");
32
33        printf("What's your Last Name? ");
34        in = fgets(you.last_name, MAX_DATA - 1, stdin);
35        check(in != NULL, "Failed to read last name.");
36
37        printf("How old are you? ");
38        int rc = fscanf(stdin, "%d", &you.age);
39        check(rc > 0, "You have to enter a number.");
40
41        printf("What color are your eyes:\n");
42        for (i = 0; i <= OTHER_EYES; i++) {
43            printf("%d) %s\n", i + 1, EYE_COLOR_NAMES[i]);
44        }
45        printf("> ");
46
47        int eyes = -1;
48        rc = fscanf(stdin, "%d", &eyes);
49        check(rc > 0, "You have to enter a number.");
50
51        you.eyes = eyes - 1;
52        check(you.eyes <= OTHER_EYES
53                && you.eyes >= 0, "Do it right, that's not an option.");
54
55        printf("How much do you make an hour? ");
56        rc = fscanf(stdin, "%f", &you.income);
57        check(rc > 0, "Enter a floating point number.");
58
59        printf("----- RESULTS -----\n");
60
61        printf("First Name: %s", you.first_name);
62        printf("Last Name: %s", you.last_name);
63        printf("Age: %d\n", you.age);
64        printf("Eyes: %s\n", EYE_COLOR_NAMES[you.eyes]);
65        printf("Income: %f\n", you.income);
66
67        return 0;
68    error:
69
70        return -1;
71    }
```

这个程序看似简单，其实不然。这里面用到了函数 fscanf，它是用来做文件扫描的。scanf 相关的一系列函数和 printf 相关的一系列函数起的作用正相反。printf 按着指定格式输出数据，而 scanf 按着指定格式读取或扫描输入数据。

文件的开头什么也没有，函数 main 做了如下一些事情。

- **第 25～27 行**：创建一些我们需要的变量。
- **第 30～31 行**：用 fgets 获取姓名中的名字，从输入获取一个字符串（这里是从 stdin 获取字符串），不过它能确保不发生缓冲区溢出。
- **第 34～35 行**：对 you.last_name 是一样的。这里也用了 fgets。
- **第 38～39 行**：用 fscanf 从 stdin 读取一个整数，并且将它放到 you.age 中。你可以看到格式表示符和 printf 打印整数时是一样的。你还应该看到，我必须提供 you.age 的地址，这样 fscanf 就拥有了一个指向它的指针，并且可以修改它。这是一个不错的例子，它把指向数据的指针用作了输出参数。
- **第 41～45 行**：通过遍历枚举 EyeColor 的全部数值，输出所有可能的眼睛的颜色。
- **第 48～49 行**：再次使用 fscanf，给 you.eyes 取一个值，同时确保这个数值是有效的。这很重要，因为有的人会输入一个不在 EYE_COLOR_NAMES 数组范围内的数字，导致一个段错误。
- **第 52～53 行**：为 you.income 获取一个 float 值，表示你的收入。
- **第 55～67 行**：打印所有的东西，确认程序运行无误。注意，我们用 EYE_COLOR_NAMES 来打印 EyeColor 的真正颜色名称。

应该看到的结果

运行这个程序的时候，你应该看到输入被正确转换。记得多给它一些奇怪的输入，你可以看到代码能够很好地保护自己。

习题 24 会话

```
$ make ex24
cc -Wall -g -DNDEBUG ex24.c -o ex24
$ ./ex24
What's your First Name? Zed
What's your Last Name? Shaw
How old are you? 37
What color are your eyes:
1) Blue
2) Green
3) Brown
4) Black
5) Other
> 1
How much do you make an hour? 1.2345
----- RESULTS -----
First Name: Zed
```

```
Last Name: Shaw
Age: 37
Eyes: Blue
Income: 1.234500
```

如何破坏程序

到目前为止一切顺利，不过这个习题真正重要的是使你意识到 scanf 的确很逊。处理简单数字转换的时候还凑合，一旦处理字符串就完全不行了，因为在读取动作完成以前，我们很难告诉 scanf 输入缓冲区应该有多大。函数 gets（不是 fgets）还有一个问题，不过我们躲过去了。这个函数完全不知道输入缓冲区有多大，只会把你的程序搞垮。

为了演示 fscanf 与字符串的问题，修改一下使用 fgets 的行，让它们变成 fscanf(stdin, "%50s", you.first_name)，然后再使用一遍。有没有注意到，程序似乎读取了太多内容，而且好像你敲的回车似乎无效了？fscanf 的行为和你的期望不一样，与其去应对 scanf 引起的奇怪问题，还不如直接使用 fgets，这也是你应该做的。

下一步，把 fgets 替换成 gets，然后在 ex24 上面运行调试器。在这个指令中去做：

```
"run << /dev/urandom"
```

这会把一些随机生成的垃圾丢给程序。这称作对程序的模糊测试（fuzzing），这是一种发现输入 bug 的有效方法。在此例中，你把/dev/urandom 文件（设备）中的垃圾丢给程序，然后看着它崩溃。在某些平台上，你可能需要多试几次，甚至把 MAX_DATA 的定义改到足够小，才能让程序崩溃。

gets 函数确实非常差劲，以至于某些操作系统平台会在程序运行 gets 的时候发出警告。你应该永远都别使用这个函数。

最后，把 you.eyes 的输入拿来，并把确保输入在合理范围内的检查删掉，然后输入一些有问题的数字，如-1 或者 1000，在调试器里再来一遍，看看会发生什么。

I/O 函数

下面是你应该学习的 I/O 函数的一个简短的清单。你应该为它们创建一些速记卡，在上面写上函数名字、作用以及类似的变种：

- fscanf
- fgets
- fopen
- freopen
- fdopen
- fclose
- fcloseall
- fgetpos

- fseek
- ftell
- rewind
- fprintf
- fwrite
- fread

仔细过一遍这些函数，记住它们的区别和作用。例如，在 fscanf 的卡片上，你应该还写下了 scanf、sscanf 和 vscanf 等，然后在卡片背面还写上函数的功能。

最后，使用 man 获取每一个函数的信息，把需要的写在速记卡上。例如，用 man fscanf 就可以得到 fscanf 的页面。

附加任务

- 重写一遍这段代码，完全不使用 fscanf。你将会用到诸如 atoi 之类的函数来把输入的字符串转换成数值。
- 把 fscanf 改成只用 scanf，看看有什么不同。
- 修改程序，让它把输入名字中的换行符与尾部空白都删掉。
- 使用 scanf 写一个函数，让它从文件中一次读入一个字符，并将其填入名字中，但不要读到结尾以后。将函数写得尽可能通用，让它接收字符串的大小作为参数，不过要确保在任何情况下，字符串都要以'\0'结尾。

习题 25

变参函数

在C 语言里，你可以创建类似 printf 和 scanf 这样的变参函数（可变参数函数）。这些函数用到了头文件 stdarg.h，并且使用变参函数，你可以给你的库文件创建更好的接口。对于某些“构建者”函数、格式化函数，以及任何要取得可变参数的函数，它们用起来都很方便。

懂得变参函数对写 C 程序不是必需的。回想写程序的这些年，我只用过大概 20 多次。然而，理解变参函数如何运作将会有助于你调试程序，并加深你对计算机的理解。

ex25.c

```
1   /**WARNING:This code is fresh and potentially isn't correct yet.*/
2
3   #include <stdlib.h>
4   #include <stdio.h>
5   #include <stdarg.h>
6   #include "dbg.h"
7
8   #define MAX_DATA 100
9
10  int read_string(char **out_string, int max_buffer)
11  {
12      *out_string = calloc(1, max_buffer + 1);
13      check_mem(*out_string);
14
15      char *result = fgets(*out_string, max_buffer, stdin);
16      check(result != NULL, "Input error.");
17
18      return 0;
19
20  error:
21      if (*out_string) free(*out_string);
22      *out_string = NULL;
23      return -1;
24  }
25
26  int read_int(long *out_int)
27  {
28      char *input = NULL;
```

```
29        char *end = NULL;
30        int rc = read_string(&input, MAX_DATA);
31        check(rc == 0, "Failed to read number.");
32
33        *out_int = strtoi(input, &end, 10);
34        check((*end == '\0' ||  *end == \n") &&
35             *input != '\0', "Invaid number: %s", input);
36
37        free(input);
38        return 0;
39
40    error:
41        if (input) free(input);
42        return -1;
43    }
44
45    int read_scan(const char *fmt, ...)
46    {
47        int i = 0;
48        int rc = 0;
49        long *out_int = NULL;
50        char *out_char = NULL;
51        char **out_string = NULL;
52        int max_buffer = 0;
53
54        va_list argp;
55        va_start(argp, fmt);
56
57        for (i = 0; fmt[i] != '\0'; i++) {
58            if (fmt[i] == '%') {
59                i++;
60                switch (fmt[i]) {
61                    case '\0':
62                        sentinel("Invalid format, you ended with %%.");
63                        break;
64
65                    case 'd':
66                        out_int = va_arg(argp, long *);
67                        rc = read_int(out_int);
68                        check(rc == 0, "Failed to read int.");
69                        break;
70
71                    case 'c':
72                        out_char = va_arg(argp, char *);
73                        *out_char = fgetc(stdin);
```

```
74                      break;
75
76                  case 's':
77                      max_buffer = va_arg(argp, int);
78                      out_string = va_arg(argp, char **);
79                      rc = read_string(out_string, max_buffer);
80                      check(rc == 0, "Failed to read string.");
81                      break;
82
83                  default:
84                      sentinel("Invalid format.");
85              }
86          } else {
87              fgetc(stdin);
88          }
89
90          check(!feof(stdin) && !ferror(stdin), "Input error.");
91      }
92
93      va_end(argp);
94      return 0;
95
96  error:
97      va_end(argp);
98      return -1;
99  }
100
101 int main(int argc, char *argv[])
102 {
103     char *first_name = NULL;
104     char initial = ' ';
105     char *last_name = NULL;
106     long age = 0;
107
108     printf("What's your first name? ");
109     int rc = read_scan("%s", MAX_DATA, &first_name);
110     check(rc == 0, "Failed first name.");
111
112     printf("What's your initial? ");
113     rc = read_scan("%c\n", &initial);
114     check(rc == 0, "Failed initial.");
115
116     printf("What's your last name? ");
117     rc = read_scan("%s", MAX_DATA, &last_name);
118     check(rc == 0, "Failed last name.");
```

```
119
120         printf("How old are you? ");
121         rc = read_scan("%d", &age);
122         check(rc == 0, "Failed to read age.");
123
124         printf("---- RESULTS ----\n");
125         printf("First Name: %s", first_name);
126         printf("Initial: '%c'\n", initial);
127         printf("Last Name: %s", last_name);
128         printf("Age: %d\n", age);
129
130         free(first_name);
131         free(last_name);
132         return 0;
133     error:
134         return -1;
135     }
```

这个程序中我自己写了一个名为 scanf 的函数用来处理字符串，除此之外和上一个习题没什么不同。主函数对你来说应该很清晰明了，另外两个函数 read_string 和 read_int 也没什么大的新意。

read_scan 是一个变参函数，它做了和 scanf 一样的事，操作 va_list 数据，并且支持宏和函数。下面是它如何工作的。

- 我把函数的最后一个参数设成了关键字...，用来告诉 C 语言这个函数在 fmt 参数后面会接收任意个数的参数。我可以在它前面放任意多个参数，但在它后面不行。
- 设置一些变量以后，我创建了一个 va_list 变量，用 va_start 对它进行了初始化。这样就配置好了 stdarg.h 中处理变参的部件。
- 然后我用了一个 for 循环，循环了格式化字符串 fmt，并处理了和 scanf 中一样的格式符号，只不过更为简单。我这里只支持了整数、字符和字符串。
- 当我遇到一个格式时，我使用 switch 语句来找出该做什么。
- 接下来，为了从 va_list argp 获得一个变量，我用了 va_arg(argp, TYPE)宏，其中 TYPE 正是我要赋给这个函数参数的类型。这种设计的缺点是相当于你在盲飞，所以如果你的参数个数不够，就很可能会坠机。
- 和 scanf 相比的一个有趣的不同点是，当 read_scan 遇到一个's'格式化序列时，我假设人们要用 read_scan 来创建它读取的字符串。当你提供了这个序列时，这个函数会从 va_list argp 栈上取走两个参数：要读取的最大函数规模，以及输出字符的字符串指针。使用这些信息，它只要运行 read_string 就可以完成真正的工作了。
- 这使得 read_scan 和 scanf 的行为更为一致，因为你总是在变量上给一个地址&，对它们做出正确设置。

- 最后，如果函数遇到格式不对的字符，它就只读取一个字符并跳过该字符。它并不在乎这个字符是什么，只在乎它应不应该跳过。

应该看到的结果

这个程序运行起来和上一个程序差不多。

习题 25 会话

```
$ make ex25
cc -Wall -g -DNDEBUG    ex25.c   -o ex25
$ ./ex25
What's your first name? Zed
What's your initial? A
What's your last name? Shaw
How old are you? 37
---- RESULTS ----
First Name: Zed
Initial: 'A'
Last Name: Shaw
Age: 37
```

如何破坏程序

这个程序应该更能抵御缓冲区溢出，不过它并不能像 scanf 一样很好地处理格式化输入。要破坏这个程序，修改代码，假装忘记了传入'%s'格式的初始大小。试着给它比 MAX_DATA 更大的数据，看看在 read_string 中省略 calloc 会导致什么样的行为变化。最后，有一个问题是 fgets 会吃掉换行符，试着用 fgetc 来修正这个问题，不过记得别动字符结尾的'\0'。

附加任务

- 彻彻底底弄懂每一个 out_变量的功能。最重要的是，你应该知道 out_string 是一个指向指针的指针，弄懂当你设置该指针时，指针和内容哪个更重要。
- 写一个和 printf 类似的函数，让它使用变参系统，然后使用它重写 main 函数。
- 和往常一样，阅读一切相关的 man 页面，了解这些函数在你的平台上的功能。有的平台会使用宏，有的会使用函数，有的平台上这些东西完全无效。这都取决于你使用的编译器和平台。

logfind 项目

这是一个要求你自己完成的小项目。要能高效写出 C 程序，你需要学会把你的知识应用到问题上。在这个习题中，我描述一个需要你实现的工具，而且我故意描述得比较模糊。这样做是为了让你用能想出的任何方式来实现它。当你做完之后，你就可以看看这个习题的视频，看我是怎样做的，然后你可以拿你的代码和我的比较。

把这个项目想成一个你需要在真实世界中解决的问题。

logfind 的需求

我需要一个叫 logfind 的工具，我可以用它搜索日志文件中的文字内容。这个工具是另一个工具 grep 的特别版本，但要把它设计成只用来处理系统上的系统上的日志文件。用的时候我可以输入：

```
logfind zedshaw
```

然后它就会搜索日志文件通常存放的位置，打印出每一个包含“zedshaw”字样的文件。

logfind 工具应该有以下功能。

1. 该工具可以接收任意一列单词，这些词之间是“与”的关系。所以 logfind zedshaw smart guy 会找到包含 zedshaw、smart、guy 这 3 个词的文件。
2. 它可以接收一个可选参数-o，这样词之间就是“或”的关系。
3. 它从~/.logfind 中加载允许访问的日志文件。
4. 文件名列表中可以包含任何 glob 函数允许的东西。阅读 man 3 glob，看看该怎么做。我建议先从单纯的精确文件名开始，然后再添加 glob 功能。
5. 你应该在扫描过程中打印出匹配的行，试着用最快的方式匹配它们。

以上就是完整的描述了。记住这个项目可能非常难，所以一点一点来。写一点儿代码，测试一下，再写一点儿，再测一下，持续一点一点来，直到程序能正常运行。从最简单的东西开始，让程序先运行起来，然后慢慢添加代码，直到完成所有功能。

创造性与防御性编程

你已经学习了大部分 C 语言编程的基础知识，现在可以开始做一个真正的程序员了。这正是你在 C 语言和计算机科学核心概念方面从初学者到专家的起点。我会教你一些每个程序员都应该知道的关键的数据结构和算法，以及一些我在这些年实际软件中使用的觉得有意思的东西。

在开始之前，我必须先教一些基本技巧和思想，来帮助你更好地编程。习题 27 到习题 31，用来教你一些高级的概念，文字较多，代码较少。在这之后，你需要用你所学的知识创建一个核心库，里面包含一些有用的数据结构。

要写出更好的 C 代码（其实任何语言都一样），第一步是要学习一种叫防御性编程的思维模式。防御性编程假设你会出很多错误，然后在任何可能出错的步骤中尝试阻止错误发生。在这个习题中，我将教给你如何去思考防御性编程。

创造性程序员思维模式

在这样一个简短的习题里，我不可能教会你创造性，但是我会告诉你，创造力与冒险精神和开放思维有关。缩手缩脚会扼杀创造力，所以我采用的思维模式，也是大多数程序员采取的思维模式，是让自己不惧风险，不怕自己看起来像一个白痴。我的思维模式是下面这样的。

- 我不可能犯错误。
- 人们怎么想我不在乎。
- 我想到的点子都是伟大的。

我只是采纳这种思维模式，而且我需要一些小技巧来打开这种思维模式。通过这样做，我可以让自己思维迸发，找到创新的解决方法，触类旁通，毫无畏惧地大胆思考。在这种思维模式下，我一般会写出一些糟糕的第一版代码，这只是为了将自己的想法表达出来。

然而，当我完成了创新的原型时，我会丢掉这种心态开始认真地让它变得更稳固。这种时候其他人会错误地将这种创造性思维模式带入到实现阶段。这会导致一种破坏性的心态，这是创造性思维模式的黑暗面。

- 写出完美的软件是有可能的。
- 我的大脑总是正确的，既然我没发现任何错误，那么我所写的就是完美的软件。
- 代码如人，批评我代码完美性的人就是在批评我。

这些都是谎言。你会经常遇到一些程序员，他们对自己所创造的东西有强烈的自豪感，这很正常，但是这种自豪感阻碍了他们客观地提高自己技艺的能力。因为骄傲以及他们已经取得的成绩，使他们一直相信自己写的代码是完美的。忽视别人对他们的代码的批评，他们保护了脆弱的自尊心，却无法再取得进步。

要让自己富有创造力并写出稳固的软件，就需要采纳防御性编程思维模式。

防御性程序员思维模式

你已经有了一个可以工作的创造性原型，并且你对这个主意感觉良好，这时你就该切换成一名防御性程序员了。防御性程序员基本上会憎恨你的代码，并且深信以下几点。

- 软件会出错。
- 人不代表代码，但是你要对代码出错负责。
- 你不可能消除错误，只能降低错误发生的概率。

这种思维模式让你诚实地对待自己的工作，并且能够批判性地分析进而改进。注意，这不是说你充满错误，而是说你的代码充满错误。明白这一点非常重要，因为它会给你接下来的实现提供一种力量，这种力量就是客观性。

和创造性思维模式一样，防御性编程思维模式也有其阴暗面。防御性编程者是一个处处担心的偏执狂，这种担心使他们可以避免出错或者失误。当你试图绝对的一致和正确的时候，这样做很好，但是它会扼杀创造力和专注力。

防御性编程的八个策略

一旦你采纳了这种思维模式，你就可以遵循我常用的这八个策略来重写你的原型，使其更加稳固。在我完成这个真正版本的时候，我会一边严格地遵循这些策略并且尽可能地减少错误，一边幻想有人在试图破坏这个软件。

- **永不信任输入**。永远不信任得到的数据，并且永远都要对其进行验证。
- **预防错误**。如果有可能出错，就算可能性再小，也要试图预防。
- **尽早出错，公开出错**。尽早凸显错误，并且公开出错，说明发生了什么，发生在哪里，以及如何修正。
- **记录假设**。清晰记录前置条件、后置条件以及不变量。
- **预防优先，文档其次**。如果问题可以完全用代码解决或者避免，就不用靠文档去做说明。
- **自动化一切**。把一切都自动化，尤其是测试。
- **简洁明了**。要在不牺牲安全性的前提下把代码简化到最精简、最整洁的形式。
- **质疑权威**。不要盲从或者盲目排斥任何规则。

这些不是全部策略，但也算是核心策略了。我认为，程序员要写出稳固的好代码，必须关注这些策略。要注意，我并没有详细说出如何去做。我会更详细地介绍每一条，有一些习题会很好地覆盖，这些策略。

应用八大策略

这些主意听起来像大众心理学的陈词滥调一般了不起，但你应该怎样才能把它们应用到实际代码中呢？现在我就来给你一系列阅读本书时要做的事，每一条都有具体的例子作为演示。这些主意并不仅限于这些例子，你应该把它们用作一个指南，让你的代码更为稳固。

永不信任输入

让我们来看一个坏设计和一个好点儿的设计。我不说它是好设计，因为它还有改善的余地。看看这两个复制字符串的函数以及这个简单的 main 函数，测试一下哪个更好。

ex27_1.c

```
1   #undef NDEBUG
2   #include "dbg.h"
3   #include <stdio.h>
4   #include <assert.h>
5
6   /*
7    * Naive copy that assumes all inputs are always valid
8    * taken from K&R C and cleaned up a bit.
9    */
10  void copy(char to[], char from[])
11  {
12      int i = 0;
13
14      // while loop will not end if from isn't '\0' terminated
15      while ((to[i] = from[i]) != '\0') {
16          ++i;
17      }
18  }
19
20  /*
21   * A safer version that checks for many common errors using the
22   * length of each string to control the loops and termination.
23   */
24  int safercopy(int from_len, char *from, int to_len, char *to)
25  {
26      assert(from != NULL && to != NULL && "from and to can't be NULL");
27      int i = 0;
28      int max = from_len > to_len - 1 ? to_len - 1 : from_len;
```

```
29
30      // to_len must have at least 1 byte
31      if (from_len < 0 || to_len <= 0)
32          return -1;
33
34      for (i = 0; i < max; i++) {
35          to[i] = from[i];
36      }
37
38      to[to_len - 1] = '\0';
39
40      return i;
41  }
42
43  int main(int argc, char *argv[])
44  {
45      // careful to understand why we can get these sizes
46      char from[] = "0123456789";
47      int from_len = sizeof(from);
48
49      // notice that it's 7 chars + \0
50      char to[] = "0123456";
51      int to_len = sizeof(to);
52
53      debug("Copying '%s':%d to '%s':%d", from, from_len, to, to_len);
54
55      int rc = safercopy(from_len, from, to_len, to);
56      check(rc > 0, "Failed to safercopy.");
57      check(to[to_len - 1] == '\0', "String not terminated.");
58
59      debug("Result is: '%s':%d", to, to_len);
60
61      // now try to break it
62      rc = safercopy(from_len * -1, from, to_len, to);
63      check(rc == -1, "safercopy should fail #1");
64      check(to[to_len - 1] == '\0', "String not terminated.");
65
66      rc = safercopy(from_len, from, 0, to);
67      check(rc == -1, "safercopy should fail #2");
68      check(to[to_len - 1] == '\0', "String not terminated.");
69
70      return 0;
71
72  error:
73      return 1;
74  }
```

copy 函数是典型的 C 代码，也是众多缓冲区溢出的源头。它有缺陷，因为它假设自己总是会收到正确终止的（以'\0'结尾）有效 C 字符串，并只用了一个 while 循环来对其进行处理。问题是，要保证前者的正确性是极其困难的，如果处理不对，它就会导致 while 循环永不停止。坚固代码的基石就是避免永不停止的循环。

safercopy 函数试图解决这个问题，它要求提供要处理的两个字符串的长度。这样，它就可以对这些字符串进行一些 copy 函数不能进行的检查。它可以检查长度是否正确，to 字符串是否有足够的空间，而且它一定会终止。和 copy 函数不一样，这个函数不可能永不停止地运行下去。

这就是永远不信任你获取的输入。如果你假设函数会收到未正确终止的字符串（这种情况很常见），你就可以把函数设计好，让它不依赖这一特性也能正常工作。如果你需要参数永不为 NULL，那你也应该去检查这一点。如果需要限定大小，那就去检查大小。你只要假设调用方会出错，然后试着别让它们把你的函数带到错误状态下。

这对于你写的从外部获取通用输入的软件也是一样的。程序员最著名的遗言是“谁也不会那样做”。我见过他们今天说完这句，明天就遇到人这样做了，然后他们的程序就被破坏或黑掉。与其说没人会这样做，你不如写一些代码，防止人们黑掉你的程序。我保证你不会后悔。

下面这些做法的回报没这么大，不过在写 C 代码时，我还是会在所有函数中都去做。

- 对于每一个参数，找出它的前置条件，看前置条件会不会导致故障或返回错误。如果你写的是库，那就多报错，少发生故障。
- 在开始位置调用 assert，用 assert(test && "message");检查每一种故障的前置条件。这行代码会做检查工作，如果它失败了，操作系统一般会打印出 assert 行，其中包含那条消息（message）。当你试图弄明白为什么会有这个 assert 的时候，message 会非常有用。
- 对于别的前置条件，要么返回错误代码，要么用我的 check 宏给出一条出错消息。在本例中我没有用 check 宏，因为它会使比较过程变得迷惑。
- 仅对为什么会有此前置条件写文档说明，这样当程序员遇到错误时，他（或她）就可以弄清这些前置条件是不是必需的。
- 修改输入的时候，确保它们格式正确，如果不正确就中断程序。
- 总是检查你使用的函数的错误代码。例如，人们经常忘记检查 fopen 和 fread 的返回代码，这会导致它们在出错的时候还试图使用资源，最后程序崩溃，或者留下攻击漏洞。
- 你还需要返回一致的错误代码，这样所有的函数都可以用一样的方法去处理。一旦习惯了这样做，你会明白为什么我的 check 宏要用这种方式工作。

只要做了这些简单的事情，你的资源处理就会得到改进，一些错误就会避免。

预防错误

作为上一例子的回复，你也许会听到有人说“有人用错 copy 函数的可能性不大”。尽管对于这种函数已经有了如山似海的攻击，有的人依然相信这种错误的概率极低。概率是一个很有趣的东西，人们很不擅长猜测事件的概率。然而人们对于事件的可能性却有不错的直觉。你可以说 copy 中的错误概率不大，不过你不能说它不可能。

要有概率，就要先有可能性。确认可能性很简单，因为我们都有能力想象某件事情的发生。难点在于确认事件的概率。某人错误使用 copy 函数的概率究竟是 20%、10%还是 1%呢？谁知道？你需要搜集证据，查看众多软件包中的失败率，没准还要调查真正的程序员，看他们会怎样使用这个函数。

这就意味着，如果你要避免错误，你依然需要试着避免可能性，不过首先应该集中精力到概率最高的可能性上面。要处理你的软件出错的所有可能性大概不现实，不过你必须试图这样做。不过同时，如果你不把精力集中到概率最高的事件上，那你就会在无关紧要的攻击上浪费时间。

以下流程用来找出你的软件中应该避免的东西。

- 列出所有可能发生的错误，不管概率如何（当然是合理范围内的错误）。列一条“外星人吸走内存偷走密码”是没用的。
- 为每一个可能的错误写一个概率，也就是会导致风险的操作百分比。如果你在处理互联网的请求，那么你就该写下会导致这一错误的请求的百分比。如果是函数调用，那就写下导致错误的函数调用的比率。
- 计算一下预防错误需要花多少时间，以小时为单位。你应该做一个难易的标记，这样可以避免你在不可能的任务上花掉太多时间，而忽略了容易修正的问题。
- 按照花费精力从低到高的顺序，以及概率从高到低的顺序排列这些错误。这就是你的任务清单了。
- 避免清单里列出的所有错误，首要目标是消除可能性，其次，如果你无法做到前者的话，降低概率。
- 如果遇到无法修正的错误，就在文档中注明，以供后来者对其进行修正。

这个小流程会给你一个要做的事情的清单，不过更重要的是，它防止了你在没用的事情上费工夫，从而让你把时间花在刀刃上。这个流程你可以灵活对待。如果你在做一个完整的安全性考察，那么就应该全组人做一个漂亮的清单。如果只是写一个函数，那么只要评审代码，写几行注释就可以了。重要的是你要停止假设错误不会发生，而且要花精力消除错误，避免在上面浪费时间。

尽早出错，公开出错

如果你在 C 代码中遇到错误，你有两个选择：

- 返回错误代码；
- 中止进程。

就是这样，所以你需要做的是确保错误快速发生，有清晰的文档说明，给出一个出错消息，以及程序员很容易就可以避免这个错误。这就是我给你的 check 宏会有这样的工作方式的原因。对于每一个你找到的错误，它会打印出一个消息、发生错误的文件和行号，并且强制返回一个代码。如果你一路是用我的宏，那你就一路做了正确的事。

和中止程序相比，我更喜欢返回错误代码。如果错误是灾难性的，那么我会中止程序，不过真正灾难性的错误极少遇到。应该中止程序的一个好例子就是，在我收到一个无效指针的时候，如在 safercopy 函数中那样。我在捕捉到错误后中止程序，程序员就不会遇到段错误了。然而，如果传入 NULL 是一个常见做法，那么我很可能就会在这里用 check 宏，这样函数调用者就可以顺着继续运行下去。

不过在库里面，我会尽力让它永不中止。使用我的库的软件可以去决定是否需要中止。只有在库遇到极其错误的使用时，我才会中止程序。

最后，对错误开放的重要一点就是，对于不同的错误使用不同的出错信息或错误代码。这在外部资源错误中最为常见。库会收到一个套接字（socket）的错误，然后报告“bad socket”。它们真正该做的是返回套接字上的错误，以便调试和修正。设计错误报告时，记得对可能的不同错误设计不同的出错消息。

记录假设

如果你接受了这个建议，那么你所做的就是构建一个你的函数怎样和世界交流的协议。你为每一个参数建立了前置条件，你处理了可能的错误，让程序优雅地失败退出。下一步就是完成协议，添加不变量和后置条件。

不变量是指一个函数在运行时必须保证为真的条件。这在简单函数中不常见，不过当你应对复杂结构时，它就变得很有必要了。不变量的一个不错的例子就是结构体在使用时必须被正确初始化，另一个例子就是一个已排序的数据结构在处理时必须是已经排序好了的。

后置条件是一个函数返回值或运行结果的保证。它和不变量容易混淆，不过它只不过是说“函数必须永远返回 0，如果出错就返回-1”。这些通常都有文档记录，不过如果你的函数返回了已分配的资源，你可以添加一个后置条件，来检查确保真的有东西返回，而不是 NULL。或者，你可以用 NULL 表示一个错误，这样你的后置条件就会确保在遇到错误时资源会被释放。

在 C 语言编程中，不变量和后置条件通常更多用在了文档中，在真正的代码或 assert 语句中出现较少。最好的处理方式是在可行的地方添加 assert 调用，剩下的则用文档记录。如果你这样做，当人们遇到一个错误的时候，他们就可以看到你在写这个函数的时候做过什么样的假设。

预防优先，文档其次

程序员写代码的一个常见问题是它们会用文档记录常见 bug，而非直接去修正它。我最喜欢的一个例子和 Ruby on Rails 系统有关，这个系统会假设所有的月份都是 30 天。实现日历挺难的，所以程序员会在代码中留下小段注释说他们是故意这样做的，并没真的去修正这些问题，而且这种问题一拖就是几年。每次收到抱怨，他们都会红着脖子喊："明明文档里写了！"

如果你能真正去修正问题，文档就不重要了。如果函数有致命缺陷，那么在你修正之前别把它包含进去。以 Ruby on Rails 的这个例子来说，与其故意发布一个没法用的日期函数，还不如完全不包含它。

在你完成防御性编程的清理工作时，试着修正你能修正的所有问题。如果你发现自己为越来越多的无法修正的问题写文档，那么就该想想是不是得把这个功能重新设计一下，或者把它彻底删掉。如果你真的非留下这个糟糕的破功能，那我建议你写了代码和文档就去找一份新工作，以免被人跟在后面抱怨。

自动化一切

你是一名程序员，这意味着你的职业就是用自动化让其他人失业，而你职业的顶峰就是用你的自动化让自己失业。当然了，你不会完全减免掉自己的工作，不过如果你花一整天在终端手动运行测试，那么你的职业就谈不上是编程了。你做的是 QA 的事情，你应该通过自动化让自己摆脱这个 QA 工作，反正这个工作你本来也不喜欢。

最简单的办法就是去写自动化测试或单元测试。这本书里我会讲如何简单去做自动化测试，不过我会避免大部分关于什么时候该写测试的教条。我会集中讲解怎样撰写测试，应该测试什么，以及如何有效地进行测试。

下面是程序员通常应该自动化完成的一些事情：

- 测试和验证；
- 构建过程
- 软件部署；
- 系统管理；
- 错误报告。

试着花一些时间去把这些任务自动化，这样你就会有更多的时间去做有乐趣的事情。或者如果你觉得有乐趣的话，也许你可以去做一份编写自动化辅助工具的工作。

简洁明了

简洁的概念，很多人都有点儿把握不住，尤其是聪明人。他们经常把详尽和简洁混淆。如果他们懂这一点，很明显就是简单的意思。要判断简洁与否，比较一下就知道了。你会看到有的人的代码会写出最复杂、最笨重的结构，因为他们认为简单的版本很"脏"。喜爱复杂，是编程的一种病。

要和这种病做斗争，首先你要告诉自己："简洁清晰不是'脏'，我不管别人怎么做。"如果人们用 19 个类加上 12 个界面实现了一个访客模式，而你用 2 个字符串操作就实现了同样的功能，那么你就赢了。他们是错的，不管他们觉得自己的复杂怪物有多么高明。

下面是一个判断哪个函数更好的简单的方法。

- 确保两个函数都没有错误。如果函数有错，它的速度和简洁就都不重要了。
- 如果你没法修正一个函数的错误，那就使用另一个函数。
- 它们的结果一样吗？如果不一样，那就选择结果符合你需求的那个函数。
- 如果它们的结果一样，那么就选择功能较少，分支较少，或者看上去简单的那个函数。
- 确保你别去选择最惹眼的那个函数。简单的"脏"函数随时都能打败复杂的"干净"函数。

你会注意到我最后几乎已经放弃了，干脆告诉你让你自己判断得了。颇具讽刺意味的是，简洁其实是一件很复杂的事情，所以最好的方法就是用你自己的喜好作为指引。确保你不断积累经验，并且逐步调整好自己对于优劣的看法。

质疑权威

最后这件事情是最重要的，因为它能打破你的防御性编程思维定式，让你转换到创造性编程。防御性编程是权威主义的，而且可能会很严苛。这种思维模式让你遵循规则，因为如果不遵循，你就会错失一些关键的东西或者无法集中精力。

尊重权威的态度有一个缺点，那就是它使人无法拥有独立的创造性。要做成一件事的确需要循规蹈矩，但是成为繁文缛节的奴隶会扼杀你的创造力。

最后这条策略意味着你应该不时地去质疑你遵循的规则，并且要假设它和你正在检查的代码一样都可能是错误的。我通常会这么做：在进行一段防御性编程之后，我会进行一个短暂的休息不再思考这些规则。然后我就做好准备去做一些有创造性的工作，如果需要，我也可以继续做更多的防御性编程。

次序不重要

关于这个哲学我最后要说的是，我并不是告诉你"创造！防御！创造！防御"是一个严格的顺序。起初你也许要这么做，但是实际上我也会根据手头的任务来进行调整，我甚至会把二者融合在一起，让它们之间没有明确的界线。

同样，我并不认为一种思维模式好于另一种，或者它们之间有严格的区分。要做好编程，你既需要创造力，又需要严谨的精神，所以如果想要提高，就该在二者上一起下功夫。

附加任务

- 书中目前为止的代码（以及后面的代码）都有可能违背了这些规则。回去浏览一下，并就其中的某一个习题应用你所学的，看是否能改进它或者找到 bug。
- 找一个开源项目并且针对一些文件进行类似的代码评审。提交一个修正 bug 的补丁。

Makefile 中级课程

在接下来的 3 个习题中你将创建一个骨架项目目录，这个目录后面将在程序构建中被使用到。在这个习题中我只讲解 `Makefile` 的部分。

这个骨架结构的目的是在不使用配置工具的前提下，简化构建中等规模程序的过程。如果方法正确，仅使用 GNU `make` 和一些小的 `shell` 脚本你就可以走很远。

基本项目结构

首先要做的是创建一个 `c-skeleton` 目录，然后将一系列基础文件和目录放入其中。下面是我的起始做法。

习题 28 会话

```
$ mkdir c-skeleton
$ cd c-skeleton/
$ touch LICENSE README.md Makefile
$ mkdir bin src tests
$ cp dbg.h src/   # this is from Ex19
$ ls -l
total 8
-rw-r--r--  1 zedshaw   staff      0  Mar 31  16:38 LICENSE
-rw-r--r--  1 zedshaw   staff   1168  Apr  1  17:00 Makefile
-rw-r--r--  1 zedshaw   staff      0  Mar 31  16:38 README.md
drwxr-xr-x  2 zedshaw   staff     68  Mar 31  16:38 bin
drwxr-xr-x  2 zedshaw   staff     68  Apr  1  10:07 build
drwxr-xr-x  3 zedshaw   staff    102  Apr  3  16:28 src
drwxr-xr-x  2 zedshaw   staff     68  Mar 31  16:38 tests
$ ls -l src
total 8
-rw-r--r--  1 zedshaw  staff   982  Apr  3 16:28 dbg.h
$
```

最后你看到我运行了 `ls -l`，这样你就可以看到最终结果。

下面是逐行的解释。

- **`LICENSE`**：如果想发布项目的源代码，你就需要加入一个许可证（license）；否则，在默认情况下，你将是唯一的代码版权拥有人，别人对你的代码不拥有任何权利。

- **README.md：** 使用你的项目的基本介绍。它以 .md 结尾，会被解释成 Markdown 格式。
- **Makefile：** 项目构建的主要文件。
- **bin/：** 用户可运行程序会放在这里。通常这是一个空目录，如果此目录缺失，Makefile 会自动创建它。
- **build/：** 库和其他构建组件会放在这里。这通常也是一个空目录，如果此目录缺失，Makefile 会自动创建它。
- **src/：** 源代码所在目录。里边通常是 .c 和 .h 文件。
- **tests/：** 自动化测试所在目录。
- **src/dbg.h：** 为了之后的便利，我把习题 19 的 dbg.h 复制到了这里。

接下来我将详细解释这个骨架结构项目中的每一个组成部分，以便你能理解它的工作方式。

Makefile

首先要讲的是 Makefile，因为你可以从它去理解其他东西的工作方式。这个习题中的 Makefile 比你前面用过的要具体得多，所以等你输入完之后我再解释一遍。

Makefile

```
1   CFLAGS=-g -O2 -Wall -Wextra -Isrc -rdynamic -DNDEBUG $(OPTFLAGS)
2   LIBS=-ldl $(OPTLIBS)
3   PREFIX?=/usr/local
4
5   SOURCES=$(wildcard src/**/*.c src/*.c)
6   OBJECTS=$(patsubst %.c,%.o,$(SOURCES))
7
8   TEST_SRC=$(wildcard tests/*_tests.c)
9   TESTS=$(patsubst %.c,%,$(TEST_SRC))
10
11  TARGET=build/libYOUR_LIBRARY.a
12  SO_TARGET=$(patsubst %.a,%.so,$(TARGET))
13
14  # The Target Build
15  all: $(TARGET) $(SO_TARGET) tests
16
17  dev: CFLAGS=-g -Wall -Isrc -Wall -Wextra $(OPTFLAGS)
18  dev: all
19
20  $(TARGET): CFLAGS += -fPIC
21  $(TARGET): build $(OBJECTS)
22      ar rcs $@ $(OBJECTS)
23      ranlib $@
24  $(SO_TARGET): $(TARGET) $(OBJECTS)
```

```
25          $(CC) -shared -o $@ $(OBJECTS)
26
27      build:
28          @mkdir -p build
29          @mkdir -p bin
30
31      # The Unit Tests
32      .PHONY: tests
33      tests: CFLAGS += $(TARGET)
34      tests: $(TESTS)
35          sh ./tests/runtests.sh
36
37      # The Cleaner
38      clean:
39          rm -rf build $(OBJECTS) $(TESTS)
40          rm -f tests/tests.log
41          find . -name "*.gc*" -exec rm {} \;
42          rm -rf `find . -name "*.dSYM" -print`
43
44      # The Install
45      install: all
46          install -d $(DESTDIR)/$(PREFIX)/lib/
47          install $(TARGET) $(DESTDIR)/$(PREFIX)/lib/
48
49      # The Checker
50      check:
51          @echo Files with potentially dangerous functions.
52          @egrep '[^_.>a-zA-Z0-9](str(n?cpy|n?cat|xfrm|n?dup|str|pbrk|tok|_)\
                        |stpn?cpy|a?sn?printf|byte_)' $(SOURCES) || true
```

记住，Makefile 的缩进一定是使用制表符（tab）。你的文本编辑器应当知道此规则并做出正确的行为。如果你的文本编辑器做不到这一点，那就换一个编辑器吧。没有程序员会用处理这么简单任务都出错的编辑器。

开头

这个 Makefile 的用途是利用 GNU make 的特定功能，在几乎任何平台上可靠地构建库。因为我们后面会来做这个库，所以我会把这个 Makefile 的每一部分都分别讲一遍，先从它的开头（header）开始。

- **第 1 行**：这些是常用的 CFLAGS，以及一些构建库时需要的东西。你在所有项目中都是这样设置的。你也许需要针对不同的平台对其进行调整。注意最后的 OPTFLAGS 变量，它可以让你根据需要增强构建选项。

- **第 2 行**：这些选项在链接库的时候会用到。别人可以使用 OPTLIBS 变量来增强链接选项。
- **第 3 行**：这里的代码设置了一个可选参数叫 PREFIX，该参数只有在运行 Makefile 时没带 PREFIX 参数的情况下会生效。这就是?=的功能。
- **第 5 行**：这行花哨的代码动态创建了变量 SOURCES，它对 src/目录下所有的*.c 文件做了一个通配符搜索。你需要提供 src/**/*.c 和 src/*.c，这样 GNU make 就会把 src 及其子目录中的代码文件全部包含进去。
- **第 6 行**：获取代码文件列表以后，你就可以使用 patsubst 来获取 SOURCE 的一系列*.c 文件，并制成一个所有目标文件的新列表。做法就是告诉 patsubst 将所有%.c 扩展名都改成%.o，然后将这些扩展名赋值到 OBJECTS 上。
- **第 8 行**：我们再次使用通配符，找出了所有单元测试的源代码文件。这些和库的源代码文件是分开的。
- **第 9 行**：然后，我们使用了同样的 patsubst 技巧，动态获取了所有的 TEST 目标。在这里，我把.c 扩展名全部删掉，这样整个程序就会用同样的方式命名。之前，我是把.c 用.o 取代，这样就能创建目标文件。
- **第 11 行**：最后，我们说最终目标是 build/libYOUR_LIBRARY.a，在你构建时，要把名字改成你的库的名字。

这就是 Makefile 的上面部分，不过我应该解释一下“让人们增强构建”是什么意思。当你运行 make 的时候，你可以这样做：

```
# WARNING! Just a demonstration, won't really work right now.
# this installs the library into /tmp
$ make PREFIX=/tmp install
# this tells it to add pthreads
$ make OPTFLAGS=-pthread
```

如果你传递了和 Makefile 中变量同名的选项，那么它们就会作用在你的构建中。然后你就可以用它们来修改 Makefile 的运行方式。第一个参数修改了 PREFIX，这样软件就会被安装到/tmp 下。第二个参数设置了 OPTFLAGS，这样就出现了一个-pthread 选项。

构建目标

继续详解 Makefile，我其实是构建了目标文件和目标。

- **第 15 行**：记住，第一个目标是 make 默认运行的目标，在没有给定目标的时候默认会运行它。在这里，它的名字叫 all:而且我们还给了$(TARGET) tests 作为构建的目标。查一下 TARGET 变量，你就知道这就是库，所以 all:会先构建库。tests 目标在 Makefile 的靠下面，它是用来构建单元测试的。
- **第 17～18 行**：这里是另一个目标，用来构建“开发版构建”。这里还介绍了一个技巧用来为单独的目标修改选项。在我进行开发板构建的时候，我需要 CFLAGS 包含类似 -Wextra 这种能辅助找到 bug 的选项。如果你像我一样把它们作为选项放到目标行，那你要再写一行说明原始目标是什么（这里是 all），然后它就会修改你设置的选项。我使用这个技巧为不同的平台设置各自需要的不同标志。

- **第 20 行：**这行构建了 TARGET 库。它还使用了与第 15 行一样的技巧，为目标提供了仅在它下面有效的选项。在这里，我只为库构建添加了-fPIC 选项，使用了+=语法把它添加上去。
- **第 21 行：**现在我们看到了真正的目标，这里我说首先创建 build 目录，然后编译所有的 OBJECTS。
- **第 22 行：**这里运行了 ar 命令，它实际上会创建一个 TARGET。语法$@ $(OBJECTS) 表示“将这个 Makefile 源文件的目标放到这里，把所有的 OBJECTS 放到它后面”。在这里，$@对应到了第 19 行的$(TARGET)，它又对应到了 build/libYOUR_LIBRARY.a。似乎很绕，不好跟进，的确是这样，不过一旦你弄好了，你只需要在顶部修改一下 TARGET，就可以构建一个全新的库。
- **第 23 行：**最后，要构建库，你在 TARGET 上运行 ranlib，然后构建就运行了。
- **第 28～29 行：**这里只是在 build/或 bin/目录不存在时创建它们。然后这里引用到了第 21 行，那里它给了 build 目标，用来确保 build/目录已经创建好了。

现在你已经拥有了构建软件所需的所有东西，我们接下来要创建一个办法来构建和运行单元测试，从而实现测试自动化。

单元测试

C 语言和别的编程语言不同，为每一件要测试的东西创建一个小程序在 C 语言中很简单。有的测试框架试图模拟别的语言中模块的概念，用来实现动态加载，但这在 C 语言中并不好用。而且这样做也没必要，因为你可以创建一个程序，让它针对每一个测试去运行就可以了。

现在我会讲 Makefile 的这一部分，后面你会看到 test/下真正实现这一切的代码。

- **第 32 行：**如果你有一个不真实的目标，还有一个文件或目录与这个目标重名，那你需要为这个目标写一个.PHONY:标签，这样 make 就会忽略这个文件，并能正常运行。
- **第 33 行：**我使用了和修改 CFLAGS 变量时一样的技巧，给构建添加了 TARGET，这样每一个测试程序都会被链接到 TARGET 库。这里它会将 build/libYOUR_LIBRARY.a 添加到链接关系中。
- **第 34 行：**然后我这里是真实的 tests:目标，它需要依赖 TESTS 变量中列出的所有程序。这一行相当于在说：“make，使用你构建程序的内部知识，以及目前的 CFLAGS 设置，去构建 TESTS 中的每一个程序。”
- **第 35 行：**最后，所有的 TESTS 都构建了，我后面会创建一个简单的 shell 脚本，用它去运行所有这些内容以及报告它们的输出。这行实际上就是运行了这个脚本，这样你就能看到测试的结果。

为了让单元测试能用，你需要创建一个小的 shell 脚本，让它运行程序。现在就去创建这个 tests/runtests.sh 脚本吧。

runtests.sh

```
1   echo "Running unit tests:"
2
3   for i in tests/*_tests
4   do
5       if test -f $i
6       then
7           if $VALGRIND ./$i 2>> tests/tests.log
8           then
9               echo $i PASS
10          else
11              echo "ERROR in test $i: here's tests/tests.log"
12              echo "------"
13              tail tests/tests.log
14              exit 1
15          fi
16      fi
17  Done
18
19  echo ""
```

后面讲单元测试工作原理的时候我会细讲这段代码。

清理

现在我已经有了完整能工作的单元测试，接下来就是当我需要重置的时候怎样清理各种东西（以下行号对应前面的 Makefile）。

- **第 38 行**：clean:目标就是需要清理项目时的开始位置。
- **第 39～42 行**：这部分命令清理了各种编译器和编译工具留下的大部分垃圾。它还删掉了 build/目录，在结尾还用了一个技巧来删除苹果公司的 Xcode 调试生成的奇怪的 *.dSYM 目录。

如果你遇到需要清理的垃圾，那就增强一下这个列表，把你要删除的东西添加进去就可以了。

安装

接下来，我需要一个安装这个项目的方法，而对于构建库所用的 Makefile，我只需要把东西放到通用的 PREFIX 目录下即可，这个目录通常是/usr/local/lib。

- **第 45 行**：这里让 install:依赖 all:目标，这样当运行 make install 时，它就一定会构建所有的东西。
- **第 46 行**：然后我使用了 install 程序，它会在目标库目录不存在的时候去创建这个目录。在这里，我试着让安装尽可能灵活，所以就使用了两个安装程序惯用的变量。DESTDIR 会被安装程序传给 make，安装程序会在安全或者奇怪的地方构建它们，最后构建好包给你。PREFIX 会在人们想把安装目录从/usr/local 修改到别的地方时用到。
- **第 47 行**：接下来，我使用 install 把库安装到了应该安装的位置。

install 程序的目的是确保所有的东西都设置好了权限。因为运行 make install 的时候，通常需要用 root 用户身份，所以典型的构建流程是 make && sudo make install。

检查工具

Makefile 最后一部分内容是我包含在我的 C 项目中的一个大礼包，它可以帮我找出任何使用坏函数的企图。所谓坏函数，就是一些字符串函数以及别的带无保护缓冲区的函数。

- **第 50 行**：check:目标允许你在任何需要的时候运行一次检查。
- **第 51 行**：这只是一种打印信息的方式，不过用了@echo 相当于告诉 make 不用打印出命令，只要打印出命令的输出即可。
- **第 52～53 行**：针对源代码文件运行 egrep 命令，来找到各种坏模式。结尾的|| true 可以用来防止 make 把 egrep 找不到错误的情况当作运行失败。

运行这个目标的时候，它会有一个古怪的效果，那就是当一切都没问题的时候，它也会返回一个错误。

应该看到的结果

在我完成这个项目骨架目录之前还有两个习题要做，下面是我测试 Makefile 功能时的一些命令行交互。

习题 28 会话

```
$ make clean
rm -rf build
rm -f tests/tests.log
find . -name "*.gc*" -exec rm {} \;
rm -rf `find . -name "*.dSYM" -print`
$ make check
$ make
```

运行 `clean:`目标很顺利，不过因为我在 `src/`目录下没有任何源代码文件，所以其他命令其实都没有起作用。下一个习题我会完成这部分内容。

附加任务

- 试着在 `src/`目录下放一个源代码文件和一个`.h`头文件，然后构建这个库，让`Makefile`真正工作起来。你应该不需要在源代码文件中包含`main`函数。
- 研究一下 `check:`目标会寻找什么样的函数，这都写在了它使用的正则表达式中。
- 如果你以前没有做过自动化单元测试，那么就去阅读一下相关内容，为后面做好准备。

习题 29

库和链接

C程序的核心是与操作系统提供的库进行链接。通过链接，你可以从他人创建并打包在操作系统中的库中获取你所需的功能，并把它们加入到你自己的程序中。其实，你在之前的程序中已经使用过一些自动包含的标准库了，不过我还是想解释一下各种不同类型的库及其作用。

首先，在任何一种程序设计语言中，库的设计都是很糟糕的。我也不知道这是为什么，可能是因为链接是语言设计者们在最后才胡乱加上的功能。库通常都很混乱，难以处理，无法做正确的版本控制，结果就是各处的链接方式各不相同。

C 语言也不例外，但是，C 语言处理链接和库的方式是设计 Unix 操作系统及其可执行格式留下来的古董。学习 C 语言的链接方式，有助于你理解操作系统的工作原理，了解操作系统是如何运行你的程序的。

一开始我们先来介绍一下库的两个基本类型。

- **静态（static）**：你在之前的习题中使用 `ar` 和 `ranlib` 创建的 `libYOUR_LIBRARY.a` 文件就是一个静态库。这种类型的库只是一个包含了一系列`.o` 目标文件及其功能的容器，当你构建自己的程序时，只需要把它当作一个大一点儿的`.o` 文件就行了。
- **动态（dynamic）**：动态库的典型后缀名有`.so`、`.dll` 以及 OS X 中千奇百怪的各种命名（这些命名完全取决于操作系统和写程序的人）。不过严格来讲，OS X 中的常用后缀名有 3 种，即`.dylib`、`.bundle` 和`.framework`，而这三者之间其实也并没有多大区别。这些文件构建后存放在一个公共目录下。当你运行程序时，操作系统会动态地加载这些文件，并且将它们随时链接到你的程序上。

那么，什么时候应该使用静态类型的库，什么时候应该使用动态类型的库呢？

我个人倾向于在中小型项目中使用静态库。因为静态库更容易处理，而且兼容性更好，能在更多的操作系统上工作。我也喜欢尽可能地把代码放到静态库中，这样我就可以按需要把它链接到单元测试或者程序文件。

动态库适合在大型系统中使用，如果你的存储空间紧张，或者你有许多程序都使用通用的功能，在这种情况下，为所有程序一一进行静态链接是不现实的，这时你就可以把它放到一个动态库中，这样它只要加载一次，就能为所有这些程序所用。

在上一个习题中，我已经向你展示了如何创建静态库（`.a` 文件），在本书的剩余部分我会继续使用这种方式。在这个习题中，我还会向你展示如何创建一个简单的`.so` 库，以及如何通过 Unix 的 `dlopen` 系统动态加载它。我要求你亲自动手来完成这些工作，这有助于你理解究竟发生了什么，然后在接下来的附加任务中，你还需要使用 `c-skeleton` 框架来创建它。

动态加载共享库

为了动态加载共享库，我将创建两个源代码文件，一个用来创建 libex29.so 库，另一个是名叫 ex29 的程序，这个程序将会动态加载共享库，并运行其中的函数。

libex29.c

```
1   #include <stdio.h>
2   #include <ctype.h>
3   #include "dbg.h"
4
5
6   int print_a_message(const char *msg)
7   {
8       printf("A STRING: %s\n", msg);
9
10      return 0;
11  }
12
13
14  int uppercase(const char *msg)
15  {
16      int i = 0;
17
18      // BUG: \0 termination problems
19      for(i = 0; msg[i] != '\0'; i++) {
20          printf("%c", toupper(msg[i]));
21      }
22
23      printf("\n");
24
25      return 0;
26  }
27
28  int lowercase(const char *msg)
29  {
30      int i = 0;
31
32      // BUG: \0 termination problems
33      for(i = 0; msg[i] != '\0'; i++) {
34          printf("%c", tolower(msg[i]));
35      }
36
37      printf("\n");
```

```
38
39         return 0;
40     }
41
42     int fail_on_purpose(const char *msg)
43     {
44         return 1;
45     }
```

这段代码并没有什么特别之处，不过，我故意留下了一些 bug 来检查你是否集中注意力了。你需要在后面修正这些问题。

我们接下来要做的是使用 dlopen、dlsym 和 dlclose 函数与上面的函数协同工作。

ex29.c

```
1     #include <stdio.h>
2     #include "dbg.h"
3     #include <dlfcn.h>
4
5     typedef int (*lib_function) (const char *data);
6
7     int main(int argc, char *argv[])
8     {
9         int rc = 0;
10        check(argc == 4, "USAGE: ex29 libex29.so function data");
11
12        char *lib_file = argv[1];
13        char *func_to_run = argv[2];
14        char *data = argv[3];
15
16        void *lib = dlopen(lib_file, RTLD_NOW);
17        check(lib != NULL, "Failed to open the library %s: %s", lib_file, dlerror());
18
19        lib_function func = dlsym(lib, func_to_run);
20        check(func != NULL, "Did not find %s function in the library %s: %s", func_to_run,
                  lib_file, dlerror());
21
22        rc = func(data);
23        check(rc == 0, "Function %s return %d for data: %s", func_to_run, rc, data);
24
25        rc = dlclose(lib);
26        check(rc == 0, "Failed to close %s", lib_file);
27
28        return 0;
29
30    error:
```

```
31          return 1;
32      }
```

现在，我将为你剖析这段代码，让你能够了解在其中究竟发生了什么。

- **第 5 行**：我会在之后调用库里的函数时用到这个函数指针的定义。这不是新知识，但一定要确保你了解它的作用。
- **第 16 行**：在执行了一些针对小程序的常规步骤之后，我调用 `dlopen` 函数来加载 `lib_file` 所表示的库。这个函数将返回一个我们之后会用到的句柄，这和打开一个文件非常相似。
- **第 17 行**：如果出现一个系统错误，我会先做通常的检查，然后退出。不过请注意，我在结尾的地方使用了 `dlerror` 来找出与错误相关的库。
- **第 19 行**：我使用了 `dlsym` 函数，通过使用函数 `func_to_run` 中的字符串名称，从 `lib` 中获取了一个函数。这一部分是整个程序的精华所在，因为我通过命令行 `argv` 得到了一个字符串，然后通过这个字符串动态地获取了一个指向函数的指针。
- **第 22 行**：接下来，我调用之前返回的函数 `func`，并且检查它的返回值。
- **第 25 行**：最后，我就像关闭一个文件一样关闭了这个库。通常情况下，你会在程序运行时一直保持库的打开状态，所以在最后关闭库的做法其实用途有限，不过我还是在这里向你展示一下。

应该看到的结果

知道了这个文件的用处，你就可以看我构建和使用 `libex29.so` 和 `ex29` 的命令行会话了。跟着做，学学怎样手动构建这些东西。

习题 29 会话

```
# compile the lib file and make the .so
# you may need -fPIC here on some platforms. add that if you get an error
$ cc -c libex29.c -o libex29.o
$ cc -shared -o libex29.so libex29.o

# make the loader program
$ cc -Wall -g -DNDEBUG ex29.c -ldl -o ex29

# try it out with some things that work
$ ex29 ./libex29.so print_a_message "hello there"
-bash: ex29: command not found
$ ./ex29 ./libex29.so print_a_message "hello there"
A STRING: hello there
$ ./ex29 ./libex29.so uppercase "hello there"
```

```
HELLO THERE
$ ./ex29 ./libex29.so lowercase "HELLO tHeRe"
hello there
$ ./ex29 ./libex29.so fail_on_purpose "i fail"
[ERROR] (ex29.c:23: errno: None) Function fail_on_purpose return 1 for\
            data: i fail

# try to give it bad args
$ ./ex29 ./libex29.so fail_on_purpose
[ERROR] (ex29.c:10: errno: None) USAGE: ex29 libex29.so function data

# try calling a function that is not there
$ ./ex29 ./libex29.so adfasfasdf asdfadff
[ERROR] (ex29.c:20: errno: None) Did not find adfasfasdf
  function in the library libex29.so: dlsym(0x1076009b0, adfasfasdf):\
         symbol not found

# try loading a .so that is not there
$ ./ex29 ./libex.so adfasfasdf asdfadfas
[ERROR] (ex29.c:17: errno: No such file or directory) Failed to open
    the library libex.so: dlopen(libex.so, 2): image not found
$
```

你可能会遇到这样一件事，每个操作系统、每个版本的操作系统以及每个操作系统的每个版本的编译器，似乎每隔几个月就有新人参与进来，他们觉得什么东西不合理就去修改，于是构建共享库的方法总是在变化。如果我创建 `libex29.so` 文件的行出错了，请通知我，我会为不同平台加上一些注释。

警告 有时候你会做一些你认为很正常的事情，运行命令 `cc -Wall -g -DNDEBUG -ldl ex29.c -o ex29`，觉得不会出问题，但事与愿违。你看，在有的平台上，库在命令的哪里被链接是决定命令能否正常工作的关键，这并没有什么道理可言。就像在 Debian 或者 Ubuntu 中，你必须使用 `cc -Wall -g -DNDEBUG ex29.c -ldl -o ex29` 命令才能正常工作，没有任何理由。这里是我在 OS X 上工作时命令正常工作的方式，将来如果你链接一个动态库，但是无法找到某项功能的时候，尝试改变一下命令行参数的顺序。

令人恼火的是，命令行参数的顺序也因平台而异。大千世界无奇不有，但-ldl 的位置一变结果就变，这也太奇葩了。仅仅是一个选项而已，还得专门去学，实在是令人恼火。

如何破坏程序

使用一个能够处理二进制文件的编辑器，打开并编辑 `libex29.so` 库。改变一些字节的内容，然后保存并关闭这个文件。尝试一下，看看你损坏库文件之后 dlopen 是否依然能够载入它。

附加任务

- 你有没有有留意我在 libex29.c 文件中的坏代码呢？看看是怎么回事，即使我使用 for 循环，它们依然要检测'\0'结束符吗？修复这个问题，让函数始终接收字符串的长度，从而让字符串在函数内部正常使用。
- 拿 c-skeleton 框架为这个习题创建一个新项目。将 libex29.c 放入 src/目录中。修改 Makefile 文件，让它能够构建出 build/libex29.so。
- 将 ex29.c 文件的内容放入 tests/ex29_tests.c，让它能作为单元测试运行。确保一切工作正常，也就是说你必须修改文件，使它能够载入 build/libex29.so 库，并能运行测试，像我之前的手动操作一样。
- 阅读 man dlopen 文档及所有相关函数文档。尝试一下 dlopen 的其他选项，包括 RTLD_NOW。

自动化测试

自动化测试在 Python 和 Ruby 之类的语言中经常用到，但在 C 语言中使用很少。部分原因是自动加载和测试 C 代码片段是一件难事。在这个习题中，我们会创建一个很小的测试框架，让你的骨架目录构建一个示范测试用例。

我要用到的框架叫 minunit，你需要把它包含到 c-skeleton 骨架中。这个框架一开始只是 Jera Design 写的一小段代码，后来我把它进一步加强成了下面这样。

minunit.h

```
#undef NDEBUG
#ifndef _minunit_h
#define _minunit_h

#include <stdio.h>
#include <dbg.h>
#include <stdlib.h>

#define mu_suite_start() char *message = NULL

#define mu_assert(test, message) if (!(test)) {\
    log_err(message); return message; }
#define mu_run_test(test) debug("\n-----%s", " " #test); \
    message = test(); tests_run++; if (message) return message;

#define RUN_TESTS(name) int main(int argc, char *argv[]) {\
    argc = 1; \
    debug("----- RUNNING: %s", argv[0]);\
    printf("----\nRUNNING: %s\n", argv[0]);\
    char *result = name();\
    if (result != 0) {\
        printf("FAILED: %s\n", result);\
    }\
    else {\
        printf("ALL TESTS PASSED\n");\
    }\
    printf("Tests run: %d\n", tests_run);\
    exit(result != 0);\
}
```

```
int tests_run;

#endif
```

因为我使用了 dbg.h 的宏，并且我在结尾为反复套用的测试运行器写的一个大宏，所以这个框架大部分原始的内容都不复存在了。就是拿着这么一点儿代码，我们将创建一个功能完整的单元测试系统，你可以把它和一个命令行脚本合并使用，对你的 C 代码进行测试。

为测试框架连线

为了继续这个习题，你应该让 src/libex29.c 正常编译运行。你还应该已经完成了习题 29 的附加任务，让 ex29.c 的加载程序能正常运行。在习题 29 中，我要求你让它能像单元测试一样运行起来，但我现在要重来一次，向你展示怎样用 minunit.h 来做这件事。

首先要做的是创建一个空的单元测试代码文件 tests/libex29_tests.c，里边的内容如下。

ex30.c

```
1    #include "minunit.h"
2
3    char *test_dlopen()
4    {
5
6        return NULL;
7    }
8
9    char *test_functions()
10   {
11
12       return NULL;
13   }
14
15   char *test_failures()
16   {
17
18       return NULL;
19   }
20
21   char *test_dlclose()
22   {
23
24       return NULL;
25   }
```

```
26
27    char *all_tests()
28    {
29        mu_suite_start();
30
31        mu_run_test(test_dlopen);
32        mu_run_test(test_functions);
33        mu_run_test(test_failures);
34        mu_run_test(test_dlclose);
35
36        return NULL;
37    }
38
39    RUN_TESTS(all_tests);
```

这段代码演示了 tests/minunit.h 中的 RUN_TESTS 宏以及别的测试运行器的宏的使用方式。我把真正的测试功能都留空了，这样你就能看到单元测试的结构。首先我来逐行解释一下。

- **第 1 行**：此处包含了 minunit.h 框架。
- **第 3～7 行**：第一个测试。测试函数不接受输入参数，在测试成功时返回一个值为 NULL 的 char *类型。这一点很重要，因为其他宏会向测试运行器返回出错消息。
- **第 9～25 行**：更多的测试函数，和第一个差不多。
- **第 27 行**：这个运行器函数用来控制所有别的测试函数。它和别的测试用例函数格式一样，只是它里边还配置了额外的零件。
- **第 29 行**：这里配置好了用 mu_suite_start 测试时的一些常用的东西。
- **第 31 行**：这里用 mu_run_test 宏来运行需要的测试。
- **第 36 行**：这里是让测试运行的代码，然后像普通测试函数一样返回一个 NULL。
- **第 39 行**：最后，你使用 RUN_TESTS 这个大型宏将 main 函数和所有别的东西串起来，让它运行 all_tests 这个初始函数。

运行测试的步骤就是这些，现在你应该试着让它在项目骨架中运行起来。下面是我运行的结果[①]。

习题 30 会话

```
not printable
```

首先我运行了 make clean，然后运行了构建，重新构建了 libYOUR_LIBRARY 对应的.a 和.so 文件。记住你在习题 29 的附加任务中做过这个，但为了防止你没弄明白，下面是我现在使用的 Makefile 的 diff 结果。

① 此处还应该有一些别的输出内容，实际输出请参考本习题的视频讲解。——译者注

Makefile.diff

```
diff --git a/code/c-skeleton/Makefile b/code/c-skeleton/Makefile
index 135d538..21b92bf 100644
--- a/code/c-skeleton/Makefile
+++ b/code/c-skeleton/Makefile
@@ -9,9 +9,10 @@ TEST_SRC=$(wildcard tests/*_tests.c)
 TESTS=$(patsubst %.c,%,$(TEST_SRC))

 TARGET=build/libYOUR_LIBRARY.a
+SO_TARGET=$(patsubst %.a,%.so,$(TARGET))

 # The Target Build
-all: $(TARGET) tests
+all: $(TARGET) $(SO_TARGET) tests

 dev: CFLAGS=-g -Wall -Isrc -Wall -Wextra $(OPTFLAGS)
 dev: all
@@ -21,6 +22,9 @@ $(TARGET): build $(OBJECTS)
     ar rcs $@ $(OBJECTS)
     ranlib $@

+$(SO_TARGET): $(TARGET) $(OBJECTS)
+ $(CC) -shared -o $@ $(OBJECTS)
+
 build:
     @mkdir -p build
     @mkdir -p bin
```

有了这些修改，你现在应该可以构建一切，并且最后填充单元测试函数中剩下的内容。

ex29_tests.c

```
1   #include "minunit.h"
2   #include <dlfcn.h>
3
4   typedef int (*lib_function) (const char *data);
5   char *lib_file = "build/libYOUR_LIBRARY.so";
6   void *lib = NULL;
7
8   int check_function(const char *func_to_run, const char *data, int expected)
9   {
10      lib_function func = dlsym(lib, func_to_run);
11      check(func != NULL, "Did not find %s function in the library %s: %s", func_to_run,
            lib_file, dlerror());
12
13      int rc = func(data);
```

```
14          check(rc == expected, "Function %s return %d for data: %s",
                    func_to_run, rc, data);
15
16          return 1;
17      error:
18          return 0;
19      }
20
21      char *test_dlopen()
22      {
23          lib = dlopen(lib_file, RTLD_NOW);
24          mu_assert(lib != NULL, "Failed to open the library to test.");
25
26          return NULL;
27      }
28
29      char *test_functions()
30      {
31          mu_assert(check_function("print_a_message", "Hello", 0), "print_a_message failed.");
32          mu_assert(check_function("uppercase", "Hello", 0), "uppercase failed.");
33          mu_assert(check_function("lowercase", "Hello", 0), "lowercase failed.");
34
35          return NULL;
36      }
37
38      char *test_failures()
39      {
40          mu_assert(check_function("fail_on_purpose", "Hello", 1), "fail_on_purpose
                      should fail.");
41
42          return NULL;
43      }
44
45      char *test_dlclose()
46      {
47          int rc = dlclose(lib);
48          mu_assert(rc == 0, "Failed to close lib.");
49
50          return NULL;
51      }
52
53      char *all_tests()
54      {
55          mu_suite_start();
56
```

```
57         mu_run_test(test_dlopen);
58         mu_run_test(test_functions);
59         mu_run_test(test_failures);
60         mu_run_test(test_dlclose);
61
62         return NULL;
63     }
64
65     RUN_TESTS(all_tests);
```

希望到现在为止你已经弄清楚了相关的原理，这里除了 check_function 函数以外没什么新东西。这个函数是一个常见的模式，当重复使用一段代码的时候，可以创建一个函数或者宏，从而把任务自动化。在这里，我会运行我加载的.so 中的函数，所以我就创建了一个小函数让它来做这件事。

附加任务

- 东西是能运行，只不过有点儿乱。清理一下 c-skeleton 目录，让它包含所有这些文件，再把和习题 29 相关的代码全部删掉。最后的效果就是你可以从这个目录新起一个项目，而无须做多少编辑工作。
- 研究一下 runtests.sh，然后去阅读一下 bash 的语法，弄明白这个脚本的功能。你觉得用 C 语言写一个一样功能的东西可以吗？

常见未定义行为

本书进行到这里，就该介绍你会遇到的最常见的未定义行为（undefined behavior，UB）了。C 语言中有 191 种标准委员会决定不定义到标准中的行为，因此它们可能产生任何结果。这些行为中有一部分确实算不上编译器的工作，不过大部分都是由于标准委员会的懒惰和让步带来的烦恼甚至缺陷。这种懒惰的一个例子如下：

在标记化过程中，逻辑代码行遇到不匹配的单引号或双引号。

C99 标准竟然会允许编译器编写者搞出这种大学新生都不会犯的错误而不抛出警告。为什么会这样呢？鬼才知道，不过极有可能是标准委员会有关工作人员用了一个带有这种缺陷的 C 编译器。这种情况下本该去修正编译器，他却把它写到标准中去了。或者用我的话说，其实就是懒。

未定义行为问题的核心在于 C 抽象机器（abstract machine）之间的不同，这些不同定义在标准和真实计算机中。C 标准是依据一个严格定义的抽象机器来描述 C 语言的。这是一种有效的设计语言的方法，只不过 C 标准有一处没弄对——它并没有要求编译器去实现这个抽象机器并遵循它的规范。恰恰相反，编译器编写者可以在标准中的 191 处地方完全忽略抽象机器。它的名字实实在在应该是“抽象机器，然而”，就像在“它是一个严格定义的抽象机器，然而……”这句中一样。

这就允许了标准委员会和编译器实现者可以左右逢源。它们可以有一份充满漏洞和错误，规则马虎的规范，而当你遇到这些问题的时候，他们可以指着抽象机器，用他们最机器人化的声音告诉你：“抽象机器高于一切。你必须遵循！”尽管如此，还是有一些编译器编写者无须遵循而你必须遵循的实例，而且这样的例子有 191 个。尽管这门语言是供你使用的，但你只是一个二等公民而已。

这意味着需要实施抽象机器规则的不是编译器编写者，而是你。当你不可避免地犯错的时候，错就在你身上。编译器无须标记未定义行为，无须合理地处理未定义行为，没记住 191 条该避免的规则，这完全是你的错。如果你记不住 C 道路上的这 191 个坑，那就说明你是个笨蛋。有些“无所不知”型的人记住了这 191 条，于是把它当作欺负新手的机会，并以考倒新手为乐。

未定义行为还有一个令人激愤的虚伪之处。如果你给 C 语言的狂热粉看你的代码，里边用对了 C 字符串，不过字符串终止符可以被覆写掉，他们会说：“这是未定义行为，不是 C 语言的错！”然而，当你给他们看一个包含 `while(x) x <<= 1` 的未定义行为时，他们会说：“这是未定义行为啊笨蛋，修正你的代码去！”这样，C 语言的狂热分子就可以既用未定义行为来保

卫C语言设计的纯洁性，又能用它来欺负你说你是一个写烂代码的白痴。有的未定义行为意思是“你可以忽略这里的安全性，因为这不是C语言的错”，有的未定义行为意思是“你这么写代码就是个白痴”，而标准中又没指定两者的区别。

你可以看出我不是那份长长的未定义行为列表的拥趸。在C99标准发布之前我背过所有这些未定义行为，后来就再没去记变化了的内容了。我找了个办法尽可能避免未定义行为，试着停留在抽象机器规范中使用真实机器。这样做几乎是完全不可能的，所以后来我就再不写新的C代码了，因为C语言的问题实在太明显。

警告 关于为什么C语言中的未定义行为是错的，真正的技术解释来自于阿兰·图灵。

（1）C语言的未定义行为包含了基于词法、语法和执行3个层面的行为。

（2）词法和语法行为可以由编译器检测到。

（3）基于执行的行为归属于图灵定义的停机问题（halting problem），因此是NP完全的。

（4）这意味着要避免C的未定义行为，就需要解决计算机科学中证明最久的一个无法解决的问题，所以计算机不可能避免未定义行为。

简单讲：“如果要知道你是不是用未定义行为侵犯了抽象机器，唯一的方法是运行你的C程序，那么你就永远不可能完全避免未定义行为。”

最重要的20个未定义行为

基于上述内容，我将列出C语言中的前20个未定义行为，并且尽我所能告诉你如何避免。总体来说，避免未定义行为的方法就是撰写整洁的代码，不过有一些行为是不可能避免的。例如，写入C字符串时末尾越界是一个未定义行为，然而这种行为你一不小心就会写到代码中，而攻击者也可以从外部访问到。这份列表还包括了一些相关的未定义行为，它们也属于同一类，但所处的上下文不同。

常见的未定义行为

1. 对象在生命周期外被引用。（6.2.4）
   - 一个指向对象的指针的值，其生命周期已经结束后被使用到。（6.2.4）
   - 对象的值具有自动存储期限（automatic storage duration），当该值不确定的时候被使用到。（6.2.4，6.7.8，6.8）
2. 转自整型或转为整型时，产生的结果超出了能表示的范围。（6.3.1.4）
   - 将一种浮点实数类型降级，产生的值超出能表示的范围。（6.3.1.5）
3. 同一对象或函数被声明两次，两次的定义类型不兼容。（6.2.7）

4. 一个包含数组型的左值被转换为指向数组初始元素的指针，而数组对象拥有寄存器存储类（register storage class）。（6.3.2.1）
   - 企图使用一个 void 表达式的值，或者对 void 表达式进行隐式或显式转换（除转为 void）。（6.3.2.2）
   - 转换指向整型的指针，产生的值超出了能表示的范围。（6.3.2.3）
   - 在两种指针类型之间转换，产生了一个错误对齐的结果。（6.3.2.3）
   - 用指针调用函数，该函数的类型和指针指向的类型不兼容。（6.3.2.3）
   - 一元运算符*的操作数拥有无效值。（6.5.3.2）
   - 指针被转换成整数或指针之外的其他类型。（6.5.4）
   - 对指针进行加减操作，使其指入或者正好越过一个数组对象和一个整型，产生了一个结果，这个结果既没有指入同一数组对象，也没有正好越过同一数组对象。（6.5.6）
   - 对指针进行加减操作，使其指入或者正好越过一个数组对象和一个整型，产生了一个结果，这个结果所指位置正好越过了数组对象，而且被用作一元运算符*的一个操作数并进行了求值。（6.5.6）
   - 一个没有指入或正好越过同一数组对象的指针被进行了减操作。（6.5.6）
   - 数组下标越界，尽管对象通过下标依然可以访问（如在访问 int a[4][5]的时候使用左值表达式 a[1][7]）。（6.5.6）
   - 两个指针相减的结果无法用 ptrdiff_t 类型的对象来表示。（6.5.6）
   - 用关系运算符比较指向不同聚集体或联合体的指针（或者越过同一数组对象的指针）。（6.5.8）
   - 试图访问一个结构体的可变数组成员，或者生成一个正好越过的指向该成员的指针，而引用对象并未给此数组提供此元素。（6.7.2.1）
   - 两个要求兼容的指针类型实际并不是同类，或者并不是指向了兼容类型的指针。（6.7.5.1）
   - 数组声明中的大小值表达式不是常量表达式，在执行时被求值为非正值。（6.7.5.2）
   - 传递给库函数数组参数的指针没有任何值能使所有的地址计算或对象访问都是有效的。（7.1.4）
5. 程序试图修改字符串字面量。（6.4.5）
6. 对象的存储值受到了允许的左值类型之外的访问。（6.5）
7. 试图修改函数调用的结果、条件运算符、赋值运算符、逗号运算符，或者在下一个序列点之后访问它。（6.5.2.2, 6.5.15, 6.5.16, 6.5.17）
8. /或%操作符的第二个操作数的值为 0。（6.5.5）
9. 对象被赋值给一个非严格重叠的对象，或者赋值给一个严格重叠但类型不兼容的对

象。(6.5.16.1)

10. 一个初始式中的常量表达式不是或者未求值为以下内容之一：一个算术常量表达式、一个空指针常量、一个地址常量或者一个内容为对象类型的地址常量加上或者减去一个整型常量的表达式。(6.6)
    - 一个算术常量表达式没有算术类型，包含的操作数不是整型常量、浮点型常量、枚举型常量、字符常量或者 `sizeof` 表达式，或者包含强制类型转换（在 `sizeof` 运算符的操作数以外），其形式不是算术类型向算术类型的转换。(6.6)
11. 试图修改一个对象，该对象是用常量限定类型定义的，定义中使用了非常量限定类型的左值。(6.7.3)
12. 使用内联函数说明符声明了一个拥有外部链接的函数，但该函数不是定义在同一转换单元中的。(6.7.4)
13. 使用了结构体或者联合体中未命名成员的值。(6.7.8)
14. 解析到了终止函数的`}`，该函数调用的值被调用者使用。(6.9.1)
15. 一个文件和标准头文件同名，但并不是实现的一部分，将其放到会被搜索到的源代码文件的标准位置。(7.1.2)
16. 字符处理函数的参数值既不等于 `EOF` 的值，又无法以无符号字符类型表示。(7.4)
17. 整数运算或者转换函数的结果值无法被表示出来。(7.8.2.1, 7.8.2.2, 7.8.2.3, 7.8.2.4, 7.20.6.1, 7.20.6.2, 7.20.1)
18. 在相关文件已经关闭后，使用了指向 `FILE` 对象的指针的值。(7.19.3)
    - `fflush` 函数的流指向输入流或者更新流，其中输入了最近的操作。(7.19.5.2)
    - 在 `fopen` 函数的调用中，`mode` 参数指向的字符串不能完全匹配指定的字符序列。(7.19.5.3)
    - 一个在更新流上的输出操作紧跟着一个输入操作，没有 `fflush` 函数的居间调用或者没有一个文件位置函数的居间调用，或者，一个在更新流上的输入操作紧跟着一个输出操作，输出操作中有一个文件位置函数的居间调用。(7.19.5.3)
19. 格式化输出函数的转换说明使用了`#`或者 `0` 标志，其转换说明符并不是定义过的。(7.19.6.1, 7.24.2.1)
    - 格式化输出函数遇到 `s` 转换说明符，其参数丢失了 `null` 终止符（除非定义了不需要 `null` 终止符的精度）。(7.19.6.1, 7.24.2.1)
    - 在 `fgets`、`gets`、`fgetws` 函数的调用中提供的数组内容在发生读取错误之后被用到。(7.19.7.2, 7.19.7.7, 7.24.3.2)
20. 调用 `calloc`、`malloc` 或 `realloc` 函数时请求内存大小为 0，使用返回的非空指针访问一个对象。(7.20.3)

- 调用 free 或者 realloc 函数释放空间以后，指向该空间的指针的值被使用到。（7.20.3）
- 指向 free 或者 realloc 函数的指针参数和早先 calloc、malloc 或 realloc 返回的指针不匹配，或者空间已被 free 或 realloc 释放。（7.20.3.2, 7.20.3.4）

还有很多，不过这些应该是最频繁遇到或者在 C 代码中最常见的。它们也是最难避免的，记住这些，你就可以避免这些主要问题。

双链表

本书的目的是教你计算机的工作原理，包括各种数据结构和算法是如何工作的。计算机自己不会去做什么有价值的计算工作。要让计算机真正做事，你需要将数据按一定的结构组织起来，然后对这些结构化数据进行处理。别的语言要么包含了实现这些结构的库，要么对这些结构有直接的支持。而在 C 语言中你需要自己实现各种数据结构，所以要学习它们的工作原理，C 语言是一个完美的工具。

我教你数据结构和算法的目标是让你做 3 件事情。

- 明白 Python、Ruby、JavaScript 中的 `data = {"name": "Zed"}`是什么原理。
- 通过使用数据结构将你所知道的应用到要解决的问题上，获得更好的 C 代码。
- 学习一些重要数据结构和算法，让你明白它们分别更适用于哪些场景。

什么是数据结构

顾名思义，数据结构就是一些数据通过某种模式形成的组织。这种组织模式可能是为了方便用某种形式处理数据，也有可能是为了更有效率地在磁盘上存储数据。在本书中我将使用一种简单的模式来创建工作稳定可靠的数据结构。

- 定义一个 `struct` 作为它的主外部结构。
- 为数据内容定义一个 `struct`，通常包含的内容是结点与结点间的链接。
- 创建对这两种结构体进行操作的函数。

C 语言中还有别的风格的数据结构，不过这种模式挺好用，而且对于你要创建的大部分数据结构都适用。

创建库

对于本书剩下的部分，你需要创建一个库，在你完成后可以使用它。这个库需要有下列元素。

- 针对每一种数据结构的头文件（`.h`）。
- 实现算法的代码文件（`.c`）。
- 测试它们，确保它们功能持续可用的单元测试。
- 从头文件自动生成的文档。

你已经有了 `c-skeleton`，那就用它来创建一个 `liblcthw` 项目吧。

习题 32 会话

```
$ cp -r c-skeleton liblcthw
$ cd liblcthw/
$ ls
LICENSE     Makefile       README.md     bin     build   src   tests
$ vim Makefile
$ ls src/
dbg.h            libex29.c        libex29.o
$ mkdir src/lcthw
$ mv src/dbg.h src/lcthw
$ vim tests/minunit.h
$ rm src/libex29.* tests/libex29*
$ make clean
rm -rf build tests/libex29_tests
rm -f tests/tests.log
find . -name "*.gc*" -exec rm {} \;
rm -rf `find . -name "*.dSYM" -print`
$ ls tests/
minunit.h runtests.sh
$
```

在这段会话中我做了下面这些事情。

- 复制了 c-skeleton。
- 编辑了 Makefile，把 libYOUR_LIBRARY.a 改成了 liblcthw.a 这个新 TARGET。
- 创建了 src/lcthw 目录，用来放代码文件。
- 将 src/dbg.h 移到这个新目录中。
- 编辑 tests/minunit.h，使其使用#include <lcthw/dbg.h>作为包含的头文件。
- 删除 libex29.*对应的源代码和测试文件，我们不需要这些文件。
- 删除所有剩下没用的东西。

现在你就可以开始构建这个库了，我第一个要构建的数据结构是双链表。

双链表

我们要加到 liblcthw 中的第一个数据结构是双链表。这是你可以创建的最简单的一种数据结构，这种数据结构在某些操作中很好用。链表的原理是每个结点包含指向上一个或者下一个元素的指针。双链表包含指向二者的指针，而单链表只包含指向下一个元素的指针。

由于每一个结点都包含了指向上一个和下一个元素的指针，而且你记录了表中的第一个和最后一个元素，因此双链表的某些操作速度会非常快。涉及插入或删除元素的操作速度都很快。此外，双链表还是一种大多数程序员很容易实现的数据结构。

链表最主要的一个缺点就是遍历链表的过程需要处理每一个指针。这意味着针对元素的搜索、排序和迭代的速度都比较慢。这还意味着你无法跳到表中的某个随机位置。如果你有一个数组，你可以直接索引到列表中间，但链表使用的是一系列的指针。这意味着要访问第十个元素，你需要先经过前九个元素才可以。

定义

正如我在这个习题的介绍中所说，先写一个头文件，其中包含正确的 C 结构体声明。

list.h

```c
#ifndef lcthw_List_h
#define lcthw_List_h

#include <stdlib.h>

struct ListNode;

typedef struct ListNode {
    struct ListNode *next;
    struct ListNode *prev;
    void *value;
} ListNode;

typedef struct List {
    int count;
    ListNode *first;
    ListNode *last;
} List;

List *List_create();
void List_destroy(List * list);
void List_clear(List * list);
void List_clear_destroy(List * list);

#define List_count(A) ((A)->count)
#define List_first(A) ((A)->first != NULL ? (A)->first->value : NULL)
#define List_last(A) ((A)->last != NULL ? (A)->last->value : NULL)

void List_push(List * list, void *value);
void *List_pop(List * list);

void List_unshift(List * list, void *value);
void *List_shift(List * list);
```

```
void *List_remove(List * list, ListNode * node);

#define LIST_FOREACH(L, S, M, V) ListNode *_node = NULL; \
                                                   ListNode *V = NULL;\
for(V = _node = L->S; _node != NULL; V = _node = _node->M)

#endif
```

首先我创建了两个结构体，一个是表结点 ListNode，一个是包含这些结点的 List。这样就创建好了数据结构，以便我在后面的函数和宏里面使用。仔细阅读这些函数，你会发现它们其实很简单。在讲实现的时候我会做详细解释，不过如果你能猜出它们的功能，那就最好了。

每个 ListNode 的数据结构中包含 3 个组成部分。

- 一个值，它是一个可以指向任何东西的指针，我们用它来存储表的元素值。
- 一个 ListNode *next 指针，它指向存储表中下一个元素的 ListNode。
- 一个 ListNode *prev 指针，用来存放上一个元素。是不是有些复杂呢？prev 对应的是单词 previous。我也可以用 anterior 和 posterior 来指代上一个元素，不过只有神经病才会这样做。

List 结构体没什么特别的，我们将它作为一个容器，用来存储连成一条链的 ListNode 结构体。它会跟踪表的元素数量（count）、第一个元素（first）和最后一个元素（last）。

最后，看看 src/lcthw/list.h 的第 37 行，在这一行，我定义了 LIST_FOREACH 宏。为了防止人们把东西搞乱，你可以创建一个宏，用来生成迭代代码，这是一种常见的编程做法。数据结构要处理正确不容易，写宏可以为人们带来方便。在我讲实现的时候，你可以看到我是怎样使用这些宏的。

实现

现在你应该基本弄懂了双链表的工作原理。它只不过是一个表，里边的元素包含两个指针，分别指向上一个元素和下一个元素。然后你可以写出 src/lcthw/list.c 的代码，看每一个操作是怎样实现的。

list.c

```
1   #include <lcthw/list.h>
2   #include <lcthw/dbg.h>
3
4   List *List_create()
5   {
6       return calloc(1, sizeof(List));
7   }
8
```

```
 9    void List_destroy(List * list)
10    {
11        LIST_FOREACH(list, first, next, cur) {
12            if (cur->prev) {
13                free(cur->prev);
14            }
15        }
16
17        free(list->last);
18        free(list);
19    }
20
21    void List_clear(List * list)
22    {
23        LIST_FOREACH(list, first, next, cur) {
24            free(cur->value);
25        }
26    }
27
28    void List_clear_destroy(List * list)
29    {
30        List_clear(list);
31        List_destroy(list);
32    }
33
34    void List_push(List * list, void *value)
35    {
36        ListNode *node = calloc(1, sizeof(ListNode));
37        check_mem(node);
38
39        node->value = value;
40
41        if (list->last == NULL) {
42            list->first = node;
43            list->last = node;
44        } else {
45            list->last->next = node;
46            node->prev = list->last;
47            list->last = node;
48        }
49
50        list->count++;
51
52    error:
53        return;
```

```
54    }
55
56    void *List_pop(List * list)
57    {
58        ListNode *node = list->last;
59        return node != NULL ? List_remove(list, node) : NULL;
60    }
61
62    void List_unshift(List * list, void *value)
63    {
64        ListNode *node = calloc(1, sizeof(ListNode));
65        check_mem(node);
66
67        node->value = value;
68
69        if (list->first == NULL) {
70            list->first = node;
71            list->last = node;
72        } else {
73            node->next = list->first;
74            list->first->prev = node;
75            list->first = node;
76        }
77
78        list->count++;
79
80    error:
81        return;
82    }
83
84    void *List_shift(List * list)
85    {
86        ListNode *node = list->first;
87        return node != NULL ? List_remove(list, node) : NULL;
88    }
89
90    void *List_remove(List * list, ListNode * node)
91    {
92        void *result = NULL;
93
94        check(list->first && list->last, "List is empty.");
95        check(node, "node can't be NULL");
96
97        if (node == list->first && node == list->last) {
98            list->first = NULL;
```

```
 99             list->last = NULL;
100         } else if (node == list->first) {
101             list->first = node->next;
102             check(list->first != NULL,
103                     "Invalid list, somehow got a first that is NULL.");
104             list->first->prev = NULL;
105         } else if (node == list->last) {
106             list->last = node->prev;
107             check(list->last != NULL,
108                     "Invalid list, somehow got a next that is NULL.");
109             list->last->next = NULL;
110         } else {
111             ListNode *after = node->next;
112             ListNode *before = node->prev;
113             after->prev = before;
114             before->next = after;
115         }
116
117         list->count--;
118         result = node->value;
119         free(node);
120
121     error:
122         return result;
123     }
```

我实现了无法用简单宏实现的所有双链表操作。这里我就不一行一行地讲了，我会提纲式地讲讲 `list.h` 和 `list.c` 中的每一个操作，代码就留给你自己读吧。

- **`list.h` 中的 `List_count`：** 返回表中元素的数量，增删元素的时候会被更新。
- **`list.h` 中的 `List_first`：** 返回表中的第一个元素，但不把它删掉。
- **`list.h` 中的 `List_last`：** 返回表中最后一个元素，但不把它删掉。
- **`list.h` 中的 `LIST_FOREACH`：** 对表中的元素进行迭代。
- **`list.c` 中的 `List_create`：** 创建一个 `List` 主结构体。
- **`list.c` 中的 `List_destroy`：** 销毁表和表中的元素。
- **`list.c` 中的 `List_clear`：** 一个方便的函数，用来释放每个结点的值，而非释放结点本身。
- **`list.c` 中的 `List_clear_destroy`：** 清除和销毁表。效率不高，因为要循环两次。
- **`list.c` 中的 `List_push`：** 这是演示链表优势的第一个操作。它在表的结尾添加了一个新元素，只需几个指针赋值而已，所以速度很快。
- **`list.c` 中的 `List_pop`：** `List_push` 的反操作，取走并返回表中的最后一个元素。
- **`list.c` 中的 `List_unshift`：** 针对链表还有一个很容易的操作，就是在列表的前面快速添加元素。在这里我想不出一个好名字，所以就叫它 List_unshift 了。

- **list.c 中的 List_shift：** 和 List_pop 一样，删除并返回第一个元素。
- **list.c 中的 List_remove：** List_pop 和 List_ shift 中的删除就是这个函数完成的。数据结构的删除操作总是比较困难，这里也一样。它要根据要删除的东西是在表的头部、尾部、头尾都有，还是在表的中间来处理各种不同情况。

这些函数大部分都没有什么特殊的，你看看代码就应该能理解了。你应该特别注意一下 List_destroy 中使用的 LIST_FOREACH 宏，弄懂它是怎样简化这个常见操作的。

测试

编译成功以后，就该创建测试，确保它们功能正确。

list_tests.c

```
1    #include "minunit.h"
2    #include <lcthw/list.h>
3    #include <assert.h>
4
5    static List *list = NULL;
6    char *test1 = "test1 data";
7    char *test2 = "test2 data";
8    char *test3 = "test3 data";
9
10   char *test_create()
11   {
12       list = List_create();
13       mu_assert(list != NULL, "Failed to create list.");
14
15       return NULL;
16   }
17
18   char *test_destroy()
19   {
20       List_clear_destroy(list);
21
22       return NULL;
23
24   }
25
26   char *test_push_pop()
27   {
28       List_push(list, test1);
29       mu_assert(List_last(list) == test1, "Wrong last value.");
```

```
30
31      List_push(list, test2);
32      mu_assert(List_last(list) == test2, "Wrong last value");
33
34      List_push(list, test3);
35      mu_assert(List_last(list) == test3, "Wrong last value.");
36      mu_assert(List_count(list) == 3, "Wrong count on push.");
37
38      char *val = List_pop(list);
39      mu_assert(val == test3, "Wrong value on pop.");
40
41      val = List_pop(list);
42      mu_assert(val == test2, "Wrong value on pop.");
43
44      val = List_pop(list);
45      mu_assert(val == test1, "Wrong value on pop.");
46      mu_assert(List_count(list) == 0, "Wrong count after pop.");
47
48      return NULL;
49  }
50
51  char *test_unshift()
52  {
53      List_unshift(list, test1);
54      mu_assert(List_first(list) == test1, "Wrong first value.");
55
56      List_unshift(list, test2);
57      mu_assert(List_first(list) == test2, "Wrong first value");
58
59      List_unshift(list, test3);
60      mu_assert(List_first(list) == test3, "Wrong last value.");
61      mu_assert(List_count(list) == 3, "Wrong count on unshift.");
62
63      return NULL;
64  }
65
66  char *test_remove()
67  {
68      // we only need to test the middle remove case since push/shift
69      // already tests the other cases
70
71      char *val = List_remove(list, list->first->next);
72      mu_assert(val == test2, "Wrong removed element.");
73      mu_assert(List_count(list) == 2, "Wrong count after remove.");
74      mu_assert(List_first(list) == test3, "Wrong first after remove.");
75      mu_assert(List_last(list) == test1, "Wrong last after remove.");
```

```
 76
 77         return NULL;
 78     }
 79
 80     char *test_shift()
 81     {
 82         mu_assert(List_count(list) != 0, "Wrong count before shift.");
 83
 84         char *val = List_shift(list);
 85         mu_assert(val == test3, "Wrong value on shift.");
 86
 87         val = List_shift(list);
 88         mu_assert(val == test1, "Wrong value on shift.");
 89         mu_assert(List_count(list) == 0, "Wrong count after shift.");
 90
 91         return NULL;
 92     }
 93
 94     char *all_tests()
 95     {
 96         mu_suite_start();
 97
 98         mu_run_test(test_create);
 99         mu_run_test(test_push_pop);
100         mu_run_test(test_unshift);
101         mu_run_test(test_remove);
102         mu_run_test(test_shift);
103         mu_run_test(test_destroy);
104
105         return NULL;
106     }
107
108     RUN_TESTS(all_tests);
```

测试的过程，就是尝试了每一个操作，确保一切正常工作。我在测试中使用了一个简化手段，只为整个程序创建了一个单独的 List *list，然后让测试代码对其进行操作。这样就省却了为每一个测试创建一个 List，但这也可能意味着有的测试通过，只是因为运行了前面的测试。在这种情况下，我会试着让每个测试保持列表干净，或者干脆就使用上一个测试的结果。

应该看到的结果

如果一切正常，构建和运行这些单元测试的结果会是下面这样的。

习题 32 构建会话

```
$ make
cc -g -O2 -Wall -Wextra -Isrc -rdynamic -DNDEBUG -fPIC   -c -o\
      src/lcthw/list.o src/lcthw/list.c
ar rcs build/liblcthw.a src/lcthw/list.o
ranlib build/liblcthw.a
cc -shared -o build/liblcthw.so src/lcthw/list.o
cc -g -O2 -Wall -Wextra -Isrc -rdynamic -DNDEBUG  build/liblcthw.a
    tests/list_tests.c   -o tests/list_tests
sh ./tests/runtests.sh
Running unit tests:
----
RUNNING: ./tests/list_tests
ALL TESTS PASSED
Tests run: 6
tests/list_tests PASS
$
```

确保总共运行了 6 个测试，构建过程没有出现警告和错误，并且正常生成了 build/liblcthw.a 和 build/liblcthw.so 文件。

如何改进程序

这里不再破坏程序了，我来告诉你怎样改进代码。

- 你可以让 List_clear_destroy 更高效，方法是把 LIST_FOREACH 和两个 free 调用放到一个循环中。
- 你可以为前置条件添加 assert，以便程序对 List *list 参数接收到的不是 NULL 值。
- 你可以添加不变量，来检查列表的内容总是正确的，比如 count 永不小于 0，若 count 大于 0，那么 first 不能为 NULL。
- 你可以为头文件添加文档，在每一个结构体、函数、宏前面添加一个注释，解释它们的功能。

这些改进就是我前面讲过的防御性编程的体现，让你的代码缺陷越少，易用性越高。完成这些改进，然后找出更多改进代码的方法。

附加任务

- 研究比对一下双链表和单链表，看看什么时候该用哪一个。
- 研究一下双链表的局限性。例如，尽管插入和删除元素很高效，但迭代速度却很慢。
- 你觉得还缺哪些操作？例如复制、合并、分割之类。实现这些操作，并为其写单元测试。

习题 33

链表算法

我将讲两种与链表相关的排序算法。首先要警告你的是，如果你真需要对数据进行排序，那就别用链表。链表用于排序是很糟糕的，如果必须要排序，我们有别的更好的数据结构可用。之所以要讲这两种算法，是因为使用链表实现它们略微有点儿难度，而且还可以让你思考如何更有效地进行链表操作。

为了写书方便，我将把算法放到 `list_algos.h` 和 `list_algos.c` 两个不同的文件中，然后在 `list_algos_test.c` 中写一个测试。暂时你就照着我这种结构写吧，这样会显得整洁一些，不过如果你以后会工作在别的库上的话，你需要记住现在的这种并不是一种通用结构。

在这个习题中，我将给你额外的挑战，而且我要求你努力完成，不要作弊。我会先把单元测试给你，并且要求你录入它。然后我要求你试着基于维基百科（Wikipedia）上的描述实现这两种算法，然后看看你写的和我写的是不是差不多。

冒泡排序和归并排序

互联网真是个了不起的东西啊，我只要给你维基百科上的“冒泡排序”（bubble sort）和“归并排序”（merge sort）两个页面的链接你去看就可以了，一下子就省了我一大堆录入工作。现在我可以告诉你如何利用网页里的伪代码（pseudo-code）实现这两种算法。步骤大致是下面这样的。

- 阅读算法描述，注意观察里边的图例。
- 要么在纸上用方块和线条画出算法的演示图，要么干脆拿一套带数字的卡片（扑克就可以），试着手动实现排序，这样能让你对算法是如何工作的有最直接的认识。
- 在 `list_algos.c` 中创建骨架函数，并且创建一个可用的 `list_algos.h` 文件，然后准备好你的测试工具。
- 写出第一个失败的测试，让一切都能编译成功。
- 回到维基百科页面，复制、粘贴伪代码（不是 C 代码！）到你创建的第一个函数里面。
- 用我教你的方法，把伪代码翻译成可用的 C 代码，使用你的单元测试来保证函数可以工作。
- 添加更多的测试，用来检验边缘情况，如空链表、已经排序过的链表以及各种类似的情形。
- 对下一个算法重复上述过程，并对其进行测试。

我刚刚教你的就是弄懂大多数算法的秘密，当然不包括那些特别深的算法。现在你只是参考维基百科实现了冒泡算法和归并算法，不过这些是初学的好材料。

单元测试

下面是你的伪代码要用到的单元测试。

list_algos_tests.c

```
1     #include "minunit.h"
2     #include <lcthw/list_algos.h>
3     #include <assert.h>
4     #include <string.h>
5
6     char *values[] = { "XXXX", "1234", "abcd", "xjvef", "NDSS" };
7
8     #define NUM_VALUES 5
9
10    List *create_words()
11    {
12        int i = 0;
13        List *words = List_create();
14
15        for (i = 0; i < NUM_VALUES; i++) {
16            List_push(words, values[i]);
17        }
18
19        return words;
20    }
21
22    int is_sorted(List * words)
23    {
24        LIST_FOREACH(words, first, next, cur) {
25            if (cur->next && strcmp(cur->value, cur->next->value) > 0) {
26                debug("%s %s", (char *)cur->value, (char *)cur->next->value);
27                return 0;
28            }
29        }
30
31        return 1;
32    }
33
34    char *test_bubble_sort()
35    {
```

```
36          List *words = create_words();
37
38          // should work on a list that needs sorting
39          int rc = List_bubble_sort(words, (List_compare) strcmp);
40          mu_assert(rc == 0, "Bubble sort failed.");
41          mu_assert(is_sorted(words), "Words are not sorted after bubble sort.");
42
43          // should work on an already sorted list
44          rc = List_bubble_sort(words, (List_compare) strcmp);
45          mu_assert(rc == 0, "Bubble sort of already sorted failed.");
46          mu_assert(is_sorted(words), "Words should be sort if already bubble sorted.");
47
48          List_destroy(words);
49
50          // should work on an empty list
51          words = List_create(words);
52          rc = List_bubble_sort(words, (List_compare) strcmp);
53          mu_assert(rc == 0, "Bubble sort failed on empty list.");
54          mu_assert(is_sorted(words), "Words should be sorted if empty.");
55
56          List_destroy(words);
57
58          return NULL;
59      }
60
61      char *test_merge_sort()
62      {
63          List *words = create_words();
64
65          // should work on a list that needs sorting
66          List *res = List_merge_sort(words, (List_compare) strcmp);
67          mu_assert(is_sorted(res), "Words are not sorted after merge sort.");
68
69          List *res2 = List_merge_sort(res, (List_compare) strcmp);
70          mu_assert(is_sorted(res), "Should still be sorted after merge sort.");
71          List_destroy(res2);
72          List_destroy(res);
73
74          List_destroy(words);
75          return NULL;
76      }
77
78      char *all_tests()
79      {
80          mu_suite_start();
```

```
81
82        mu_run_test(test_bubble_sort);
83        mu_run_test(test_merge_sort);
84
85        return NULL;
86    }
87
88    RUN_TESTS(all_tests);
```

我建议你从冒泡排序开始，先让它工作起来，然后再去弄归并排序。我会这样做：先布好函数原型和骨架，让 3 个文件都编译通过，但测试不能通过。然后，我再去实现函数，直到可用为止。

实现

你有作弊吗？在之后的习题中，我将给你一个单元测试并让你去实现它。这样，在不看这段代码的情况下自行编写使之工作，对你来说是一种很好的练习。下面是 `list_algos.c` 和 `list_algos.h` 的代码。

list_algos.h

```
#ifndef lcthw_List_algos_h
#define lcthw_List_algos_h

#include <lcthw/list.h>

typedef int (*List_compare) (const void *a, const void *b);

int List_bubble_sort(List * list, List_compare cmp);

List *List_merge_sort(List * list, List_compare cmp);

#endif
```

list_algos.c

```
1    #include <lcthw/list_algos.h>
2    #include <lcthw/dbg.h>
3
4    inline void ListNode_swap(ListNode * a, ListNode * b)
5    {
6        void *temp = a->value;
7        a->value = b->value;
8        b->value = temp;
```

```
9    }
10
11   int List_bubble_sort(List * list, List_compare cmp)
12   {
13       int sorted = 1;
14
15       if (List_count(list) <= 1) {
16           return 0;               // already sorted
17       }
18
19       do {
20           sorted = 1;
21           LIST_FOREACH(list, first, next, cur) {
22               if (cur->next) {
23                   if (cmp(cur->value, cur->next->value) > 0) {
24                       ListNode_swap(cur, cur->next);
25                       sorted = 0;
26                   }
27               }
28           }
29       } while (!sorted);
30
31       return 0;
32   }
33
34   inline List *List_merge(List * left, List * right, List_compare cmp)
35   {
36       List *result = List_create();
37       void *val = NULL;
38
39       while (List_count(left) > 0 || List_count(right) > 0) {
40           if (List_count(left) > 0 && List_count(right) > 0) {
41               if (cmp(List_first(left), List_first(right)) <= 0) {
42                   val = List_shift(left);
43               } else {
44                   val = List_shift(right);
45               }
46
47               List_push(result, val);
48           } else if (List_count(left) > 0) {
49               val = List_shift(left);
50               List_push(result, val);
51           } else if (List_count(right) > 0) {
52               val = List_shift(right);
53               List_push(result, val);
```

```
54              }
55          }
56
57          return result;
58      }
59
60      List *List_merge_sort(List * list, List_compare cmp)
61      {
62          if (List_count(list) <= 1) {
63              return list;
64          }
65
66          List *left = List_create();
67          List *right = List_create();
68          int middle = List_count(list) / 2;
69
70          LIST_FOREACH(list, first, next, cur) {
71              if (middle > 0) {
72                  List_push(left, cur->value);
73              } else {
74                  List_push(right, cur->value);
75              }
76
77              middle--;
78          }
79
80          List *sort_left = List_merge_sort(left, cmp);
81          List *sort_right = List_merge_sort(right, cmp);
82
83          if (sort_left != left)
84              List_destroy(left);
85          if (sort_right != right)
86              List_destroy(right);
87
88          return List_merge(sort_left, sort_right, cmp);
89      }
```

冒泡排序理解起来不太难，尽管这种算法很慢。归并排序就复杂多了，说实话，如果我可以牺牲代码的清晰度，把代码优化一下，那么它就更复杂了。

还有一种自底向上的归并排序实现方式，不过比较难懂，所以我就没有实现它。正如我说过的，链表的排序算法没有任何意义。你可以花一整天优化它让它速度更快，但到头来它还是比任意一种可排序数据结构都慢。如果你需要对某些东西进行排序，那就别使用链表。

应该看到的结果

如果一切正常，你应该会得到类似下面这样的结果。

习题 33 会话

```
$ make clean all
rm -rf build src/lcthw/list.o src/lcthw/list_algos.o\
       tests/list_algos_tests tests/list_tests
rm -f tests/tests.log
find . -name "*.gc*" -exec rm {} \;
rm -rf `find . -name "*.dSYM" -print`
cc -g -O2 -Wall -Wextra -Isrc -rdynamic -DNDEBUG  -fPIC   -c -o\
       src/lcthw/list.o src/lcthw/list.c
cc -g -O2 -Wall -Wextra -Isrc -rdynamic -DNDEBUG  -fPIC   -c -o\
       src/lcthw/list_algos.o src/lcthw/list_algos.c
ar rcs build/liblcthw.a src/lcthw/list.o src/lcthw/list_algos.o
ranlib build/liblcthw.a
cc -shared -o build/liblcthw.so src/lcthw/list.o src/lcthw/list_algos.o
cc -g -O2 -Wall -Wextra -Isrc -rdynamic -DNDEBUG  build/liblcthw.a\
       tests/list_algos_tests.c    -o tests/list_algos_tests
cc -g -O2 -Wall -Wextra -Isrc -rdynamic -DNDEBUG  build/liblcthw.a\
       tests/list_tests.c   -o tests/list_tests
sh ./tests/runtests.sh
Running unit tests:
----
RUNNING: ./tests/list_algos_tests
ALL TESTS PASSED
Tests run: 2
tests/list_algos_tests PASS
----
RUNNING: ./tests/list_tests
ALL TESTS PASSED
Tests run: 6
tests/list_tests PASS
$
```

在这个习题之后，除非有解释原理的需要，否则我不会再向你展示输出结果了。从现在开始，你应该知道我运行了测试并且都通过了，编译也成功了。

如何改进程序

回到算法的描述，改进这些实现的方法有几种，下面是一些比较明显的方法。

- 归并排序进行了大量的复制和创建链表的操作，找出减少这些操作的方法。
- 维基百科上的冒泡排序描述中提供了几种优化，试着实现这些优化。
- 如果你已经实现了 `List_split` 和 `List_join`，你可以使用它们来改进归并排序吗？
- 过一遍所有的防御性编程注意事项，提高实现的健壮程度，保护它不受邪恶的 `NULL` 指针影响，然后再创建一个可选的调试级别的不变量，它的工作方式和排序后的 `is_sorted` 类似。

附加任务

- 创建一个单元测试，对两种算法进行性能比较。你需要看看 `man 3 time`，了解一下基本的计时器函数，并且要保证有足够的迭代次数，样本至少要有若干秒长。
- 修改表中数据的数量，看是不是会影响到你的计时结果。
- 找出一种方法模拟填充不同大小的随机链表，测量花了多长时间，然后将结果做成图表，看结果是不是和算法描述中的一样。
- 试着解释一下为什么对链表排序是一个糟糕的想法。
- 实现 `List_insert_sorted`，让它接受一个值，使用 `List_compare`，将元素插入到合适的位置，使链表一直都能维持排序。这种方法与对创建好的链表进行排序有何不同？
- 试着实现维基百科中描述的自底向上的归并排序。维基百科上的代码本来就是用 C 语言写的，所以要重写应该很容易，不过你要把它和我的慢算法比较一下，试着弄懂它的原理。

习题 34

动态数组

动态数组是一种体积可变的数组，它拥有链表的大部分功能。动态数组通常占用的空间更少，运行的运行的速度更快，还有一些别的好处。这个习题会讲到动态数组的一些劣势，如从头部删除速度很慢，不过对于这一点，本章结尾也提供了解决方案。

动态数组只是一个 void **指针的数组，这些指针的空间已经一次性分配好了，它们指向存储的数据。在链表中，你有一个完整的结构，用来存储 void *value 指针，但在动态数组中，只有一个单独的数组存储所有的数据。这意味着你不需要任何别的指针对上一条或下一条记录进行操作，因为你可以直接索引到动态数组中去。

作为开头，我将给你一个你应该录入的头文件，以供后面实现时使用。

darray.h

```
#ifndef _DArray_h
#define _DArray_h
#include <stdlib.h>
#include <assert.h>
#include <lcthw/dbg.h>

typedef struct DArray {
    int end;
    int max;
    size_t element_size;
    size_t expand_rate;
    void **contents;
} DArray;

DArray *DArray_create(size_t element_size, size_t initial_max);

void DArray_destroy(DArray * array);

void DArray_clear(DArray * array);

int DArray_expand(DArray * array);

int DArray_contract(DArray * array);

int DArray_push(DArray * array, void *el);
```

```
void *DArray_pop(DArray * array);

void DArray_clear_destroy(DArray * array);

#define DArray_last(A) ((A)->contents[(A)->end - 1])
#define DArray_first(A) ((A)->contents[0])
#define DArray_end(A) ((A)->end)
#define DArray_count(A) DArray_end(A)
#define DArray_max(A) ((A)->max)

#define DEFAULT_EXPAND_RATE 300

static inline void DArray_set(DArray * array, int i, void *el)
{
    check(i < array->max, "darray attempt to set past max");
    if (i > array->end)
        array->end = i;
    array->contents[i] = el;
error:
    return;
}

static inline void *DArray_get(DArray * array, int i)
{
    check(i < array->max, "darray attempt to get past max");
    return array->contents[i];
error:
    return NULL;
}

static inline void *DArray_remove(DArray * array, int i)
{
    void *el = array->contents[i];

    array->contents[i] = NULL;

    return el;
}

static inline void *DArray_new(DArray * array)
{
    check(array->element_size > 0, "Can't use DArray_new on 0 size darrays.");

    return calloc(1, array->element_size);
```

```c
error:
    return NULL;
}

#define DArray_free(E) free((E))

#endif
```

这个头文件向你展示了一个新技巧，我把 static inline 函数直接放到了头文件中。这些函数定义和你用过的#define 宏差不多，不过它们更整洁，也更好写。如果你要创建一个宏的代码块，而你又不需要代码生成，那么你就可以使用一个 static inline 函数。

将这个技巧和 LIST_FOREACH 比较，后者会为列表生成一个 for 循环，用 static inline 是做不到这一点的，因为它实际上必须为循环生成内层代码块。唯一的方法是使用回调函数，不过回调函数速度没那么快，也比较难用。

接下来我会改变一下方式，让你创建 DArray 的单元测试。

darray_tests.c

```c
1   #include "minunit.h"
2   #include <lcthw/darray.h>
3
4   static DArray *array = NULL;
5   static int *val1 = NULL;
6   static int *val2 = NULL;
7
8   char *test_create()
9   {
10      array = DArray_create(sizeof(int), 100);
11      mu_assert(array != NULL, "DArray_create failed.");
12      mu_assert(array->contents != NULL, "contents are wrong in darray");
13      mu_assert(array->end == 0, "end isn't at the right spot");
14      mu_assert(array->element_size == sizeof(int), "element size is wrong.");
15      mu_assert(array->max == 100, "wrong max length on initial size");
16
17      return NULL;
18  }
19
20  char *test_destroy()
21  {
22      DArray_destroy(array);
23
24      return NULL;
25  }
```

```
26
27    char *test_new()
28    {
29        val1 = DArray_new(array);
30        mu_assert(val1 != NULL, "failed to make a new element");
31
32        val2 = DArray_new(array);
33        mu_assert(val2 != NULL, "failed to make a new element");
34
35        return NULL;
36    }
37
38    char *test_set()
39    {
40        DArray_set(array, 0, val1);
41        DArray_set(array, 1, val2);
42
43        return NULL;
44    }
45
46    char *test_get()
47    {
48        mu_assert(DArray_get(array, 0) == val1, "Wrong first value.");
49        mu_assert(DArray_get(array, 1) == val2, "Wrong second value.");
50
51        return NULL;
52    }
53
54    char *test_remove()
55    {
56        int *val_check = DArray_remove(array, 0);
57        mu_assert(val_check != NULL, "Should not get NULL.");
58        mu_assert(*val_check == *val1, "Should get the first value.");
59        mu_assert(DArray_get(array, 0) == NULL, "Should be gone.");
60        DArray_free(val_check);
61
62        val_check = DArray_remove(array, 1);
63        mu_assert(val_check != NULL, "Should not get NULL.");
64        mu_assert(*val_check == *val2, "Should get the first value.");
65        mu_assert(DArray_get(array, 1) == NULL, "Should be gone.");
66        DArray_free(val_check);
67
68        return NULL;
69    }
70
```

```
71    char *test_expand_contract()
72    {
73        int old_max = array->max;
74        DArray_expand(array);
75        mu_assert((unsigned int)array->max == old_max + array->expand_rate,
                  "Wrong size after expand.");
76
77        DArray_contract(array);
78        mu_assert((unsigned int)array->max == array->expand_rate + 1,
                  "Should stay at the expand_rate at least.");
79
80        DArray_contract(array);
81        mu_assert((unsigned int)array->max == array->expand_rate + 1,
                  "Should stay at the expand_rate at least.");
82
83        return NULL;
84    }
85
86    char *test_push_pop()
87    {
88        int i = 0;
89        for (i = 0; i < 1000; i++) {
90            int *val = DArray_new(array);
91            *val = i * 333;
92            DArray_push(array, val);
93        }
94
95        mu_assert(array->max == 1201, "Wrong max size.");
96
97        for (i = 999; i >= 0; i--) {
98            int *val = DArray_pop(array);
99            mu_assert(val != NULL, "Shouldn't get a NULL.");
100           mu_assert(*val == i * 333, "Wrong value.");
101           DArray_free(val);
102       }
103
104       return NULL;
105   }
106
107   char *all_tests()
108   {
109       mu_suite_start();
110
111       mu_run_test(test_create);
112       mu_run_test(test_new);
```

```
113         mu_run_test(test_set);
114         mu_run_test(test_get);
115         mu_run_test(test_remove);
116         mu_run_test(test_expand_contract);
117         mu_run_test(test_push_pop);
118         mu_run_test(test_destroy);
119 
120         return NULL;
121     }
122 
123     RUN_TESTS(all_tests);
```

这里演示了所有的操作如何使用，这会让你实现 DArray 的过程容易许多。

darray.c

```
1   #include <lcthw/darray.h>
2   #include <assert.h>
3 
4   DArray *DArray_create(size_t element_size, size_t initial_max)
5   {
6       DArray *array = malloc(sizeof(DArray));
7       check_mem(array);
8       array->max = initial_max;
9       check(array->max > 0, "You must set an initial_max > 0.");
10 
11      array->contents = calloc(initial_max, sizeof(void *));
12      check_mem(array->contents);
13 
14      array->end = 0;
15      array->element_size = element_size;
16      array->expand_rate = DEFAULT_EXPAND_RATE;
17 
18      return array;
19 
20  error:
21      if (array)
22          free(array);
23      return NULL;
24  }
25 
26  void DArray_clear(DArray * array)
27  {
28      int i = 0;
29      if (array->element_size > 0) {
30          for (i = 0; i < array->max; i++) {
```

```
31                 if (array->contents[i] != NULL) {
32                     free(array->contents[i]);
33                 }
34             }
35         }
36     }
37 
38     static inline int DArray_resize(DArray * array, size_t newsize)
39     {
40         array->max = newsize;
41         check(array->max > 0, "The newsize must be > 0.");
42 
43         void *contents = realloc(array->contents, array->max * sizeof(void *));
44         // check contents and assume realloc doesn't harm the original on error
45 
46         check_mem(contents);
47 
48         array->contents = contents;
49 
50         return 0;
51     error:
52         return -1;
53     }
54 
55     int DArray_expand(DArray * array)
56     {
57         size_t old_max = array->max;
58         check(DArray_resize(array, array->max + array->expand_rate) == 0,
                   "Failed to expand array to new size: %d",
                   array->max + (int)array->expand_rate);
59 
60         memset(array->contents + old_max, 0, array->expand_rate + 1);
61         return 0;
62 
63     error:
64         return -1;
65     }
66 
67     int DArray_contract(DArray * array)
68     {
69         int new_size = array->end < (int)array->expand_rate ?
                   (int)array->expand_rate : array->end;
70 
71         return DArray_resize(array, new_size + 1);
72     }
```

```
73
74    void DArray_destroy(DArray * array)
75    {
76        if (array) {
77            if (array->contents)
78                free(array->contents);
79            free(array);
80        }
81    }
82
83    void DArray_clear_destroy(DArray * array)
84    {
85        DArray_clear(array);
86        DArray_destroy(array);
87    }
88
89    int DArray_push(DArray * array, void *el)
90    {
91        array->contents[array->end] = el;
92        array->end++;
93
94        if (DArray_end(array) >= DArray_max(array)) {
95            return DArray_expand(array);
96        } else {
97            return 0;
98        }
99    }
100
101   void *DArray_pop(DArray * array)
102   {
103       check(array->end - 1 >= 0, "Attempt to pop from empty array.");
104
105       void *el = DArray_remove(array, array->end - 1);
106       array->end--;
107
108       if (DArray_end(array) > (int)array->expand_rate
                  && DArray_end(array) % array->expand_rate) {
109           DArray_contract(array);
110       }
111
112       return el;
113   error:
114       return NULL;
115   }
```

这里展示了另外一种应对复杂代码的方式。我们没有先直接深入.c 实现，再看头文件，然后阅读单元测试的顺序。这里给你的是一个抽象到具体的理解过程，最终让你明白它们合起来是如何工作的，使东西记忆起来也更容易。

优势和劣势

当你想要优化下列操作的时候，Darray 会更为适用。

- **迭代**：你可以使用基本的 for 循环和 Darray_count 以及 DArray_get，然后就一切搞定了。不需要特殊的宏，而且速度比较快，因为你不是对指针进行遍历。
- **索引**：你可以使用 DArray_get 和 Darray_set 来随机访问任意元素，但如果使用的是 List，为了获得第 *N*+1 个元素，你就得遍历前面的 *N* 个元素。
- **销毁**：你可以通过两个操作就把结构体和 contents 释放掉。List 则需要一系列的 free 函数调用，并且遍历每一个元素。
- **复制**：同样，仅通过复制结构体和 contents 这两个操作（无论它存储了什么），你就能复制动态数组。然而在 List 中，你需要遍历整个数据结构，复制每一个 ListNode 以及它的值。
- **排序**：如你所见，若要保持数据有序，List 是一个糟糕的选择。DArray 可以让你使用一系列优秀的排序算法，因为你可以随机访问其中的元素。
- **大量数据**：如果你需要操作大量数据，那么 DArray 更好用，因为它的基础是 contents，contents 和同样数量的 ListNode 结构体比起来，占用的内存更少。

但 List 在下面这些操作中占有优势。

- **在头部插入和删除**（或者叫 shift，移位操作）：DArray 需要特殊处理才能有效实现这些功能，而且处理过程中通常都少不了数据复制。
- **分割或合并**：List 中只要复制几个指针就搞定了，但对于 DArray，你需要复制所有相关的数组。
- **少量数据**：如果你只需要存储几个元素，那么 List 通常会比 DArray 占用的空间少一点。这是因为 DArray 需要多扩展一些存储空间，来方便未来的插入操作，而 List 不会多占空间。

综上所述，在很多别人使用 List 的地方，我都更喜欢用 Darray。我只将 List 用于元素很少而且只需要从两端添加和删除数据的情况。后面我会向你展示两种类似的数据结构，分别叫栈（Stack）和队列（Queue），它们都很重要。

如何改进程序

和往常一样，检查每一个函数和操作，添加防御性编程需要的检查代码、前置条件、不变量以及任何你能想到的让实现代码更为健壮的东西。

附加任务

- 改善单元测试，让它覆盖更多的操作，然后用 for 循环测试它们，确保它们可以正常工作。
- 研究一下如何对 DArray 进行冒泡排序和归并排序，不过先别着急实现。我接下来会实现 DArray 算法，到时候你再来实现吧。
- 为常见的操作写一些性能测试，和 List 中的同类操作进行比较。这你已经做过一些了，不过这次我要求你写一个单元测试，让它在问题中重复这个操作，然后在主运行函数中进行计时。
- 看看 DArray_expand 的实现，它使用了一个固定增值（size + 300）。通常情况下，动态数组的实现会采用空间倍增的方式（size×2），不过我觉得这样做消耗内存过多，且得到的性能没多少。判断一下我的断言是否成立，看看倍增和固定增值分别在什么情况下更为适用。

习题 35

排序和搜索

在这个习题中，我会讲 4 个排序算法和 1 个搜索算法。排序算法分别是快速排序、堆排序、归并排序和基数排序。然后我会向你展示如何在基数排序之后进行二分搜索。

但我毕竟是个懒人，所有的标准 C 库中都有现成的堆排序、快速排序和归并排序的算法。下面是它们的使用方式。

darray_algos.c

```
1   #include <lcthw/darray_algos.h>
2   #include <stdlib.h>
3
4   int DArray_qsort(DArray * array, DArray_compare cmp)
5   {
6       qsort(array->contents, DArray_count(array), sizeof(void *), cmp);
7       return 0;
8   }
9
10  int DArray_heapsort(DArray * array, DArray_compare cmp)
11  {
12      return heapsort(array->contents, DArray_count(array), sizeof(void *), cmp);
13  }
14
15  int DArray_mergesort(DArray * array, DArray_compare cmp)
16  {
17      return mergesort(array->contents, DArray_count(array), sizeof(void *), cmp);
18  }
```

这就是 darray_algos.c 文件的完整实现了，在大部分现代 Unix 系统中它应该都能正常工作。它们所做的事情就是使用你提供的 DArray_compare 函数对 contents 中的 void 指针进行排序。我再来给你看看它对应的头文件。

darray_algos.h

```
#ifndef darray_algos_h
#define darray_algos_h

#include <lcthw/darray.h>

typedef int (*DArray_compare) (const void *a, const void *b);
```

```
int DArray_qsort(DArray * array, DArray_compare cmp);

int DArray_heapsort(DArray * array, DArray_compare cmp);

int DArray_mergesort(DArray * array, DArray_compare cmp);

#endif
```

文件大小差不多，内容你也应该大体猜到了。接下来，你可以看看这些函数是怎样在单元测试中使用这 3 种排序的。

darray_algos_tests.c

```
1   #include "minunit.h"
2   #include <lcthw/darray_algos.h>
3
4   int testcmp(char **a, char **b)
5   {
6       return strcmp(*a, *b);
7   }
8
9   DArray *create_words()
10  {
11      DArray *result = DArray_create(0, 5);
12      char *words[] = { "asdfasfd", "werwar", "13234", "asdfasfd", "oioj" };
13      int i = 0;
14
15      for (i = 0; i < 5; i++) {
16          DArray_push(result, words[i]);
17      }
18
19      return result;
20  }
21
22  int is_sorted(DArray * array)
23  {
24      int i = 0;
25
26      for (i = 0; i < DArray_count(array) - 1; i++) {
27          if (strcmp(DArray_get(array, i), DArray_get(array, i + 1)) > 0) {
28              return 0;
29          }
30      }
31
32      return 1;
```

```
33    }
34
35    char *run_sort_test(int (*func) (DArray *, DArray_compare), const char *name)
36    {
37        DArray *words = create_words();
38        mu_assert(!is_sorted(words), "Words should start not sorted.");
39
40        debug("--- Testing %s sorting algorithm", name);
41        int rc = func(words, (DArray_compare) testcmp);
42        mu_assert(rc == 0, "sort failed");
43        mu_assert(is_sorted(words), "didn't sort it");
44
45        DArray_destroy(words);
46
47        return NULL;
48    }
49
50    char *test_qsort()
51    {
52        return run_sort_test(DArray_qsort, "qsort");
53    }
54
55    char *test_heapsort()
56    {
57        return run_sort_test(DArray_heapsort, "heapsort");
58    }
59
60    char *test_mergesort()
61    {
62        return run_sort_test(DArray_mergesort, "mergesort");
63    }
64
65    char *all_tests()
66    {
67        mu_suite_start();
68
69        mu_run_test(test_qsort);
70        mu_run_test(test_heapsort);
71        mu_run_test(test_mergesort);
72
73        return NULL;
74    }
75
76    RUN_TESTS(all_tests);
```

这里有一点要注意，我在这上面耽误了一整天，那就是第 4 行的 testcmp 的定义。你必须使用 char **而非 char *，因为 qsort 给你的是一个指向 contents 数组中指针的指针。qsort 函数以及类似的函数会扫描该数组，将指向数组中每一个元素的指针交给你的比对函数。由于我在 contents 数组中存放的是指针，这意味着你得到的是一个指向指针的指针。

搞清楚了这一点你用大约 20 行代码就实现了 3 个复杂的排序算法。到这里你就可以休息了，但因为本书重要的一点是学习算法的原理，所以附加任务中会让你自己实现每一个算法。

基数排序和二分搜索

我已经把快速排序、堆排序和归并排序留给你后面实现了，接下来我将向你展示一个时髦的排序算法叫基数排序。它用处有限，只适合对整数数组进行排序，不过它的工作原理像魔法一般有趣。在这里，我先来创建一个特殊的数据结构叫 RadixMap，用它来将整数成双成对地对应起来。

下面是新算法的头文件，算法和数据结构都放在一起了。

radixmap.h

```c
#ifndef _radixmap_h
#include <stdint.h>

typedef union RMElement {
    uint64_t raw;
    struct {
        uint32_t key;
        uint32_t value;
    } data;
} RMElement;

typedef struct RadixMap {
    size_t max;
    size_t end;
    uint32_t counter;
    RMElement *contents;
    RMElement *temp;
} RadixMap;

RadixMap *RadixMap_create(size_t max);

void RadixMap_destroy(RadixMap * map);

void RadixMap_sort(RadixMap * map);
```

```
RMElement *RadixMap_find(RadixMap * map, uint32_t key);

int RadixMap_add(RadixMap * map, uint32_t key, uint32_t value);

int RadixMap_delete(RadixMap * map, RMElement * el);

#endif
```

你可以看到这里有大量和动态数组以及链表相同的操作，不同点是我只对固定的 32 位整数 uint32_t 进行操作。在这里我还会介绍一个新的 C 语言概念——联合体（union）。

C 语言的联合体

联合体是一种用多种不同方法引用同一片内存区域的方法。定义联合体的方式和定义结构体差不多，不同之处在于每一个元素和其他的所有元素都共享同一空间。你可以将联合体想象成一张内存的图片，而联合体的元素则是查看该图片使用的各种颜色的镜片。

联合体的用处，要么是为了节约内存，要么是为了将内存块转换为不同的格式。第一个用处通常是用变体类型（variant type）来实现的，你创建一个结构体，其中有两样东西，一是类型的标签，二是包含每个类型的联合体。当用于转换内存格式的时候，你只需要定义两个结构体，然后访问需要的一个就可以了。

首先，让我来展示一下如何用 C 语言的联合体创建变体类型。

ex35.c

```
1    #include <stdio.h>
2
3    typedef enum {
4        TYPE_INT,
5        TYPE_FLOAT,
6        TYPE_STRING,
7    } VariantType;
8
9    struct Variant {
10       VariantType type;
11       union {
12           int as_integer;
13           float as_float;
14           char *as_string;
15       } data;
16   };
17
18   typedef struct Variant Variant;
19
```

```
20    void Variant_print(Variant * var)
21    {
22        switch (var->type) {
23            case TYPE_INT:
24                printf("INT: %d\n", var->data.as_integer);
25                break;
26            case TYPE_FLOAT:
27                printf("FLOAT: %f\n", var->data.as_float);
28                break;
29            case TYPE_STRING:
30                printf("STRING: %s\n", var->data.as_string);
31                break;
32            default:
33                printf("UNKNOWN TYPE: %d", var->type);
34        }
35    }
36
37    int main(int argc, char *argv[])
38    {
39        Variant a_int = {.type = TYPE_INT, .data.as_integer = 100 };
40        Variant a_float = {.type = TYPE_FLOAT, .data.as_float = 100.34 };
41        Variant a_string = {.type = TYPE_STRING, .data.as_string = "YO DUDE!" };
42
43        Variant_print(&a_int);
44        Variant_print(&a_float);
45        Variant_print(&a_string);
46
47        // here's how you access them
48        a_int.data.as_integer = 200;
49        a_float.data.as_float = 2.345;
50        a_string.data.as_string = "Hi there.";
51
52        Variant_print(&a_int);
53        Variant_print(&a_float);
54        Variant_print(&a_string);
55
56        return 0;
57    }
```

在很多动态编程语言的实现中你都能找到这样的代码。动态语言会定义一些基础变体类型，语言的每一种基础类型都会有对应的标签，然后针对你可以创建的每一个类型，通常还会有一个通用对象标签。这样做的好处是 Variant 只会占用 VariantType type 标签占用的空间，加上联合体中最大元素的空间。这是因为 C 语言会将 Variant.data 联合体的每一个元素都层叠在一起，所以它们会互相重叠。为了做到这一点，C 语言将联合体的大小定为足以容纳最大元素。

在 radixmap.h 文件中，我有一个 RMElement 联合体，它演示了使用联合体将内存块在不同类型间转换。在这个例子中，我要存储 uint64_t 大小的整数，目的是对它们进行排序，但是我需要两个 uinit32_t 整数，用来表示一对键和值。通过使用联合体，我可以在两种方法中任选其一，干净地访问同一块内存。

实现

接下来我就来展示 RadixMap 的真正实现，包括其中的每一个操作。

radixmap.c

```
1    /*
2    * Based on code by Andre Reinald then heavily modified by Zed A. Shaw.
3    */
4
5    #include <stdio.h>
6    #include <stdlib.h>
7    #include <assert.h>
8    #include <lcthw/radixmap.h>
9    #include <lcthw/dbg.h>
10
11   RadixMap *RadixMap_create(size_t max)
12   {
13       RadixMap *map = calloc(sizeof(RadixMap), 1);
14       check_mem(map);
15
16       map->contents = calloc(sizeof(RMElement), max + 1);
17       check_mem(map->contents);
18
19       map->temp = calloc(sizeof(RMElement), max + 1);
20       check_mem(map->temp);
21
22       map->max = max;
23       map->end = 0;
24
25       return map;
26   error:
27       return NULL;
28   }
29
30   void RadixMap_destroy(RadixMap * map)
31   {
```

```
32        if (map) {
33            free(map->contents);
34            free(map->temp);
35            free(map);
36        }
37    }
38
39    #define ByteOf(x,y) (((uint8_t *)x)[(y)])
40
41    static inline void radix_sort(short offset, uint64_t max, uint64_t * source,
              uint64_t * dest)
42    {
43        uint64_t count[256] = { 0 };
44        uint64_t *cp = NULL;
45        uint64_t *sp = NULL;
46        uint64_t *end = NULL;
47        uint64_t s = 0;
48        uint64_t c = 0;
49
50        // count occurences of every byte value
51        for (sp = source, end = source + max; sp < end; sp++) {
52            count[ByteOf(sp, offset)]++;
53        }
54
55        // transform count into index by summing
56        // elements and storing into same array
57        for (s = 0, cp = count, end = count + 256; cp < end; cp++) {
58            c = *cp;
59            *cp = s;
60            s += c;
61        }
62
63        // fill dest with the right values in the right place
64        for (sp = source, end = source + max; sp < end; sp++) {
65            cp = count + ByteOf(sp, offset);
66            dest[*cp] = *sp;
67            ++(*cp);
68        }
69    }
70
71    void RadixMap_sort(RadixMap * map)
72    {
73        uint64_t *source = &map->contents[0].raw;
74        uint64_t *temp = &map->temp[0].raw;
75
```

```
 76        radix_sort(0, map->end, source, temp);
 77        radix_sort(1, map->end, temp, source);
 78        radix_sort(2, map->end, source, temp);
 79        radix_sort(3, map->end, temp, source);
 80    }
 81
 82    RMElement *RadixMap_find(RadixMap * map, uint32_t to_find)
 83    {
 84        int low = 0;
 85        int high = map->end - 1;
 86        RMElement *data = map->contents;
 87
 88        while (low <= high) {
 89            int middle = low + (high - low) / 2;
 90            uint32_t key = data[middle].data.key;
 91
 92            if (to_find < key) {
 93                high = middle - 1;
 94            } else if (to_find > key) {
 95                low = middle + 1;
 96            } else {
 97                return &data[middle];
 98            }
 99        }
100
101        return NULL;
102    }
103
104    int RadixMap_add(RadixMap * map, uint32_t key, uint32_t value)
105    {
106        check(key < UINT32_MAX, "Key can't be equal to UINT32_MAX.");
107
108        RMElement element = {.data = {.key = key,.value = value} };
109        check(map->end + 1 < map->max, "RadixMap is full.");
110
111        map->contents[map->end++] = element;
112
113        RadixMap_sort(map);
114
115        return 0;
116
117    error:
118        return -1;
119    }
120
```

```
121    int RadixMap_delete(RadixMap * map, RMElement * el)
122    {
123        check(map->end > 0, "There is nothing to delete.");
124        check(el != NULL, "Can't delete a NULL element.");
125
126        el->data.key = UINT32_MAX;
127
128        if (map->end > 1) {
129            // don't bother resorting a map of 1 length
130            RadixMap_sort(map);
131        }
132
133        map->end--;
134
135        return 0;
136    error:
137        return -1;
138    }
```

和往常一样，输入代码，让它工作起来，别忘了还有单元测试，然后我会解释发生了什么。特别注意一下 radix_sort 函数，因为它的实现方法非常特别。

radixmap_test.c

```
 1    #include "minunit.h"
 2    #include <lcthw/radixmap.h>
 3    #include <time.h>
 4
 5    static int make_random(RadixMap * map)
 6    {
 7        size_t i = 0;
 8
 9        for (i = 0; i < map->max - 1; i++) {
10            uint32_t key = (uint32_t) (rand() | (rand() << 16));
11            check(RadixMap_add(map, key, i) == 0, "Failed to add key %u.", key);
12        }
13
14        return i;
15
16    error:
17        return 0;
18    }
19
20    static int check_order(RadixMap * map)
21    {
22        RMElement d1, d2;
```

```
23        unsigned int i = 0;
24
25        // only signal errors if any (should not be)
26        for (i = 0; map->end > 0 && i < map->end - 1; i++) {
27            d1 = map->contents[i];
28            d2 = map->contents[i + 1];
29
30            if (d1.data.key > d2.data.key) {
31                debug("FAIL:i=%u, key: %u, value: %u, equals max? %d\n", i, d1.data.key,
                          d1.data.value, d2.data.key == UINT32_MAX);
32                return 0;
33            }
34        }
35
36        return 1;
37    }
38
39    static int test_search(RadixMap * map)
40    {
41        unsigned i = 0;
42        RMElement *d = NULL;
43        RMElement *found = NULL;
44
45        for (i = map->end / 2; i < map->end; i++) {
46            d = &map->contents[i];
47            found = RadixMap_find(map, d->data.key);
48            check(found != NULL, "Didn't find %u at %u.", d->data.key, i);
49            check(found->data.key == d->data.key, "Got the wrong result: %p:%u looking
                      for %u at %u", found, found->data.key, d->data.key, i);
50        }
51
52        return 1;
53    error:
54        return 0;
55    }
56
57    // test for big number of elements
58    static char *test_operations()
59    {
60        size_t N = 200;
61
62        RadixMap *map = RadixMap_create(N);
63        mu_assert(map != NULL, "Failed to make the map.");
64        mu_assert(make_random(map), "Didn't make a random fake radix map.");
65
```

```
66        RadixMap_sort(map);
67        mu_assert(check_order(map), "Failed to properly sort the RadixMap.");
68
69        mu_assert(test_search(map), "Failed the search test.");
70        mu_assert(check_order(map), "RadixMap didn't stay sorted after search.");
71
72        while (map->end > 0) {
73            RMElement *el = RadixMap_find(map, map->contents[map->end / 2].data.key);
74            mu_assert(el != NULL, "Should get a result.");
75
76            size_t old_end = map->end;
77
78            mu_assert(RadixMap_delete(map, el) == 0, "Didn't delete it.");
79            mu_assert(old_end - 1 == map->end, "Wrong size after delete.");
80
81            // test that the end is now the old value,
82            // but uint32 max so it trails off
83            mu_assert(check_order(map), "RadixMap didn't stay sorted after delete.");
84        }
85
86        RadixMap_destroy(map);
87
88        return NULL;
89    }
90
91    char *all_tests()
92    {
93        mu_suite_start();
94        srand(time(NULL));
95
96        mu_run_test(test_operations);
97
98        return NULL;
99    }
100
101   RUN_TESTS(all_tests);
```

我应该无需解释测试代码。它只是模拟了在 RadixMap 中随机放入整数，然后确保可以将它们可靠地取出。不是很有趣。

在 radixmap.c 文件中，如果读代码的话，你会发现大部分操作都很容易理解。下面是基本函数的功能及原理描述。

- **RadixMap_create**：和往常一样，我为 radixmap.h 中的结构体划分了所有需要的内存。当我讲到 radix_sort 的时候，就会用到 temp 和 contents。
- **RadixMap_destroy**：同理，我只是销毁了我创建的东西而已。

- **radix_sort**：这里就是数据结构的关键了，不过我还是放到下一小节再解释吧。
- **RadixMap_sort**：这里使用了 radix_sort 函数来对 contents 进行实际排序。它实现的方法是在 contents 和 temp 之间进行排序，直到 contents 排序完成。当我后面讲到 radix_sort 的时候你就明白它的工作原理了。
- **RadixMap_find**：这里使用了二分搜索算法来寻找你提供的键，过一会我就解释它的原理。
- **RadixMap_add**：使用 RadixMap_sort 函数，它会将你请求的键和值添加到结尾，然后再次排序，以便每样东西都放在了正确的地方。一旦排序成功，RadixMap_find 将会正确运作，因为它执行的是二分搜索。
- **RadixMap_delete**：这和 RadixMap_add 工作原理一样，只不过它所做的是删除结构体的元素，将它们的值设成无符号 32 位整数的最大值（UINT32_MAX）。这意味着你不能将其用作键的值，但这样删除元素就容易了。只要将其设好然后排序，它就会被移到结尾。然后它就删掉了。

研究一下代码中我描述的这些函数。剩下要弄懂的只有 RadixMap_sort、radix_sort 和 RadixMap_find 了。

RadixMap_find 与二分搜索

首先我来讲讲二分搜索的实现方法。二分搜索是一个很简单的算法，大部分人一看就能明白。其实你可以拿一摞扑克牌手动实现二分搜索。下面是这个函数的工作原理，以及二分搜索是如何一步一步完成的。

- 基于数组的大小设置 high 和 low 标记。
- 取得 high 和 low 标记之间的中间元素。
- 如果键小于中间值，那么键一定在中间元素下面。这时将 high 设为中间值下面紧邻的值。
- 如果键大于中间值，那么键一定在中间元素上面。这时将 low 设为中间值上面紧邻的值。
- 如果键等于中间值，那么你就找到搜索对象了。就此终止。
- 循环上述过程，直到 low 和 high 发生互相交错。这时就可以退出循环了，因为你要找的元素不存在。

这样做实质上是猜测键所在的位置，取中间值，与 high 和 low 标记位的值进行比较。由于数据已经排好序了，键一定会处在你猜测的值的上面或者下面。如果在下面，那你就把搜索空间折半。持续这样做，结果就是要么你找到了搜索对象，要么就是边界重叠、搜索空间耗尽。

RadixMap_sort 和 radix_sort

如果你手动试一遍，你会发现基数排序很容易懂。这种算法利用了数组存储的特点：每个数字都是由各个数位从小到大排列存储的。然后基数排序算法将数字按照数位放到对应的桶中，当它处理完所有的数位以后，排序也就完成了。乍一看跟魔法一般，看代码也觉得很神奇，所以我们来试着手动做一次吧。

要演示这个算法，我们先准备一些随机排列的 3 位数，假设数字分别是 223、912、275、100、633、120 和 380。

- 将数字按照个位数字放到桶里：[380, 100, 120], [912], [633, 223], [275]。
- 依次遍历每一个桶，然后按照十位数字放到桶里：[100], [912], [120, 223], [633], [275], [380]。
- 现在每桶包含了按照个位数字和十位数字依次排序过的数。然后我需要依次遍历这些桶，目的是填入最后的百位数：[100, 120], [223, 275], [380], [633], [912]。
- 到现在为止，每一个桶都按百位、十位、个位排序好了，如果我依次取桶中的元素，我就得到了最终排好的数列：100, 120, 223, 275, 380, 633, 912。

多尝试几次手动排序，直到你明白了它的原理。这个小算法的确很巧妙。最重要的一点是，它对任意大小的数值都是有效的，所以你可以针对很大的数值进行排序，因为它一次处理一个字节。

在我这里，数位（也称位置值）是独立的 8 位字节，所以我需要 256 个桶来依据位数存储数值的分布。我还需要一个节约空间的存储方式。看看 `radix_sort` 你会发现，首先我创建了一个 `count` 直方图，这样我就知道了针对每一个 `offset`，每个数字出现了多少次。

一旦知道了每个数字出现的次数（总共 256 个），我就可以使用它们作为目标数组的分布点。例如，如果我有 10 个字节，为 `0x00`，那么我就知道我可以将它们放到目标数组的前 10 个空位中。这样我就拥有了它们在目标数组中的位置索引，它对应的是 `radix_sort` 的第二个 `for` 循环。

最后，一旦知道了它们在目标数组中的位置，我就可以遍历 `source` 数组中所有的数位来寻找 `offset`，然后按次序将数值放到它们的空位上。使用 `ByteOf` 宏可以让代码更简洁，因为这里需要一点指针技巧来实现。然而，结果就是当最后一个 `for` 循环完成以后，所有的整数都会按照数位放到该在的桶中。

更有趣的是，我只使用前 32 位，就可以用 `RadixMap_sort` 对 64 位整数进行排序。记得我对 `RMElement` 类型有一个键和值的联合体吗？这意味着要按照键来对数组进行排序，我只需要对每个整数的前 4 个字节（每个字节 8 位，总共 32 位）进行排序就可以了。

如果看看 `RadixMap_sort`，你会发现我抓取了一个快速指针，指向 `contents` 和 `temp`，用来对应源数组和目标数组，然后我调用了 `radix_sort` 共 4 次。每次调用的时候，我对源数组和目标数组进行调换，然后处理下一个字节。当我完成以后，`radix_sort` 就完成了它的任务，最后的内容在 `contents` 里已经排序好了。

如何改进程序

这个实现有一个重大缺点，因为针对每一次插入，它需要处理整个数组 4 次。它的速度是不错，但如果你可以按照要排序内容的大小来限制排序的次数，那就更好了。

有两种方法可以改进这一实现。

- 使用二分搜索找到新元素的最小位置，然后只从这里开始排序到结束。你找到最小值，将新元素放到尾部，然后只从最小值开始排序。在大部分情况下，这种方法可以大幅缩减你的排序空间。
- 持续追踪当前用到的最大键，然后只对足够处理键的数位进行排序。你还可以追踪最小的数，然后只对必须的范围的数位进行排序。要这样做，你需要开始关心 CPU 整数排序（字节顺序）。

试试这些优化，但你要先加强单元测试，在里边加上计时信息，这样你才能看到该实现是不是真正在速度上得到了提升。

附加任务

- 实现快速排序、堆排序和归并排序，然后提供一个`#define`，让你可以在 3 种排序中选择，或者创建第二套你可以调用的函数。使用我教你的方法去阅读维基百科上的算法页面，然后利用伪代码实现算法。
- 对原始实现和优化后的实现的性能进行比较。
- 使用这些排序函数来创建一个 `DArray_sort_add`，让它先添加元素到 `DArray` 中，再对数组进行排序。
- 写一个 `DArray_find`，让它使用 `RadixMap_find` 中的二分搜索算法以及 `DArray_compare` 来在一个排序好的 `DArray` 中寻找元素。

更安全的字符串

设计这个习题是为了让你从今以后使用 bstring，告诉你为什么 C 语言的字符串实在太糟糕，然后让你修改 liblcthw 的代码让它使用 bstring。

为什么 C 语言的字符串糟透了

当人们讨论 C 语言的问题时，字符串的问题总能名列前茅。你已经使用了不少 C 语言的字符串，我也讲过它有哪些缺陷，不过我没有解释过为什么 C 语言字符串这么糟糕，以及为什么会一直糟糕下去。现在让我来试着解释一下。使用 C 语言字符串几十年，我有足够的证据告诉你，C 的字符串糟透了。

要确保任意 C 语言字符串的有效性是不可能的。

- 如果 C 字符串不是以'\0'结尾，那它就是无效的。
- 任何循环，只要处理对象是无效 C 字符串，那它就会不停循环下去（或者导致缓冲区溢出）。
- C 字符串没有已知的长度，所以要检查它是否被正常终止，你只能对它进行循环。
- 因此，要检查 C 字符串的有效性，你就无法避免进入无限循环。

这里的逻辑很简单。你无法通过写循环的方式检查 C 字符串的有效性，因为无效的 C 字符串会导致循环永不终止。就是这样，唯一的解决方案就是提供大小。只要知道了大小，你就可以避免无限循环的问题。如果你看看我在习题 27 中展示的那两个函数，你会看到下面这样的内容。

ex36.c

```
1    void copy(char to[], char from[])
2    {
3        int i = 0;
4
5        // while loop will not end if from isn't '\0' terminated
6        while ((to[i] = from[i]) != '\0') {
7            ++i;
8        }
9    }
10
11   int safercopy(int from_len, char *from, int to_len, char *to)
```

```
12    {
13        int i = 0;
14        int max = from_len > to_len - 1 ? to_len - 1 : from_len;
15
16        // to_len must have at least 1 byte
17        if (from_len < 0 || to_len <= 0)
18            return -1;
19
20        for (i = 0; i < max; i++) {
21            to[i] = from[i];
22        }
23
24        to[to_len - 1] = '\0';
25
26        return i;
27    }
```

想象一下，你需要检查 `copy` 函数，以确保 `from` 字符串的有效性。你该怎样做呢？你需要写一个循环来检查字符串的结尾是否为`'\0'`。不对，如果字符串结尾不是`'\0'`，检查的循环该怎样停止呢？停不下来了吧，你死定了。

不管怎样做，你都没法检查 C 字符串的有效性，除非你知道存储空间的大小，在这种情况下，`safercopy` 函数就包含了字符串的长度值。这个函数不会遇到无限循环的问题，因为它的循环总会终止，就算你撒谎提供了错误的大小，它得到的大小值依然是有限的。

Better String Library 所做的就是提供一个结构体，其中永远都包含字符串存储空间的长度。因为长度值在 `bstring` 中永远都是存在的，所有对于字符串的操作都有着更高的安全性。循环会终止，内容的有效性可以检查出来，于是就避免了这一个主要缺陷。这个函数库还包含了大量有用的字符串操作，如分割、格式化和搜索，它们的实现应该是正确的，安全性也更高。

`bstring` 可能也有缺陷，但是因为它已经存在很长时间了，所以就算有问题，也不大可能是大问题。就连 `glibc` 中都能找出缺陷，程序员总不能不使用 `glibc`，你说是不是？

使用 bstrlib

改进版的字符串函数库有不少，但我喜欢 `bstrlib`，因为它的基本功能只有一个文件，而且其中包含了操作字符串需要的大部分东西。在这个习题里，你需要从 Better String Library 中获取两个文件，即 `bstrlib.c` 和 `bstrlib.h`。

下面是我在 `liblcthw` 项目目录中做的操作。

习题 36 会话

```
$ mkdir bstrlib
$ cd bstrlib/
```

```
$ unzip ~/Downloads/bstrlib-05122010.zip
Archive:  /Users/zedshaw/Downloads/bstrlib-05122010.zip
...
$ ls
bsafe.c          bstraux.c      bstrlib.h
bstrwrap.h        license.txt    test.cpp
bsafe.h          bstraux.h      bstrlib.txt
cpptest.cpp      porting.txt    testaux.c
bstest.c  bstrlib.c      bstrwrap.cpp
gpl.txt          security.txt
$ mv bstrlib.h bstrlib.c ../src/lcthw/
$ cd ../
$ rm -rf bstrlib
# make the edits
$ vim src/lcthw/bstrlib.c
$ make clean all
...
$
```

在第 13 行，你可以看到我编辑了 bstrlib.c 文件，将它移到了一个新位置，这是为了修正 OS X 的一个问题。下面是 diff 文件的内容。

ex36.diff

```
25c25
< #include "bstrlib.h"
---
> #include <lcthw/bstrlib.h>
2759c2759
< #ifdef __GNUC__
---
> #if defined(__GNUC__) && !defined(__APPLE__)
```

这里我把 include 改成了<lcthw/bstrlib.h>，并且修正了第 2759 行的一个问题。

学习库

这个习题不长，它的目的是让你准备好在后面的习题中使用 Better String Library。在接下来的两个习题中，我会使用 bstrlib.c 来创建一个 hashmap 数据结构。

现在你应该已经熟悉这个函数库了，阅读头文件和实现代码，然后写一个 tests/bstr_tests.c，用来测试下列函数。

- **bfromcstr**：从 C 语言风格的常量创建 bstring。
- **blk2bstr**：同样，但是提供了缓冲区的长度。

- **bstrcpy**：复制 bstring。
- **bassign**：将一个 bstring 赋值给另一个 bstring。
- **bassigncstr**：将一个 bstring 设置成一个 C 字符串的内容。
- **bassignblk**：将一个 bstring 设置成 C 字符串，但提供了长度。
- **bdestroy**：销毁一个 bstring。
- **bconcat**：将一个 bstring 和另一个 bstring 拼接在一起。
- **bstricmp**：比较两个 bstring，返回结果和 `strcmp` 相同。
- **biseq**：测试两个 bstring 是否相等。
- **binstr**：辨别一个 bstring 是否被另一个 bstring 包含。
- **bfindreplace**：在 bstring 中找到一个 bstring，再将其用第三个 bstring 取代。
- **bsplit**：将 bstring 分割成一个 `bstrList`。
- **bformat**：进行格式化字符串，非常好用。
- **blength**：获取 bstring 的长度。
- **bdata**：从 bstring 获取数据。
- **bchar**：从 bstring 获取一个字符。

你的测试应该对所有这些操作都进行了尝试，如果你在头文件中看到别的有趣的函数，你也可以试着运行一下。

习题 37

散列表

散列表又名哈希表或字典，在动态编程中常用于存储键/值（key/value）数据。散列表针对键执行一个散列计算，产生一个整数，使用这一整数找到一个桶（bucket），然后进行取值或者设值。散列表速度很快，也很实用，因为它针对任何数据都能工作，而且比较容易实现。

下面是 Python 中使用散列表（字典）的情况。

ex37.py

```
1  fruit_weights = {'Apples': 10, 'Oranges': 100, 'Grapes': 1.0}
2
3  for key, value in fruit_weights.items():
4      print key, "=", value
```

几乎每一种现代语言都有类似的数据结构，很多人天天使用却从不知道它的原理。通过用 C 语言创建散列表，我将向你展示它的工作原理。先从头文件开始吧，这样我讲数据结构会比较方便。

hashmap.h

```
#ifndef _lcthw_Hashmap_h
#define _lcthw_Hashmap_h

#include <stdint.h>
#include <lcthw/darray.h>

#define DEFAULT_NUMBER_OF_BUCKETS 100

typedef int (*Hashmap_compare) (void *a, void *b);
typedef uint32_t(*Hashmap_hash) (void *key);

typedef struct Hashmap {
    DArray *buckets;
    Hashmap_compare compare;
    Hashmap_hash hash;
} Hashmap;

typedef struct HashmapNode {
    void *key;
    void *data;
    uint32_t hash;
```

```
} HashmapNode;

typedef int (*Hashmap_traverse_cb) (HashmapNode * node);

Hashmap *Hashmap_create(Hashmap_compare compare, Hashmap_hash);
void Hashmap_destroy(Hashmap * map);

int Hashmap_set(Hashmap * map, void *key, void *data);
void *Hashmap_get(Hashmap * map, void *key);

int Hashmap_traverse(Hashmap * map, Hashmap_traverse_cb traverse_cb);

void *Hashmap_delete(Hashmap * map, void *key);

#endif
```

这一结构包含了一个 Hashmap，其中包含任意多个 HashmapNode 结构体。看一下 Hashmap，你可以看到它的结构是下面这样的。

- **DArray *buckets**：一个动态数组，大小设为固定的 100 个桶。每个桶依次包含一个 DArray，用来存放成对的 HashmapNode。
- **Hashmap_compare compare**：这是一个比较函数，Hashmap 用它来通过键寻找元素。它和别的比较函数差不多，默认它使用的是 bstrcmp，所以所有的键都是 bstring。
- **Hashmap_hash hash**：这是散列函数，它的责任是取一个键，处理键的内容，然后产生一个 uint32_t 的索引数值。很快你就会看到默认的散列函数。

这样你就差不多知道数据是怎样存储的了，不过 buckets DArray 还没有创建。记住这里是一个双层映射。

- 第一层是 100 个桶，东西都按照其散列值存在这些桶中。
- 每个桶都是一个 DArray，其中包含一些 HashmapNode 结构体，每个新添加的 HashmapNode 都会被追加到 DArray 的结尾。

HashmapNode 中包含以下 3 个元素。

- **void *key**：键/值对中的键。
- **void *value**：键/值对中的值。
- **uint32_t hash**：计算出来的散列值，有了它寻找结点的速度就会快一些。我们可以只检查散列值，跳过不匹配的值，只检查相等的键。

头文件的其余部分就没什么新东西了，现在我来给你看一下 hashmap.c 的实现。

hashmap.c

```
1    #undef NDEBUG
2    #include <stdint.h>
3    #include <lcthw/hashmap.h>
```

```
4    #include <lcthw/dbg.h>
5    #include <lcthw/bstrlib.h>
6
7    static int default_compare(void *a, void *b)
8    {
9        return bstrcmp((bstring) a, (bstring) b);
10   }
11
12   /**
13    * Simple Bob Jenkins's hash algorithm taken from the
14    * wikipedia description.
15    */
16   static uint32_t default_hash(void *a)
17   {
18       size_t len = blength((bstring) a);
19       char *key = bdata((bstring) a);
20       uint32_t hash = 0;
21       uint32_t i = 0;
22
23       for (hash = i = 0; i < len; ++i) {
24           hash += key[i];
25           hash += (hash << 10);
26           hash ^= (hash >> 6);
27       }
28
29       hash += (hash << 3);
30       hash ^= (hash >> 11);
31       hash += (hash << 15);
32
33       return hash;
34   }
35
36   Hashmap *Hashmap_create(Hashmap_compare compare, Hashmap_hash hash)
37   {
38       Hashmap *map = calloc(1, sizeof(Hashmap));
39       check_mem(map);
40
41       map->compare = compare == NULL ? default_compare : compare;
42       map->hash = hash == NULL ? default_hash : hash;
43       map->buckets = DArray_create(sizeof(DArray *), DEFAULT_NUMBER_OF_BUCKETS);
44       map->buckets->end = map->buckets->max; // fake out expanding it
45       check_mem(map->buckets);
46
47       return map;
48
```

```
49    error:
50        if (map) {
51            Hashmap_destroy(map);
52        }
53
54        return NULL;
55    }
56
57    void Hashmap_destroy(Hashmap * map)
58    {
59        int i = 0;
60        int j = 0;
61
62        if (map) {
63            if (map->buckets) {
64                for (i = 0; i < DArray_count(map->buckets); i++) {
65                    DArray *bucket = DArray_get(map->buckets, i);
66                    if (bucket) {
67                        for (j = 0; j < DArray_count(bucket); j++) {
68                            free(DArray_get(bucket, j));
69                        }
70                        DArray_destroy(bucket);
71                    }
72                }
73                DArray_destroy(map->buckets);
74            }
75
76            free(map);
77        }
78    }
79
80    static inline HashmapNode *Hashmap_node_create(int hash, void *key, void *data)
81    {
82        HashmapNode *node = calloc(1, sizeof(HashmapNode));
83        check_mem(node);
84
85        node->key = key;
86        node->data = data;
87        node->hash = hash;
88
89        return node;
90
91    error:
92        return NULL;
93    }
```

```
 94
 95  static inline DArray *Hashmap_find_bucket(Hashmap * map, void *key, int create,
             uint32_t * hash_out)
 96  {
 97      uint32_t hash = map->hash(key);
 98      int bucket_n = hash % DEFAULT_NUMBER_OF_BUCKETS;
 99      check(bucket_n >= 0, "Invalid bucket found: %d", bucket_n);
100      // store it for the return so the caller can use it
101      *hash_out = hash;
102
103      DArray *bucket = DArray_get(map->buckets, bucket_n);
104
105      if (!bucket && create) {
106          // new bucket, set it up
107          bucket = DArray_create(sizeof(void *), DEFAULT_NUMBER_OF_BUCKETS);
108          check_mem(bucket);
109          DArray_set(map->buckets, bucket_n, bucket);
110      }
111
112      return bucket;
113
114  error:
115      return NULL;
116  }
117
118  int Hashmap_set(Hashmap * map, void *key, void *data)
119  {
120      uint32_t hash = 0;
121      DArray *bucket = Hashmap_find_bucket(map, key, 1, &hash);
122      check(bucket, "Error can't create bucket.");
123
124      HashmapNode *node = Hashmap_node_create(hash, key, data);
125      check_mem(node);
126
127      DArray_push(bucket, node);
128
129      return 0;
130
131  error:
132      return -1;
133  }
134
135  static inline int Hashmap_get_node(Hashmap * map, uint32_t hash, DArray * bucket,
             void *key)
136  {
```

```
137         int i = 0;
138 
139         for (i = 0; i < DArray_end(bucket); i++) {
140             debug("TRY: %d", i);
141             HashmapNode *node = DArray_get(bucket, i);
142             if (node->hash == hash && map->compare(node->key, key) == 0) {
143                 return i;
144             }
145         }
146 
147         return -1;
148     }
149 
150     void *Hashmap_get(Hashmap * map, void *key)
151     {
152         uint32_t hash = 0;
153         DArray *bucket = Hashmap_find_bucket(map, key, 0, &hash);
154         if (!bucket) return NULL;
155 
156         int i = Hashmap_get_node(map, hash, bucket, key);
157         if (i == -1) return NULL;
158 
159         HashmapNode *node = DArray_get(bucket, i);
160         check(node != NULL, "Failed to get node from bucket when it should exist.");
161 
162         return node->data;
163 
164     error:                      // fallthrough
165         return NULL;
166     }
167 
168     int Hashmap_traverse(Hashmap * map, Hashmap_traverse_cb traverse_cb)
169     {
170         int i = 0;
171         int j = 0;
172         int rc = 0;
173 
174         for (i = 0; i < DArray_count(map->buckets); i++) {
175             DArray *bucket = DArray_get(map->buckets, i);
176             if (bucket) {
177                 for (j = 0; j < DArray_count(bucket); j++) {
178                     HashmapNode *node = DArray_get(bucket, j);
179                     rc = traverse_cb(node);
180                     if (rc != 0)
181                         return rc;
```

```
182                 }
183             }
184         }
185 
186         return 0;
187     }
188 
189     void *Hashmap_delete(Hashmap * map, void *key)
190     {
191         uint32_t hash = 0;
192         DArray *bucket = Hashmap_find_bucket(map, key, 0, &hash);
193         if (!bucket)
194             return NULL;
195 
196         int i = Hashmap_get_node(map, hash, bucket, key);
197         if (i == -1)
198             return NULL;
199 
200         HashmapNode *node = DArray_get(bucket, i);
201         void *data = node->data;
202         free(node);
203 
204         HashmapNode *ending = DArray_pop(bucket);
205 
206         if (ending != node) {
207             // alright looks like it's not the last one, swap it
208             DArray_set(bucket, i, ending);
209         }
210 
211         return data;
212     }
```

这个实现不是很复杂，不过 default_hash 和 Hashmap_find_bucket 函数需要解释一下。当你使用 Hashmap_create 的时候，你可以传入任何你想要的比较和散列函数，但如果你不传入，它就会使用 default_compare 和 default_hash 函数。

首先要看的是 default_hash 是怎样运作的。这个散列函数很简单，叫 Jenkins 散列函数，是以 Bob Jenkins 的姓氏命名的。我是在维基百科的"Jenkins hash"页面找到这个算法的。它只是遍历了键（一个 bstring）的每一个字节，然后针对位进行操作，得到一个 uint32_t 的值。操作过程中用了一些加法和异或（XOR）操作。

散列函数有很多，而且各有特点，但只要有了一个散列函数，你就需要一种方法找到正确的桶。这就是 Hashmap_find_bucket 的功能。

- 首先它调用 map->hash(key) 来获取键的散列值。
- 然后它使用 hash % DEFAULT_NUMBER_OF_BUCKETS 找到对应的桶，这样每一个散

列值不管大小，都会找到一个对应的桶。

- 然后它获取桶，也就是一个 DArray，如果桶不存在，就创建一个桶。不过创建与否还是取决于 create 变量的定义。
- 找到散列值对应的 DArray 桶以后，它就返回这个桶，然后使用 hash_out 变量为调用者提供找到的散列值。

所有别的函数就会使用 Hashmap_find_bucket 来完成它们的任务。

- 设置键/值的过程涉及找到桶，创建 HashmapNode，以及将其添加到桶中。
- 获取键的过程涉及找到桶，再找到与 hash 和你需要的键匹配的 HashmapNode。
- 删除成员需要找到桶，找到需要的结点的位置，然后将最后一个结点换到它的位置，从而删掉这一结点。

剩下的唯一要研究的函数是 Hashmap_traverse。它会遍历每一个桶，对于任一个有可能的值的桶，它会针对每一个值调用 traverse_cb。这样你就能在整个 Hashmap 中扫描一个值。

单元测试

最后就是这个单元测试，用来测试所有这些操作。

hashmap_tests.c

```c
1    #include "minunit.h"
2    #include <lcthw/hashmap.h>
3    #include <assert.h>
4    #include <lcthw/bstrlib.h>
5
6    Hashmap *map = NULL;
7    static int traverse_called = 0;
8    struct tagbstring test1 = bsStatic("test data 1");
9    struct tagbstring test2 = bsStatic("test data 2");
10   struct tagbstring test3 = bsStatic("xest data 3");
11   struct tagbstring expect1 = bsStatic("THE VALUE 1");
12   struct tagbstring expect2 = bsStatic("THE VALUE 2");
13   struct tagbstring expect3 = bsStatic("THE VALUE 3");
14
15   static int traverse_good_cb(HashmapNode * node)
16   {
17       debug("KEY: %s", bdata((bstring) node->key));
18       traverse_called++;
19       return 0;
20   }
21
22   static int traverse_fail_cb(HashmapNode * node)
```

```
23    {
24        debug("KEY: %s", bdata((bstring) node->key));
25        traverse_called++;
26
27        if (traverse_called == 2) {
28            return 1;
29        } else {
30            return 0;
31        }
32    }
33
34    char *test_create()
35    {
36        map = Hashmap_create(NULL, NULL);
37        mu_assert(map != NULL, "Failed to create map.");
38
39        return NULL;
40    }
41
42    char *test_destroy()
43    {
44        Hashmap_destroy(map);
45
46        return NULL;
47    }
48
49    char *test_get_set()
50    {
51        int rc = Hashmap_set(map, &test1, &expect1);
52        mu_assert(rc == 0, "Failed to set &test1");
53        bstring result = Hashmap_get(map, &test1);
54        mu_assert(result == &expect1, "Wrong value for test1.");
55
56        rc = Hashmap_set(map, &test2, &expect2);
57        mu_assert(rc == 0, "Failed to set test2");
58        result = Hashmap_get(map, &test2);
59        mu_assert(result == &expect2, "Wrong value for test2.");
60
61        rc = Hashmap_set(map, &test3, &expect3);
62        mu_assert(rc == 0, "Failed to set test3");
63        result = Hashmap_get(map, &test3);
64        mu_assert(result == &expect3, "Wrong value for test3.");
65
66        return NULL;
67    }
```

```
68
69    char *test_traverse()
70    {
71        int rc = Hashmap_traverse(map, traverse_good_cb);
72        mu_assert(rc == 0, "Failed to traverse.");
73        mu_assert(traverse_called == 3, "Wrong count traverse.");
74
75        traverse_called = 0;
76        rc = Hashmap_traverse(map, traverse_fail_cb);
77        mu_assert(rc == 1, "Failed to traverse.");
78        mu_assert(traverse_called == 2, "Wrong count traverse for fail.");
79
80        return NULL;
81    }
82
83    char *test_delete()
84    {
85        bstring deleted = (bstring) Hashmap_delete(map, &test1);
86        mu_assert(deleted != NULL, "Got NULL on delete.");
87        mu_assert(deleted == &expect1, "Should get test1");
88        bstring result = Hashmap_get(map, &test1);
89        mu_assert(result == NULL, "Should delete.");
90
91        deleted = (bstring) Hashmap_delete(map, &test2);
92        mu_assert(deleted != NULL, "Got NULL on delete.");
93        mu_assert(deleted == &expect2, "Should get test2");
94        result = Hashmap_get(map, &test2);
95        mu_assert(result == NULL, "Should delete.");
96
97        deleted = (bstring) Hashmap_delete(map, &test3);
98        mu_assert(deleted != NULL, "Got NULL on delete.");
99        mu_assert(deleted == &expect3, "Should get test3");
100       result = Hashmap_get(map, &test3);
101       mu_assert(result == NULL, "Should delete.");
102
103       return NULL;
104   }
105
106   char *all_tests()
107   {
108       mu_suite_start();
109
110       mu_run_test(test_create);
111       mu_run_test(test_get_set);
112       mu_run_test(test_traverse);
```

```
113         mu_run_test(test_delete);
114         mu_run_test(test_destroy);
115
116         return NULL;
117     }
118
119     RUN_TESTS(all_tests);
```

单元测试里唯一要学习的就是在最上面我使用 bstring 的一个功能来创建静态字符串并在测试中使用。在第 7～13 行，我使用了 tagbstring 和 bsStatic 来创建。

如何改进程序

和本书中大部分别的数据结构一样，这个 Hashmap 的实现也很简单。我的目的不是给你很强大、速度很快、优化到极致的数据结构。通常这样的数据结构都太复杂了，只会让你在理解基础数据结构时分心。我的目的是给你一个好懂的起点，然后逐步改进，更好地理解实现。

在这里，你可以用下面的方法来改进这一实现。

- 你可以针对每一个桶使用 sort，保证它们一直是排好序的。这样可以增加插入数据花费的时间，但却会降低你查找数据的时间，因为你可以使用二分搜索来寻找每一个结点。现在，你只能通过循环访问一个桶中的所有结点来搜索。
- 你可以动态设定桶的个数，或者让调用者来定义为每一个 Hashmap 创建的桶的个数。
- 你可以使用一个更好的 default_hash。可以采用的算法太多了。
- 我的实现，甚至几乎每一种实现，都有一个安全漏洞，那就是有人会挑选只会放到一个桶中的键，然后欺骗你的程序让它处理。然后你的程序就会运行得很慢，因为处理 Hashmap 的过程就成了有效地处理一个 DArray 的过程。如果你对桶中的结点进行排序，结果会好一些，但你还可以使用更好的散列算法，如果遇到实在偏执的程序员，那你可以在算法中添加随机盐，这样键就无法预测了。
- 你可以让它删除空的桶从而节省空间，或者将空桶放到缓存中，这样你就可以节约创建和销毁桶的时间。
- 就算元素已经存在，这个算法现在也会进行添加操作。写一个不同版本的设置方法，让它只在元素不存在的时候才进行添加操作。

和往常一样，你应该检查每一个函数，确保它们的安全性。你还可以为 Hashmap 添加调试设置，用来进行不变量检查。

附加任务

- 研究一下你最喜欢的编程语言中 Hashmap 的实现，看看它有些什么功能。

- 找出 Hashmap 的主要缺点有哪些，以及如何避免这些问题。例如，如果不专门修改代码，它是不会保留元素顺序的，你也不能用不完整的键寻找东西。
- 写一个单元测试，让它演示一个缺陷：为 Hashmap 添加数据，所有数据都落到一个桶中。然后测试一下这对性能影响有多大。这样做有一个好方法就是把桶的数量减到非常少，比如说 5 个桶。

习题 38

散列表算法

在这个习题中你要实现 3 个散列算法。

- **FNV-1a**：这个算法是以它的发明人 Glenn Fowler、Phong Vo 和 Landon Curt Noll 的姓氏的首字母命名的，该散列算法产生的数值不错，速度也够快。
- **Adler-32**：以 Mark Adler 的姓氏命名，这个散列算法挺糟糕的，但它历史悠久，而且用于学习目的还是不错的。
- **DJB Hash**：这个散列算法得名于 Dan J. Bernstein（DJB），不过他对于这个算法的讨论很难找到。它的速度是挺快，但产生的数值可能不太好。

你已经见过了 Jenkins 散列算法用在散列表数据结构中作为默认算法，所以这个习题会让你看 3 个新的散列函数。它们的代码都不太多，而且完全没有优化过。和往常一样，我的目的是让你们理解，而不是为了实现惊人的速度。

头文件很简单，我就从它开始吧。

hashmap_algos.h

```
#ifndef hashmap_algos_h
#define hashmap_algos_h

#include <stdint.h>

uint32_t Hashmap_fnv1a_hash(void *data);

uint32_t Hashmap_adler32_hash(void *data);

uint32_t Hashmap_djb_hash(void *data);

#endif
```

我只是声明了接下来要在 `hashmap_algos.c` 中实现的 3 个函数而已。

hashmap_algos.c

```
1   #include <lcthw/hashmap_algos.h>
2   #include <lcthw/bstrlib.h>
3
4   // settings taken from
```

```
 5  // http://www.isthe.com/chongo/tech/comp/fnv/index.html#FNV-param
 6  const uint32_t FNV_PRIME = 16777619;
 7  const uint32_t FNV_OFFSET_BASIS = 2166136261;
 8
 9  uint32_t Hashmap_fnv1a_hash(void *data)
10  {
11      bstring s = (bstring) data;
12      uint32_t hash = FNV_OFFSET_BASIS;
13      int i = 0;
14
15      for (i = 0; i < blength(s); i++) {
16          hash ^= bchare(s, i, 0);
17          hash *= FNV_PRIME;
18      }
19
20      return hash;
21  }
22
23  const int MOD_ADLER = 65521;
24
25  uint32_t Hashmap_adler32_hash(void *data)
26  {
27      bstring s = (bstring) data;
28      uint32_t a = 1, b = 0;
29      int i = 0;
30
31      for (i = 0; i < blength(s); i++) {
32          a = (a + bchare(s, i, 0)) % MOD_ADLER;
33          b = (b + a) % MOD_ADLER;
34      }
35
36      return (b << 16) | a;
37  }
38
39  uint32_t Hashmap_djb_hash(void *data)
40  {
41      bstring s = (bstring) data;
42      uint32_t hash = 5381;
43      int i = 0;
44
45      for (i = 0; i < blength(s); i++) {
46          hash = ((hash << 5) + hash) + bchare(s, i, 0); /* hash * 33 + c */
47      }
48
49      return hash;
50  }
```

这个文件中包含的就是 3 个散列算法。你应该注意到，我使用了 bstring 作为键，但我使用了 bchare 函数来从 bstring 中获取字符，但当字符超出字符串的长度时会返回 0。

每个算法都是在网上找到的，所以你也上网搜索并且阅读一下。我主要还是用维基百科，然后顺藤摸瓜找到别的资源。

然后我写了一个单元测试来测试每一种算法，它还测试了结果在各个桶中的分布是不是合理。

hashmap_algos_tests.c

```
1     #include <lcthw/bstrlib.h>
2     #include <lcthw/hashmap.h>
3     #include <lcthw/hashmap_algos.h>
4     #include <lcthw/darray.h>
5     #include "minunit.h"
6
7     struct tagbstring test1 = bsStatic("test data 1");
8     struct tagbstring test2 = bsStatic("test data 2");
9     struct tagbstring test3 = bsStatic("xest data 3");
10
11    char *test_fnv1a()
12    {
13        uint32_t hash = Hashmap_fnv1a_hash(&test1);
14        mu_assert(hash != 0, "Bad hash.");
15
16        hash = Hashmap_fnv1a_hash(&test2);
17        mu_assert(hash != 0, "Bad hash.");
18
19        hash = Hashmap_fnv1a_hash(&test3);
20        mu_assert(hash != 0, "Bad hash.");
21
22        return NULL;
23    }
24
25    char *test_adler32()
26    {
27        uint32_t hash = Hashmap_adler32_hash(&test1);
28        mu_assert(hash != 0, "Bad hash.");
29
30        hash = Hashmap_adler32_hash(&test2);
31        mu_assert(hash != 0, "Bad hash.");
32
33        hash = Hashmap_adler32_hash(&test3);
34        mu_assert(hash != 0, "Bad hash.");
35
36        return NULL;
37    }
```

```
38
39  char *test_djb()
40  {
41      uint32_t hash = Hashmap_djb_hash(&test1);
42      mu_assert(hash != 0, "Bad hash.");
43
44      hash = Hashmap_djb_hash(&test2);
45      mu_assert(hash != 0, "Bad hash.");
46
47      hash = Hashmap_djb_hash(&test3);
48      mu_assert(hash != 0, "Bad hash.");
49
50      return NULL;
51  }
52
53  #define BUCKETS 100
54  #define BUFFER_LEN 20
55  #define NUM_KEYS BUCKETS * 1000
56  enum { ALGO_FNV1A, ALGO_ADLER32, ALGO_DJB };
57
58  int gen_keys(DArray * keys, int num_keys)
59  {
60      int i = 0;
61      FILE *urand = fopen("/dev/urandom", "r");
62      check(urand != NULL, "Failed to open /dev/urandom");
63
64      struct bStream *stream = bsopen((bNread) fread, urand);
65      check(stream != NULL, "Failed to open /dev/urandom");
66
67      bstring key = bfromcstr("");
68      int rc = 0;
69
70      // FNV1a histogram
71      for (i = 0; i < num_keys; i++) {
72          rc = bsread(key, stream, BUFFER_LEN);
73          check(rc >= 0, "Failed to read from /dev/urandom.");
74
75          DArray_push(keys, bstrcpy(key));
76      }
77
78      bsclose(stream);
79      fclose(urand);
80      return 0;
81
82  error:
```

```
83          return -1;
84      }
85
86      void destroy_keys(DArray * keys)
87      {
88          int i = 0;
89          for (i = 0; i < NUM_KEYS; i++) {
90              bdestroy(DArray_get(keys, i));
91          }
92
93          DArray_destroy(keys);
94      }
95
96      void fill_distribution(int *stats, DArray * keys, Hashmap_hash hash_func)
97      {
98          int i = 0;
99          uint32_t hash = 0;
100
101         for (i = 0; i < DArray_count(keys); i++) {
102             hash = hash_func(DArray_get(keys, i));
103             stats[hash % BUCKETS] += 1;
104         }
105
106     }
107
108     char *test_distribution()
109     {
110         int i = 0;
111         int stats[3][BUCKETS] = { {0} };
112         DArray *keys = DArray_create(0, NUM_KEYS);
113
114         mu_assert(gen_keys(keys, NUM_KEYS) == 0, "Failed to generate random keys.");
115
116         fill_distribution(stats[ALGO_FNV1A], keys, Hashmap_fnv1a_hash);
117         fill_distribution(stats[ALGO_ADLER32], keys, Hashmap_adler32_hash);
118         fill_distribution(stats[ALGO_DJB], keys, Hashmap_djb_hash);
119
120         fprintf(stderr, "FNV\tA32\tDJB\n");
121
122         for (i = 0; i < BUCKETS; i++) {
123             fprintf(stderr, "%d\t%d\t%d\n", stats[ALGO_FNV1A][i],
124                     stats[ALGO_ADLER32][i], stats[ALGO_DJB][i]);
125         }
126
127         destroy_keys(keys);
```

```
128
129         return NULL;
130     }
131
132     char *all_tests()
133     {
134         mu_suite_start();
135
136         mu_run_test(test_fnv1a);
137         mu_run_test(test_adler32);
138         mu_run_test(test_djb);
139         mu_run_test(test_distribution);
140
141         return NULL;
142     }
143
144     RUN_TESTS(all_tests);
```

代码中 BUCKETS 的数值设得挺高，因为我的计算机速度够快。如果你觉得速度慢，就把它和 NUM_KEYS 改成较小的值。我运行了测试，然后查看了每个散列算法结果的键分布，又用一个叫 R 的编程语言对结果进行了一点分析。

我用 gen_keys 创建了一个庞大的键列表。这些键是从/dev/urandom 设备中取出来的，是随机字节键。然后我使用这些键，让 fill_distribution 函数填满 stats 数组，填入的值理论上是这些键求散列后应该被放到的桶。这个函数所做的就是遍历所有的键，进行散列计算，然后用 Hashmap 的方式找到对应的桶。

最后，我只是打印出来一个有 3 列的表格，其中是每个桶的最终元素个数，展示了每个桶随机收纳了多少个键。然后我可以查看这些数据，看散列函数是不是将键平均分布了。

应该看到的结果

教你使用 R 语言超出了本书的范围，但如果你想要试一下，可以去 www.r-project.org 看看。

下面是一个简化的命令行会话，展示了我运行 tests/hashmap_algos_test 来获取由 test_distribution（此处未显示）产生的表格，然后使用 R 语言来查看统计结果。

习题 38 会话

```
$ tests/hashmap_algos_tests
# copy-paste the table it prints out
$ vim hash.txt
$ R
> hash <- read.table("hash.txt", header=T)
> summary(hash)
```

```
      FNV              A32              DJB
 Min.    : 945   Min.    : 908.0   Min.    : 927
 1st Qu. : 980   1st Qu.: 980.8    1st Qu.: 979
 Median  : 998   Median :1000.0    Median : 998
 Mean    :1000   Mean    :1000.0   Mean    :1000
 3rd Qu. :1016   3rd Qu.:1019.2    3rd Qu.:1021
 Max.    :1072   Max.    :1075.0   Max.    :1082
>
```

首先我运行了测试，在你的屏幕上会显示出表格。然后，我将它复制到命令行终端，然后使用 `vim hash.txt` 来保存这些数据。如果你看一下数据，会发现表头有每一个算法的名称，即 FNV、A32 和 DJB。

然后，我运行 R，用 `read.table` 命令加载数据。这个函数很智能，可以处理这种制表符分隔的数据，我只需要告诉它 `header=T`，让它知道数据有表头就行了。

最后，我将数据加载进来，使用 `summary` 来打印每一列的统计汇总结果。这里你可以看到每一个函数针对随机数据得到的结果还是不错的。下面是每一行的具体含义。

- **Min.**：这是从数据列中找到的最小数值。FNV-1a 似乎赢了，它得到的数值最大，这意味着在它的低端会有一个更紧凑的范围。
- **1st Qu.**：这里是前 1/4 数据结束的位置。
- **Median**：这里是你排序后正好处于中间的数值。中值（median）与平均值（mean）相比，中值最为有用。
- **Mean**：也就是平均值，是总数除以数据个数得到的。如果细看你会发现所有的平均值都是 1000，这很不错。如果你将它和中值比较，你可以看到这 3 个算法结果的中值和平均值都很接近。这意味着数据没有向一方歪斜，因此平均值是可以信任的。
- **3rd Qu.**：这里是最后 1/4 数据开始的位置，表示数据的结尾部分。
- **Max.**：数据中的最大值，也就是所有数值的上限。

通过查看这些数据，你可以看到所有这些散列算法针对随机键结果都还不错，并且平均值和我定义的 NUM_KEYS 设置相匹配。我要寻找的是这个：如果我为每个桶创建 1000 个键，那么平均每个桶中应该有 1000 个键。如果散列函数失败了，那么你会看到统计结果的平均值不是 1000，而且 1/4 和 3/4 的范围会很大。良好的散列函数得到的平均值应该正好是 1000，而且范围应该越紧凑越好。

你还应该知道，你运行的结果数据和我的会不一样，而且多次运行单元测试得到的结果也会不一样。

如何破坏程序

这个习题终于可以再搞点破坏了。我要求你写一个最糟糕的散列算法，然后使用数据来证明这个算法真的特别糟糕。你可以和我一样使用 R 语言来做统计，不过也许你还会用别的工具，只要能获得一样的统计结果就可以。

我们的目的是创建一个新手看似正常的散列函数，但真正运行的时候，它的平均值不对，而且分布也有问题。这意味着你不能只让它返回 1。你需要给它一系列的数据，这些数据看上去还好，但其实是有问题的，它们会让某些桶的负担特别重。

如果你对我给你的 4 个散列算法其中之一做很小的改动，就实现了破坏，那么我要给你额外加分。

这个习题有一个目的，想象一下某个友好的程序员跟你搭讪，说是要优化你的散列函数，但其实他只是给自己留了一个小后门，破坏了你的 Hashmap，那就太糟糕了。

引用一句皇家学会的名训："绝不轻信他人之言。"

附加任务

- 从 hashmap.c 中拿出 default_hash，将它做成 hashmap_algos.c 中的算法之一，然后让所有测试运行通过。
- 将 default_hash 添加到 hashmap_algos_tests.c 测试中，将它的统计结果和别的散列算法比较一下。
- 再找几个散列算法添加进去。散列算法永远都不嫌多！

习题 39

字符串算法

在这个习题中，我会向你展示一个按理说应该挺快的字符串搜索算法，叫 binstr，然后将它和 bstrlib.c 中的算法进行比较。binstr 的文档说它使用了一个简单粗暴的字符串搜索方案来寻找第一个匹配值。我将要实现的算法用的是 Boyer-Moore-Horspool（BMH）算法，这个算法理论上应该更快一些。若我的实现没有问题，你应该看到 BMH 实际用的时间要比 binstr 的简单暴力搜索多许多。

这个习题的目的不是解释算法，阅读维基百科的"Boyer-Moore-Horspool algorithm"对你来说不是什么难事。这个算法的关键是它在第一个操作中计算了一个跳跃字符（skip character）表，然后使用这个表快速扫描字符串。按理说这样比暴力搜索应该快一些，让我们看看代码实现吧。

首先是头文件。

string_algos.h

```
#ifndef string_algos_h
#define string_algos_h

#include <lcthw/bstrlib.h>
#include <lcthw/darray.h>

typedef struct StringScanner {
    bstring in;
    const unsigned char *haystack;
    ssize_t hlen;
    const unsigned char *needle;
    ssize_t nlen;
    size_t skip_chars[UCHAR_MAX + 1];
} StringScanner;

int String_find(bstring in, bstring what);

StringScanner *StringScanner_create(bstring in);

int StringScanner_scan(StringScanner * scan, bstring tofind);

void StringScanner_destroy(StringScanner * scan);

#endif
```

要查看跳跃字符列表的效果，我将创建两个版本的 BMH 算法。

- **String_find**：这个函数只在字符串中找到第一个匹配的字串，一次性完成整个算法。
- **StringScanner_scan**：这个函数使用了 StringScanner 状态结构体来分隔从真实查找结果得到的跳跃表。这样我就能看到它对性能的影响。这个模式还给了我一个优势，就是可以增量扫描另一字符串中的字符串，并快速找到所有的匹配值。

有了头文件，接下来就是实现了。

string_algos.c

```
1   #include <lcthw/string_algos.h>
2   #include <limits.h>
3
4   static inline void String_setup_skip_chars(size_t * skip_chars,
            const unsigned char *needle, ssize_t nlen)
5   {
6       size_t i = 0;
7       size_t last = nlen - 1;
8
9       for (i = 0; i < UCHAR_MAX + 1; i++) {
10          skip_chars[i] = nlen;
11      }
12
13      for (i = 0; i < last; i++) {
14          skip_chars[needle[i]] = last - i;
15      }
16  }
17
18  static inline const unsigned char *String_base_search(const unsigned char *haystack,
            ssize_t hlen, const unsigned char *needle, ssize_t nlen,size_t *skip_chars)
19  {
20      size_t i = 0;
21      size_t last = nlen - 1;
22
23      assert(haystack != NULL && "Given bad haystack to search.");
24      assert(needle != NULL && "Given bad needle to search for.");
25
26      check(nlen > 0, "nlen can't be <= 0");
27      check(hlen > 0, "hlen can't be <= 0");
28
29      while (hlen >= nlen) {
30          for (i = last; haystack[i] == needle[i]; i--) {
31              if (i == 0) {
32                  return haystack;
33              }
```

```
34              }
35
36              hlen -= skip_chars[haystack[last]];
37              haystack += skip_chars[haystack[last]];
38          }
39
40      error:                      // fallthrough
41          return NULL;
42      }
43
44      int String_find(bstring in, bstring what)
45      {
46          const unsigned char *found = NULL;
47
48          const unsigned char *haystack = (const unsigned char *)bdata(in);
49          ssize_t hlen = blength(in);
50          const unsigned char *needle = (const unsigned char *)bdata(what);
51          ssize_t nlen = blength(what);
52          size_t skip_chars[UCHAR_MAX + 1] = { 0 };
53
54          String_setup_skip_chars(skip_chars, needle, nlen);
55
56          found = String_base_search(haystack, hlen, needle, nlen, skip_chars);
57
58          return found != NULL ? found - haystack : -1;
59      }
60
61      StringScanner *StringScanner_create(bstring in)
62      {
63          StringScanner *scan = calloc(1, sizeof(StringScanner));
64          check_mem(scan);
65
66          scan->in = in;
67          scan->haystack = (const unsigned char *)bdata(in);
68          scan->hlen = blength(in);
69
70          assert(scan != NULL && "fuck");
71          return scan;
72
73      error:
74          free(scan);
75          return NULL;
76      }
77
78      static inline void StringScanner_set_needle(StringScanner * scan, bstring tofind)
```

```
79  {
80      scan->needle = (const unsigned char *)bdata(tofind);
81      scan->nlen = blength(tofind);
82
83      String_setup_skip_chars(scan->skip_chars, scan->needle, scan->nlen);
84  }
85
86  static inline void StringScanner_reset(StringScanner * scan)
87  {
88      scan->haystack = (const unsigned char *)bdata(scan->in);
89      scan->hlen = blength(scan->in);
90  }
91
92  int StringScanner_scan(StringScanner * scan, bstring tofind)
93  {
94      const unsigned char *found = NULL;
95      ssize_t found_at = 0;
96
97      if (scan->hlen <= 0) {
98          StringScanner_reset(scan);
99          return -1;
100     }
101
102     if ((const unsigned char *)bdata(tofind) != scan->needle) {
103         StringScanner_set_needle(scan, tofind);
104     }
105
106     found = String_base_search(scan->haystack, scan->hlen, scan->needle,
                scan->nlen, scan->skip_chars);
107
108     if (found) {
109         found_at = found - (const unsigned char *)bdata(scan->in);
110         scan->haystack = found + scan->nlen;
111         scan->hlen -= found_at - scan->nlen;
112     } else {
113         // done, reset the setup
114         StringScanner_reset(scan);
115         found_at = -1;
116     }
117
118     return found_at;
119 }
120
121 void StringScanner_destroy(StringScanner * scan)
122 {
```

```
123         if (scan) {
124             free(scan);
125         }
126     }
```

整个算法就是两个 static inline 函数，这两个函数分别是 String_setup_skip_chars 和 String_base_search。别的函数会用到它们，真正实现我需要的搜索风格。研究一下这两个函数，然后将它们和维基百科中的描述进行比较，弄懂究竟发生了什么。

String_find 就是使用了这两个函数来查询和返回找到结果的位置。很简单，我会用它来看这个构建 skip_chars 的过程是如何影响实际应用中的性能的。记住，你也许可以让算法更快，但我这里要教你的是通过对算法的实现来验证它的理论速度。

StringScanner_scan 函数用了我常用的创建、扫描、销毁模式，而且它可以增量搜索字符串中的子字符串。当我给你看单元测试的时候，你就能看到它的用法了。

最后是单元测试，用来确认一切正常，然后它对所有 3 个操作运行了一个简单的性能测试，你可以在代码注释掉的一小节（第 118 行）中找到各个算法。

string_algos_tests.c

```
1     #include "minunit.h"
2     #include <lcthw/string_algos.h>
3     #include <lcthw/bstrlib.h>
4     #include <time.h>
5
6     struct tagbstring IN_STR = bsStatic("I have ALPHA beta ALPHA and oranges ALPHA");
7     struct tagbstring ALPHA = bsStatic("ALPHA");
8     const int TEST_TIME = 1;
9
10    char *test_find_and_scan()
11    {
12        StringScanner *scan = StringScanner_create(&IN_STR);
13        mu_assert(scan != NULL, "Failed to make the scanner.");
14
15        int find_i = String_find(&IN_STR, &ALPHA);
16        mu_assert(find_i > 0, "Failed to find 'ALPHA' in test string.");
17
18        int scan_i = StringScanner_scan(scan, &ALPHA);
19        mu_assert(scan_i > 0, "Failed to find 'ALPHA' with scan.");
20        mu_assert(scan_i == find_i, "find and scan don't match");
21
22        scan_i = StringScanner_scan(scan, &ALPHA);
23        mu_assert(scan_i > find_i, "should find another ALPHA after the first");
24
25        scan_i = StringScanner_scan(scan, &ALPHA);
```

```
26        mu_assert(scan_i > find_i, "should find another ALPHA after the first");
27
28        mu_assert(StringScanner_scan(scan, &ALPHA) == -1, "shouldn't find it");
29
30        StringScanner_destroy(scan);
31
32        return NULL;
33    }
34
35    char *test_binstr_performance()
36    {
37        int i = 0;
38        int found_at = 0;
39        unsigned long find_count = 0;
40        time_t elapsed = 0;
41        time_t start = time(NULL);
42
43        do {
44            for (i = 0; i < 1000; i++) {
45                found_at = binstr(&IN_STR, 0, &ALPHA);
46                mu_assert(found_at != BSTR_ERR, "Failed to find!");
47                find_count++;
48            }
49
50            elapsed = time(NULL) - start;
51        } while (elapsed <= TEST_TIME);
52
53        debug("BINSTR COUNT: %lu, END TIME: %d, OPS: %f",
54                find_count, (int)elapsed, (double)find_count / elapsed);
55        return NULL;
56    }
57
58    char *test_find_performance()
59    {
60        int i = 0;
61        int found_at = 0;
62        unsigned long find_count = 0;
63        time_t elapsed = 0;
64        time_t start = time(NULL);
65
66        do {
67            for (i = 0; i < 1000; i++) {
68                found_at = String_find(&IN_STR, &ALPHA);
69                find_count++;
70            }
```

```
71
72            elapsed = time(NULL) - start;
73        } while (elapsed <= TEST_TIME);
74
75        debug("FIND COUNT: %lu, END TIME: %d, OPS: %f", find_count, (int)elapsed,
                (double)find_count / elapsed);
76
77        return NULL;
78    }
79
80    char *test_scan_performance()
81    {
82        int i = 0;
83        int found_at = 0;
84        unsigned long find_count = 0;
85        time_t elapsed = 0;
86        StringScanner *scan = StringScanner_create(&IN_STR);
87
88        time_t start = time(NULL);
89
90        do {
91            for (i = 0; i < 1000; i++) {
92                found_at = 0;
93
94                do {
95                    found_at = StringScanner_scan(scan, &ALPHA);
96                    find_count++;
97                } while (found_at != -1);
98            }
99
100            elapsed = time(NULL) - start;
101       } while (elapsed <= TEST_TIME);
102
103       debug("SCAN COUNT: %lu, END TIME: %d, OPS: %f", find_count, (int)elapsed,
                (double)find_count / elapsed);
104
105       StringScanner_destroy(scan);
106
107       return NULL;
108   }
109
110   char *all_tests()
111   {
112       mu_suite_start();
113
```

```
114        mu_run_test(test_find_and_scan);
115
116        // this is an idiom for commenting out sections of code
117    #if 0
118        mu_run_test(test_scan_performance);
119        mu_run_test(test_find_performance);
120        mu_run_test(test_binstr_performance);
121    #endif
122
123        return NULL;
124    }
125
126    RUN_TESTS(all_tests);
```

我用`#if 0`语句，通过 C 预处理器（CPP）来注释掉部分代码。移除它和`#endif`，你就能运行性能测试代码。当你继续本书下面的内容时，简单地注释掉这些测试就不会浪费你的开发时间。

单元测试里并没有什么新奇的东西，只是在循环里运行每个不同的函数，以此来获得若干秒足够长时间的数据采样。第一个测试（`test_find_and_scan`）只是确定算法的正确性，因为测试不能正确工作代码的速度是没有意义的。接下来，下面 3 个函数分别调用 3 种算法进行了大量的搜索工作。

值得注意的技巧是：我抓取了搜索开始时间 `start`，以及到循环结束至少搜索的秒数`TEST_TIME`。这样，我就可以确定获得了足够的样本，用于比较 3 个算法。我将通过不同的`TEST_TIME`设定值来运行这个测试，并分析结果。

应该看到的结果

我在笔记本上运行测试的时候，会得到下面这样的数据。

习题 39.1 会话

```
$ ./tests/string_algos_tests
DEBUG tests/string_algos_tests.c:124: ----- RUNNING:
    ./tests/string_algos_tests
----
RUNNING: ./tests/string_algos_tests
DEBUG tests/string_algos_tests.c:116:
----- test_find_and_scan
DEBUG tests/string_algos_tests.c:120:
----- test_scan_performance
DEBUG tests/string_algos_tests.c:104: SCAN COUNT:\
        110272000, END TIME: 2, OPS: 55136000.000000
```

```
DEBUG tests/string_algos_tests.c:121:
----- test_find_performance
DEBUG tests/string_algos_tests.c:75: FIND COUNT:\
         12710000, END TIME: 2, OPS: 6355000.000000
DEBUG tests/string_algos_tests.c:122:
----- test_binstr_performance
DEBUG tests/string_algos_tests.c:53: BINSTR COUNT:\
         72736000, END TIME: 2, OPS: 36368000.000000
ALL TESTS PASSED
Tests run: 4
$
```

看到结果以后，我想让每次运行超过 2 秒。我想要运行这段代码很多次，然后像以前一样使用 R 做检查。下面是我得到的 10 个运行样本，每个样本大约 10 秒长：

```
scan find  binstr
71195200  6353700  37110200
75098000  6358400  37420800
74910000  6351300  37263600
74859600  6586100  37133200
73345600  6365200  37549700
74754400  6358000  37162400
75343600  6630400  37075000
73804800  6439900  36858700
74995200  6384300  36811700
74781200  6449500  37383000
```

这里我采用的方法是借助 shell 脚本，然后编辑了输出的内容。

习题 39.2 会话

```
$ for i in 1 2 3 4 5 6 7 8 9 10
> do echo "RUN --- $i" >> times.log
> ./tests/string_algos_tests 2>&1 | grep COUNT >> times.log
> done
$ less times.log
$ vim times.log
```

你可以马上看出，扫描系统和另外两者相比大有优势，不过我要在 R 里边打开确认一下结果。

习题 39.3 会话

```
> times <- read.table("times.log", header=T)
> summary(times)
      scan               find               binstr
Min.    :71195200   Min.    :6351300   Min.    :36811700
1st Qu.:74042200   1st Qu.:6358100   1st Qu.:37083800
```

```
Median :74820400   Median :6374750   Median :37147800
Mean   :74308760   Mean   :6427680   Mean   :37176830
3rd Qu.:74973900   3rd Qu.:6447100   3rd Qu.:37353150
Max.   :75343600   Max.   :6630400   Max.   :37549700
>
```

要弄懂为什么我要获取统计数据汇总，我必须解释一些统计的概念。我要在数据中找到的只是这个：“这 3 个函数（scan、find 和 bsinter）真有什么不同吗？”我知道每次运行测试函数，我得到的结果都略有不同，而这些数据又覆盖了一定的范围。你可以从样本的 1/4 和 3/4 处看出来。

首先我看的是平均值，然后我想要知道样本平均值之间是否有所不同。我可以看出，很明显 scan 比 binstr 强，binstr 比 find 强。然而，我有一个问题。如果我只使用平均值，那么有可能每个样本的范围会发生重叠。

如果我的平均值不同，但 1/4 和 3/4 处发生重叠怎么办？在这种情况下，我可以说，如果再运行一次，很可能平均值就不会不同了。范围中的重叠越多，两个样本（以及两个函数）相同的可能性就越高。我看到的任何不同，都只是随机偶遇而已。

解决这个问题有很多工具，不过在这里，我只要看 3 组样本的 1/4 和 3/4 处，以及平均值就可以了。如果平均值不同，而四分位置差别很大，不可能发生重叠，那么就可以比较有把握地说它们是不同的了。

在我的 3 个样本中，我可以说 scan、find、binstr 是不同的，它们范围没有重叠，而且我可以（很大程度上）信任这些样本。

分析结果

看看结果，我可以看到 String_find 比其他两个慢很多。事实上，它实在是太慢了，我都怀疑是不是我的实现有问题。然而，当我拿它和 StringScanner_scan 相比时，我可以看到，花费时间的很可能是创建跳跃表的部分。find 不仅是慢，它做的事情比 scan 还少，因为它只是找到第一个匹配的字符串，而 scan 会找到所有匹配的字符串。

我还可以看出 scan 打败了 binstr，而且领先不少。此外，scan 不仅干的活儿多，它的速度也更快。

分析中要注意几个陷阱。

- 我的实现或者测试中可能有错误。进行到这里，我应该去研究一下所有可能的实现 BMH 算法的方式，试着改进我的实现。我还应该去确认一下测试代码有没有问题。
- 如果你修改了测试运行的时间，你会得到不同的结果。程序运行有一个热身阶段，我还没有研究过。
- test_scan_performance 单元测试和别的不太一样，不过它做的事情比其他测试多，所以应该也没有问题。

- 我的测试只是从一个字符串中搜索另一个字符串。我可以将字符串随机化，用来检查长度和位置是不是算法的干扰因素。
- 也许 binstr 的实现比简单的暴力搜索更好。
- 我的运行次序可能不合适。也许将各个测试的运行次序随机化以后，结果会更准确。

这里关键的一点是，哪怕你的算法实现没有问题，你也应该确认一下它的真实性能。这里，早先声称的是 BMH 算法应该能打败 binstr 算法，但简单测试一下就证明了并非如此。如果我没有去测试，我就会毫不知情地一直使用这个较差的算法实现。有了测量机制，我可以开始调优我的实现，或者直接丢掉换成另一个实现。

附加任务

- 看看你能不能让 Scan_find 更快。为什么我的实现不够快呢？
- 试试用不同的扫描时间，看得到的数值是否会不同。测试时间的长度对于 scan 的时间有什么影响？从结果你可以看出什么来？
- 调整单元测试，以便在开始的时候快速运行每个函数，消除热身时间，然后再开始运行计时的部分。这样做对测试运行的时长的依赖度是不是有所改变呢？这样做是不是改变了每秒可执行的操作的数量？
- 让单元测试把要找的字符串随机化，并测量获得的性能。实现的一种方式是，使用 bstrlib.h 中的 bsplit 函数，将 IN_STR 在空格位置分割。然后，你可以使用 bstrList 结构体来访问它返回的每一个字符串。这样你还能学会如何使用 bstrList 操作来处理字符串。
- 试着用不同的次序运行测试，看看得到的结果会不会有所不同。

习题 40

二叉搜索树

二叉搜索树是一种简单的树状数据结构，尽管在很多语言中它已经被散列表取代，但在很多场合下它还是很有用的。各种类型的二叉树用处很多，如数据库索引、搜索算法结构，甚至在图形处理中也有应用。

我把我的二叉搜索树叫 BSTree，它是散列表之外的又一种键/值存储结构，这也许是最好的描述了。不同点在于，BSTree 没有使用键的散列寻找位置，而是将键和树的结点进行比较，然后遍历树结构，基于和其他结点的比较结果，找到最好的存储位置。

在我真正解释原理之前，让我给你看看 bstree.h 头文件，以便你看到数据结构，然后我用它来向你解释它是如何构建的。

bstree.h

```
#ifndef _lcthw_BSTree_h
#define _lcthw_BSTree_h

typedef int (*BSTree_compare) (void *a, void *b);

typedef struct BSTreeNode {
    void *key;
    void *data;

    struct BSTreeNode *left;
    struct BSTreeNode *right;
    struct BSTreeNode *parent;
} BSTreeNode;

typedef struct BSTree {
    int count;
    BSTree_compare compare;
    BSTreeNode *root;
} BSTree;

typedef int (*BSTree_traverse_cb) (BSTreeNode * node);

BSTree *BSTree_create(BSTree_compare compare);
void BSTree_destroy(BSTree * map);
```

```
int BSTree_set(BSTree * map, void *key, void *data);
void *BSTree_get(BSTree * map, void *key);

int BSTree_traverse(BSTree * map, BSTree_traverse_cb traverse_cb);

void *BSTree_delete(BSTree * map, void *key);

#endif
```

和我之前一直使用的模式一样，我有一个基础容器名叫 BSTree，其中包含的结点叫 BSTreeNode，它们是真正的内容。都看烦了吧？好，对于这种数据结构的确不需要什么花招。

重要的一点是 BSTreeNode 的配置，以及它在每一个操作中的用法：set、get 和 delete。首先我讲讲 get，因为这个操作最容易。我会假装自己正在手动操作这一数据结构。

- 我拿着你要寻找的键从根结点（root）开始。首先我把你的键和根结点的键比较。
- 如果你的键小于 node.key，那么我使用 left 指针向下遍历树。
- 如果你的键大于 node.key，那么我使用 right 指针向下遍历树。
- 我重复步骤 2 和步骤 3，直到找到匹配的 node.key，或者抵达了一个不包含 left 和 right 的结点。在第一种情况下，我返回 node.data，第二种情况下，我返回 NULL。

get 就这么简单，现在来讲讲 set。差不多是一回事，只不过你要找出该把新结点放在哪里。

- 如果 BSTree.root 不存在，那么我就创建它，然后就完成任务了。这就是第一个结点。
- 然后，我把你的键和 node.key 比较，从根结点开始。
- 如果你的键小于等于 node.key，那么我要向左。如果你的键大于 node.key，那我要向右。
- 重复第 3 步，直到我抵达一个不存在 left 或 right 的结点，这就是我要去的地方。
- 到达这里以后，我把方向（左/右）设到一个新结点，用来存储我的键和数据，然后将新结点的父结点设为我访问过的前一个结点。当我做 delete 操作的时候会用到这个父结点。

从 get 的原理来看，这样理所当然。如果寻找结点时要根据键的比较结果决定向左或者向右，那么 set 结点的时候也要用一样的方法，直到我能将 left 或者 right 设成一个新结点为止。

花时间在纸上画几个树的结构，然后过一遍 set 和 get 的流程，弄懂它的工作原理。然后你就可以看实现了，我也可以解释 delete 了。因为树的删除操作是最令人头疼的，所以最好还是逐行解释一下代码。

bstree.c

```
1    #include <lcthw/dbg.h>
2    #include <lcthw/bstree.h>
3    #include <stdlib.h>
```

```
4   #include <lcthw/bstrlib.h>
5
6   static int default_compare(void *a, void *b)
7   {
8       return bstrcmp((bstring) a, (bstring) b);
9   }
10
11  BSTree *BSTree_create(BSTree_compare compare)
12  {
13      BSTree *map = calloc(1, sizeof(BSTree));
14      check_mem(map);
15
16      map->compare = compare == NULL ? default_compare : compare;
17
18      return map;
19
20  error:
21      if (map) {
22          BSTree_destroy(map);
23      }
24      return NULL;
25  }
26
27  static int BSTree_destroy_cb(BSTreeNode * node)
28  {
29      free(node);
30      return 0;
31  }
32
33  void BSTree_destroy(BSTree * map)
34  {
35      if (map) {
36          BSTree_traverse(map, BSTree_destroy_cb);
37          free(map);
38      }
39  }
40
41  static inline BSTreeNode *BSTreeNode_create(BSTreeNode * parent, void *key, void *data)
42  {
43      BSTreeNode *node = calloc(1, sizeof(BSTreeNode));
44      check_mem(node);
45
46      node->key = key;
47      node->data = data;
48      node->parent = parent;
```

```
49        return node;
50
51    error:
52        return NULL;
53    }
54
55    static inline void BSTree_setnode(BSTree * map, BSTreeNode * node, void *key, void *data)
56    {
57        int cmp = map->compare(node->key, key);
58
59        if (cmp <= 0) {
60            if (node->left) {
61                BSTree_setnode(map, node->left, key, data);
62            } else {
63                node->left = BSTreeNode_create(node, key, data);
64            }
65        } else {
66            if (node->right) {
67                BSTree_setnode(map, node->right, key, data);
68            } else {
69                node->right = BSTreeNode_create(node, key, data);
70            }
71        }
72    }
73
74    int BSTree_set(BSTree * map, void *key, void *data)
75    {
76        if (map->root == NULL) {
77           // first so just make it and get out
78           map->root = BSTreeNode_create(NULL, key, data);
79           check_mem(map->root);
80        } else {
81            BSTree_setnode(map, map->root, key, data);
82        }
83
84        return 0;
85    error:
86        return -1;
87    }
88
89    static inline BSTreeNode *BSTree_getnode(BSTree * map, BSTreeNode * node, void *key)
90    {
91        int cmp = map->compare(node->key, key);
92
93        if (cmp == 0) {
```

```
 94             return node;
 95         } else if (cmp < 0) {
 96             if (node->left) {
 97                 return BSTree_getnode(map, node->left, key);
 98             } else {
 99                 return NULL;
100             }
101         } else {
102             if (node->right) {
103                 return BSTree_getnode(map, node->right, key);
104             } else {
105                 return NULL;
106             }
107         }
108 }
109 
110 void *BSTree_get(BSTree * map, void *key)
111 {
112     if (map->root == NULL) {
113         return NULL;
114     } else {
115         BSTreeNode *node = BSTree_getnode(map, map->root, key);
116         return node == NULL ? NULL : node->data;
117     }
118 }
119 
120 static inline int BSTree_traverse_nodes(BSTreeNode * node,
            BSTree_traverse_cb traverse_cb)
121 {
122     int rc = 0;
123 
124     if (node->left) {
125         rc = BSTree_traverse_nodes(node->left, traverse_cb);
126         if (rc ! = 0)
127             return rc;
128     }
129 
130     if (node->right) {
131         rc = BSTree_traverse_nodes(node->right, traverse_cb);
132         if (rc ! = 0)
133             return rc;
134     }
135 
136     return traverse_cb(node);
137 }
```

```
138
139    int BSTree_traverse(BSTree * map, BSTree_traverse_cb traverse_cb)
140    {
141        if (map->root) {
142            return BSTree_traverse_nodes(map->root, traverse_cb);
143        }
144
145        return 0;
146    }
147
148    static inline BSTreeNode *BSTree_find_min(BSTreeNode * node)
149    {
150        while (node->left) {
151            node = node->left;
152        }
153
154        return node;
155    }
156
157    static inline void BSTree_replace_node_in_parent(BSTree * map, BSTreeNode * node,
               BSTreeNode * new_value)
158    {
159        if (node->parent) {
160            if (node == node->parent->left) {
161                node->parent->left = new_value;
162            } else {
163                node->parent->right = new_value;
164            }
165        } else {
166            // this is the root so gotta change it
167            map->root = new_value;
168        }
169
170        if (new_value) {
171            new_value->parent = node->parent;
172        }
173    }
174
175    static inline void BSTree_swap(BSTreeNode * a, BSTreeNode * b)
176    {
177        void *temp = NULL;
178        temp = b->key;
179        b->key = a->key;
180        a->key = temp;
181        temp = b->data;
```

```
182         b->data = a->data;
183         a->data = temp;
184     }
185 
186     static inline BSTreeNode *BSTree_node_delete(BSTree * map, BSTreeNode * node, void *key)
187     {
188         int cmp = map->compare(node->key, key);
189 
190         if (cmp < 0) {
191             if (node->left) {
192                 return BSTree_node_delete(map, node->left, key);
193             } else {
194                 // not found
195                 return NULL;
196             }
197         } else if (cmp > 0) {
198             if (node->right) {
199                 return BSTree_node_delete(map, node->right, key);
200             } else {
201                 // not found
202                 return NULL;
203             }
204         } else {
205             if (node->left && node->right) {
206                 // swap this node for the smallest node that is bigger than us
207                 BSTreeNode *successor = BSTree_find_min(node->right);
208                 BSTree_swap(successor, node);
209 
210                 // this leaves the old successor with possibly a right child
211                 // so replace it with that right child
212                 BSTree_replace_node_in_parent(map, successor, successor->right);
213 
214                 // finally it's swapped, so return successor instead of node
215                 return successor;
216             } else if (node->left) {
217                 BSTree_replace_node_in_parent(map, node, node->left);
218             } else if (node->right) {
219                 BSTree_replace_node_in_parent(map, node, node->right);
220             } else {
221                 BSTree_replace_node_in_parent(map, node, NULL);
222             }
223 
224             return node;
225         }
226     }
```

```
227
228    void *BSTree_delete(BSTree * map, void *key)
229    {
230        void *data = NULL;
231
232        if (map->root) {
233            BSTreeNode *node = BSTree_node_delete(map, map->root, key);
234
235            if (node) {
236                data = node->data;
237                free(node);
238            }
239        }
240
241        return data;
242    }
```

在解释 BSTree_delete 的原理之前，我要解释一下递归函数调用的一个合理样板。你会发现很多基于树的数据结构用递归很好写，但最后写出来是一个单一的递归函数。这样做的部分问题是，你需要设置一些初始数据才可以进行第一步操作，然后才递归进入数据结构，使用一个函数很难做到这一点。

解决方案是使用两个函数：一个函数准备数据结构和初始递归条件，这样第二个函数就可以干它的活。先看看 BSTree_get，你就明白我在讲什么了。

- 我有一个初始条件：如果 map->root 为 NULL，那么返回 NULL，不进入递归。
- 然后我准备调用 BSTree_getnode 里真正的递归。我创建了根结点的初始条件，从键开始，然后到 map。
- 在 BSTree_getnode 中，我写了真正的递归逻辑。我用 map->compare(node->key, key) 与键进行比较，然后向左、向右或者等于，以上操作取决于比较结果。
- 由于函数自身类似，不需要处理初始条件（因为 BSTree_get 已经处理过了），我可以把它的结构做得很简单。完成以后，它会返回调用函数，这个返回又会回到 BSTree_get 中取得结果。
- 到最后，BSTree_get 处理了获取 node.data 元素，但只在结果不为 NULL 时才会这样。

这种构造递归算法的方法和我构造递归数据结构类似。我有一个初始的基础函数用来处理初始条件和边缘情况，然后让它调用一个干净的递归函数去实现它的功能。我的基础 BStree 和递归 BSTreeNode 结构体合成了一套方案，两者在树中会互相引用，将这和我前面讲的比较一下。使用这一模板会让处理递归更为容易，更好看懂。

接下来，看一下 BSTree_set 和 BSTree_setnode，你会看到我也用了一样的模式。我使用 BSTree_set 来配置初始条件和边缘情况。常见的一个边缘情况是根结点不存在，所以我必须在开始之前创建一个根结点。

这个模式对于你能想到的几乎所有的递归算法都有效。我的做法是照着下面的模式来。

- 弄明白初始变量，它们会怎样变化，以及每一步递归的停止条件是什么。
- 写一个递归函数让它调用自己，把它的停止条件和初始变量作为函数的参数。
- 写一个配置函数，设置好算法的初始条件，处理好边缘情况，然后让它来调用递归函数。
- 最后，配置函数返回最终结果，如果递归函数不能处理最终的边缘情况，配置函数可能会自己修改递归函数返回的结果。

到此终于可以讲 `BSTree_delete` 和 `BSTree_node_delete` 了。首先，你可以看看 `BSTree_delete`，了解它是配置函数。它会抓取最终的结点数据，释放它找到的结点。`BSTree_node_delete` 更复杂一些，因为要删除树中任意位置的结点，我需要把子结点向上旋转到父结点的位置。下面是这个函数和它用到的函数的详解。

- **第 193 行**：我运行了比较函数，知道了该去哪个方向。
- **第 195-201 行**：这里是我向左的“小于”分支。我处理了“左”不存在的情况，并且返回 `NULL` 表示“没找到”。这样就覆盖了删除 `BSTree` 中不存在结点的用例。
- **第 202-208 行**：这里也一样，只不过方向是向右。不停地向下递归，和别的函数一样，如果目标不存在，就返回 `NULL`。
- **第 209 行**：在这里我找到了结点，因为键相等（`compare` 函数返回 0）。
- **第 210 行**：这个结点拥有 `left` 和 `right` 两个分支，所以它的位置在树的深处。
- **第 212 行**：要删除这个结点，我首先需要找到比它大的最小的结点，这意味着我要对右边的子结点调用 `BSTree_find_min`。
- **第 213 行**：找到这个结点以后，我将它的键和数据与当前结点的值交换。这样就把这个树底部的结点拿来，把它的内容放到了这里，这样我就不需要用指针来把结点洗出去了。
- **第 217 行**：这个继位者（`successor`）现在是一个死分支，并且包含了当前结点的值。你可以把它删掉，不过很可能它还有一个右结点值。这意味着我需要做一次旋转，这样继位者的右结点已经向上移动过，完全断离了。
- **第 220 行**：到现在，继位者已经从树上删掉了，它的值已经被当前结点的值取代，它的子结点已经被移到了父结点上。我可以把继位者当作一个结点返回。
- **第 222 行**：在这个分支上，我知道结点有左分支但没有右分支，所以我要把这个结点换成它的左子结点。
- **第 224 行**：我再次使用 `BSTree_replace_node_in_parent` 进行替换操作，将左边子结点向上旋转。
- **第 220 行**：这个 `if` 语句分支意味着我有一个右子结点，但没有左子结点，所以我要将右子结点向上旋转。
- **第 221 行**：一样，我使用这个函数来做旋转，不过这次旋转的是右结点。
- **第 222 行**：最后只剩下一件事情就是：我已经找到了结点，它没有左右子结点。在这种情况下，我只要用前面使用过的函数，把这个结点用 NULL 取代就可以了。

- **第 229 行**：最终，当前结点已经被我旋转出了树，并用某个合适的子结点取代了它的位置放在树中。然后我把它返回给调用函数，这样它就能被释放或者管理起来。

这个操作非常复杂，说实话，在某些树状数据结构中，我会避免所有删除操作。我把它们当作常量来看。如果我需要很多的插入和删除操作，那么我就使用 Hashmap。

最后，你可以看看我是怎样做单元测试的。

bstree_tests.c

```
1    #include "minunit.h"
2    #include <lcthw/bstree.h>
3    #include <assert.h>
4    #include <lcthw/bstrlib.h>
5    #include <stdlib.h>
6    #include <time.h>
7
8    BSTree *map = NULL;
9    static int traverse_called = 0;
10   struct tagbstring test1 = bsStatic("test data 1");
11   struct tagbstring test2 = bsStatic("test data 2");
12   struct tagbstring test3 = bsStatic("xest data 3");
13   struct tagbstring expect1 = bsStatic("THE VALUE 1");
14   struct tagbstring expect2 = bsStatic("THE VALUE 2");
15   struct tagbstring expect3 = bsStatic("THE VALUE 3");
16
17   static int traverse_good_cb(BSTreeNode * node)
18   {
19       debug("KEY: %s", bdata((bstring) node->key));
20       traverse_called++;
21       return 0;
22   }
23
24   static int traverse_fail_cb(BSTreeNode * node)
25   {
26       debug("KEY: %s", bdata((bstring) node->key));
27       traverse_called++;
28
29       if (traverse_called == 2) {
30           return 1;
31       } else {
32           return 0;
33       }
34   }
35
```

```
36   char *test_create()
37   {
38       map = BSTree_create(NULL);
39       mu_assert(map ! = NULL, "Failed to create map.");
40
41       return NULL;
42   }
43
44   char *test_destroy()
45   {
46       BSTree_destroy(map);
47
48       return NULL;
49   }
50
51   char *test_get_set()
52   {
53       int rc = BSTree_set(map, &test1, &expect1);
54       mu_assert(rc == 0, "Failed to set &test1");
55       bstring result = BSTree_get(map, &test1);
56       mu_assert(result == &expect1, "Wrong value for test1.");
57
58       rc = BSTree_set(map, &test2, &expect2);
59       mu_assert(rc == 0, "Failed to set test2");
60       result = BSTree_get(map, &test2);
61       mu_assert(result == &expect2, "Wrong value for test2.");
62
63       rc = BSTree_set(map, &test3, &expect3);
64       mu_assert(rc == 0, "Failed to set test3");
65       result = BSTree_get(map, &test3);
66       mu_assert(result == &expect3, "Wrong value for test3.");
67
68       return NULL;
69   }
70
71   char *test_traverse()
72   {
73       int rc = BSTree_traverse(map, traverse_good_cb);
74       mu_assert(rc == 0, "Failed to traverse.");
75       mu_assert(traverse_called == 3, "Wrong count traverse.");
76
77       traverse_called = 0;
78       rc = BSTree_traverse(map, traverse_fail_cb);
79       mu_assert(rc == 1, "Failed to traverse.");
80       mu_assert(traverse_called == 2, "Wrong count traverse for fail.");
```

```
81
82          return NULL;
83      }
84
85      char *test_delete()
86      {
87          bstring deleted = (bstring) BSTree_delete(map, &test1);
88          mu_assert(deleted != NULL, "Got NULL on delete.");
89          mu_assert(deleted == &expect1, "Should get test1");
90          bstring result = BSTree_get(map, &test1);
91          mu_assert(result == NULL, "Should delete.");
92
93          deleted = (bstring) BSTree_delete(map, &test1);
94          mu_assert(deleted == NULL, "Should get NULL on delete");
95
96          deleted = (bstring) BSTree_delete(map, &test2);
97          mu_assert(deleted != NULL, "Got NULL on delete.");
98          mu_assert(deleted == &expect2, "Should get test2");
99          result = BSTree_get(map, &test2);
100         mu_assert(result == NULL, "Should delete.");
101
102         deleted = (bstring) BSTree_delete(map, &test3);
103         mu_assert(deleted != NULL, "Got NULL on delete.");
104         mu_assert(deleted == &expect3, "Should get test3");
105         result = BSTree_get(map, &test3);
106         mu_assert(result == NULL, "Should delete.");
107
108         // test deleting non-existent stuff
109         deleted = (bstring) BSTree_delete(map, &test3);
110         mu_assert(deleted == NULL, "Should get NULL");
111
112         return NULL;
113     }
114
115     char *test_fuzzing()
116     {
117         BSTree *store = BSTree_create(NULL);
118         int i = 0;
119         int j = 0;
120         bstring numbers[100] = { NULL };
121         bstring data[100] = { NULL };
122         srand((unsigned int)time(NULL));
123
124         for (i = 0; i < 100; i++) {
125             int num = rand();
```

```
126            numbers[i] = bformat("%d", num);
127            data[i] = bformat("data %d", num);
128            BSTree_set(store, numbers[i], data[i]);
129        }
130
131        for (i = 0; i < 100; i++) {
132            bstring value = BSTree_delete(store, numbers[i]);
133            mu_assert(value == data[i],
134                    "Failed to delete the right number.");
135
136            mu_assert(BSTree_delete(store, numbers[i]) == NULL, "Should get nothing.");
137
138            for (j = i + 1; j < 99 - i; j++) {
139                bstring value = BSTree_get(store, numbers[j]);
140                mu_assert(value == data[j], "Failed to get the right number.");
141            }
142
143            bdestroy(value);
144            bdestroy(numbers[i]);
145        }
146
147        BSTree_destroy(store);
148
149        return NULL;
150    }
151
152    char *all_tests()
153    {
154        mu_suite_start();
155
156        mu_run_test(test_create);
157        mu_run_test(test_get_set);
158        mu_run_test(test_traverse);
159        mu_run_test(test_delete);
160        mu_run_test(test_destroy);
161        mu_run_test(test_fuzzing);
162
163        return NULL;
164    }
165
166    RUN_TESTS(all_tests);
```

我会让你注意一下 test_fuzzing 函数，这是一个测试复杂数据结构的有趣的技巧。要创建覆盖 BSTree_node_delete 所有分支的一系列键是很难的，很有可能我会错过一些边缘情况。一个更好的方法是创建一个 fuzz 函数，让它来做所有的操作，不过做的过程尽量乱七八糟随机一些。在这里，我插入了一系列的随机字符串键，然后删除它们，并试着在每次删除后获取剩下的东西。

这样做可以防止你只测试到你知道原理的那部分内容，而错过了你不知道的部分。把随机垃圾丢到你的数据结构里，你会遇到意料之外的东西，然后处理你遇到的 bug。

如何改进程序

先别尝试下面这些东西。在下一个习题中我会使用这个单元测试来教你一些性能提升的技巧，等你完成习题 41 以后再来做这些。

- 和往常一样，你需要过一遍所有的防御性编程注意事项，为不该发生的情况添加 assert 语句。例如，对于递归函数，你不应该得到 NULL 值，那就为它加 assert。
- traverse 函数遍历树的顺序是先左后右再到当前结点。你也可以创建一个反向的 traverse 函数。
- 它对每一个结点都进行了完整字符匹配，但我可以使用 Hashmap 的散列函数来为其加速。我可以为键求散列，将散列值存到 BSTreeNode 中。然后，在每一个配置函数中，我可以提前求出键的散列值，将它向下传递到递归函数中。使用这个散列值，我可以更快速地比较每一个结点，像在 Hashmap 中的做法一样。

附加任务

- 还有一个不使用递归来实现这种数据结构的方法。维基百科页面展示了这种方法，不使用递归，却做了同样的事情。这个方法是更好还是更坏？为什么呢？
- 阅读所有你能找到的不同却又类似的树状数据结构的说明。有 AVL 树（得名于 Georgy Adelson-Velsky 和 E.M. Landis），有红黑树（red-black tree），还有一些非树状结构，如跳跃表（skip list）。

devpkg 项目

现在你已经可以应付这个叫 devpkg 的新项目了。在这个项目里，你将创建一个软件，是我专为本书创建的，叫 devpkg。然后你要用几个关键方法来扩展它，改进代码，最重要的是还要为它写单元测试。

这个习题有一个配套的视频，还有一个 GitHub 上的项目（https://github.com）供你在卡住的时候参考。你应该先使用我下面的描述去实现，这就是从现在开始本书要求的学习方式。大部分计算机书籍不会包含习题的视频，所以这个项目更重要的是试着从描述下手来实现。

当遇到困难，没法自己解决的时候，你再去看视频和 GitHub 项目，看你的代码和我的有什么不同。

devpkg 是什么

devpkg 是一个用来安装别的软件的简单 C 程序，是我专门为本书写的，用来教你真正软件项目是如何构造出来的，以及如何复用别人写的库。它使用了一个可移植性库，叫 Apache Portable Runtime（APR），它里边有很多好用的 C 函数，它们在各种平台上都可以使用，包括 Windows。除了这一点以外，这个程序所做的只是从网上或者本地文件抓取代码，用通常的./configure、make 和 make install 安装程序而已。

在这个习题中，你的目的是从源代码构建 devpkg，完成我给你的每一个挑战，然后使用源代码弄懂 devpkg 的功能和原理。

我们要实现的东西

我们需要一个工具，它包含了下面这些命令。

- **devpkg -S**：在计算机上设置新的软件安装。
- **devpkg -I**：从 URL 安装软件。
- **devpkg -L**：列出所有安装过的软件。
- **devpkg -F**：获取源代码，以供手动构建安装。
- **devpkg -B**：构建代码并安装软件，即使已经安装过了。

我们要让 devpkg 可以接收任何 URL，弄明白它下载的是怎样的项目，下载，安装，然后记录下它已经安装过这个软件了。我们还想让它处理一个简单的依赖列表，这样它就可以安装一个项目需要依赖的所有其他软件。

设计

要实现这个目标，devpkg 需要有一个很简单的设计。

- **使用外部命令**。你将用外部命令来实现大部分工作，如 curl、git 和 tar。这样可以减少 devpkg 实现所需的代码。
- **简单文件数据库**。要做复杂很容易，但你应该从简单的文件数据库开始，将它存放到 /usr/local/.devpkg/db，用它来追踪安装历史。
- **一直使用/usr/local**。同样，你可以做得更高级，但目前你只要假设软件都装在 /usr/local 下，这也是 Unix 系统安装大部分软件的标准目录。
- **configure、make、make install**。我们假设所有软件都是用这 3 个命令安装的。configure 可能是可选项。如果软件不能这样安装，devpkg 也支持一些修改命令的选项，否则 devpkg 无法用另外两种方式安装软件。
- **用户可以是 root**。我们将假设用户可以用 sudo 的 root 权限来安装软件，但安装完后将退出 root 权限。

以上将会让我们的程序一开始很小，而且功能不错，方便后续工作，到时候你可以方便地进一步修改程序。

Apache Portable Runtime

还有一件要做的事情，就是利用 Portable Runtime（APR）库来获取一系列可移植例程来做这些事情。Apache APR 不是非用不可，不用它你应该也能写出这个程序来，只是你的代码会很多，而且这样做很没必要。我要求你一定要用 APR，这也是为了让你熟悉链接和使用别的库。最后，APR 在 Windows 上也能工作，所以你的技能就可以在很多平台上施展了。

你应该去下载 apr-1.5.2 和 apr-util-1.5.4 这两个库，并浏览一下 APR 主网站 http://apr.apache.org/上的可用文档。

下面的 shell 脚本会为你安装需要的东西。你应该自己动手写这个文件，然后运行，直到 APR 毫无错误地安装成功。

习题 41.1 会话

```
set -e

# go somewhere safe
cd /tmp

# get the source to base APR 1.5.2
```

```
curl -L -O http://archive.apache.org/dist/apr/apr-1.5.2.tar.gz

# extract it and go into the source
tar -xzvf apr-1.5.2.tar.gz
cd apr-1.5.2

# configure, make, make install
./configure
make
sudo make install

# reset and cleanup
cd /tmp
rm -rf apr-1.5.2 apr-1.5.2.tar.gz

# do the same with apr-util
curl -L -O http://archive.apache.org/dist/apr/apr-util-1.5.4.tar.gz

# extract
tar -xzvf apr-util-1.5.4.tar.gz
cd apr-util-1.5.4

# configure, make, make install
./configure --with-apr=/usr/local/apr
# you need that extra parameter to configure because
# apr-util can't really find it because...who knows.

make
sudo make install

#cleanup
cd /tmp
rm -rf apr-util-1.5.4* apr-1.5.2*
```

我要求你写这个脚本，因为这个脚本基本上就是 devpkg 要做的事情，但 devpkg 还有额外的选项和检查点。事实上，你可以只用 shell 实现 devpkg 的功能而且代码更少，但我们这是一本 C 语言的书，这样做不太合适。

简单地运行脚本，修改错误，直到安装成功，然后你就准备好了继续完成项目的其余部分所需要的库。

项目布局

你需要设置一些简单的项目文件作为开始。下面是我创建新项目的常用方法。

习题 41.2 会话

```
mkdir devpkg
cd devpkg
touch README Makefile
```

其他依赖

你应该已经安装了 apr-1.5.2 和 apr-util-1.5.4，现在你还需要一些文件来作为基本的依赖。

- 习题 19 中的 dbg.h。
- bstrlib.h 和 bstrlib.c 来自 http://bstring.sourceforge.net/。下载.zip 文件，解压，然后只复制这两个文件即可。
- 输入 make bstrlib.o，如果不行，就阅读下面修复 bstring 的说明。

警告 在有的平台上，bstrlib.c 文件会有这样的错误：

```
bstrlib.c:2762: error: expected declaration\
specifiers or '...' before numeric constant
```

这是因为作者添加了一个有问题的 define，它有时候会不灵。你只需要修改第 2759 行，把 #ifdef __GNUC__ 改成：

```
#if defined(__GNUC__) && !defined(__APPLE__)
```

在 OS X 平台上这样就可以了。

一切完成以后，你应该已经准备好了 Makefile、README、dbg.h、bstrlib.h 和 bstrlib.c 这几个文件。

Makefile 文件

Makefile 是一个不错的着手点，因为它会把要构建的东西布局好，告诉你需要创建哪些源文件。

Makefile

```
PREFIX?=/usr/local
CFLAGS=-g -Wall -I${PREFIX}/apr/include/apr-1
CFLAGS+=-I${PREFIX}/apr/include/apr-util-1
LDFLAGS=-L${PREFIX}/apr/lib -lapr-1 -pthread -laprutil-1

all: devpkg
```

```
devpkg: bstrlib.o db.o shell.o commands.o

install: all
    install -d $(DESTDIR)/$(PREFIX)/bin/
    install devpkg $(DESTDIR)/$(PREFIX)/bin/

clean:
    rm -f *.o
    rm -f devpkg
    rm -rf *.dSYM
```

这里边都是你见过的东西，除了这个奇怪的?=语法，它的意思是“把 PREFIX 设为等于它，除非 PREFIX 已经设置过了”。

警告 如果你用的是比较新版本的 Ubuntu，而且遇到 apr_off_t 或 off64_t 这样的错误，那就给 CFLAGS 添加上-D_LARGEFILE64_SOURCE=1。还有就是，你要把/usr/local/apr/lib 加到/etc/ld.conf.so.d/下面的一个文件中，然后运行 ldconfig，这样系统就能正确找到你的库。

源代码文件

从 Makefile 我们可以看出 devpkg 需要以下 5 个依赖。

- **bstrlib.o**：它来自 bstrlib.c 和 bstrlib.h，这两个文件你已经有了。
- **db.o**：它来自 db.c 和 db.h，它们里边包含了我们的小数据库的代码。
- **shell.o**：它来自 shell.c 和 shell.h，以及若干让运行 curl 之类命令更容易的函数。
- **commands.o**：它来自 command.c 和 command.h，包含了所有实现 devpkg 功能需要的命令。
- **devpkg**：它没有被明确提到，但它是 Makefile 这部分的目标（左侧）。它来自于 devpkg.c，后者包含了整个程序的 main 函数。

你的任务是创建每一个文件，输入它们的代码，把它们弄对。

警告 读了这些描述你可能会想：“哎呀，Zed 只是坐下来，打印出这些文件，就弄了这么多代码，也太牛了吧！我这辈子都做不到。”我做出 devpkg 用的不是我的编程超能力，其实我是这样做的。

- 快速写一个小小的 README，大体定好我要做一个什么样的东西。
- 写一个简单的 bash 脚本（跟前面那个类似），确定需要哪些组件。
- 创建一个 .c 文件，花几天实现自己的想法。
- 代码可以工作并且基本调试好以后，我开始把一个大文件分割成这 4 个文件。
- 文件布局好以后，我重命名或者细化函数和数据结构，让它们更合逻辑，更好看。
- 最后，我让它在新结构下正常工作起来。我添加了若干功能，如-F 和-B 选项。

你阅读的过程就是我教你的顺序，但别以为这就是我写软件的顺序。有时候我对于主题已经很了解了，所以会在规划上多花时间，有时我只是测试自己的想法看它究竟好不好，有时候我写一个程序，然后把它丢掉，再规划一个更好的程序。这都取决于我的经验和灵感。如果你遇到一个"专家"，告诉你解决编程问题只有一种方法，那么他们一定是在骗你。要么他们其实用了多重策略解决问题，要么就是他们水平不怎么样。

DB 函数

我们必须要有一个记录安装过的 URL 的方法，还要能列出这些 URL，检查哪些是已经安装过的，这样就能跳过它们。我将使用一个简单的文件数据库，用 bstrlib.h 来做这件事情。

首先创建 db.h 头文件，这样你就知道我要实现的是什么东西了。

db.h

```
#ifndef _db_h
#define _db_h

#define DB_FILE "/usr/local/.devpkg/db"
#define DB_DIR "/usr/local/.devpkg"


int DB_init();
int DB_list();
int DB_update(const char *url);
int DB_find(const char *url);

#endif
```

然后在 db.c 中实现这些函数，在你构建的时候，使用 make 让它干净地编译成功。

db.c

```
1    #include <unistd.h>
2    #include <apr_errno.h>
3    #include <apr_file_io.h>
```

```
 4
 5    #include "db.h"
 6    #include "bstrlib.h"
 7    #include "dbg.h"
 8
 9    static FILE *DB_open(const char *path, const char *mode)
10    {
11        return fopen(path, mode);
12    }
13
14    static void DB_close(FILE * db)
15    {
16        fclose(db);
17    }
18
19    static bstring DB_load()
20    {
21        FILE *db = NULL;
22        bstring data = NULL;
23
24        db = DB_open(DB_FILE, "r");
25        check(db, "Failed to open database: %s", DB_FILE);
26
27        data = bread((bNread) fread, db);
28        check(data, "Failed to read from db file: %s", DB_FILE);
29
30        DB_close(db);
31        return data;
32
33    error:
34        if (db)
35            DB_close(db);
36        if (data)
37            bdestroy(data);
38        return NULL;
39    }
40
41    int DB_update(const char *url)
42    {
43        if (DB_find(url)) {
44            log_info("Already recorded as installed: %s", url);
45        }
46
47        FILE *db = DB_open(DB_FILE, "a+");
48        check(db, "Failed to open DB file: %s", DB_FILE);
```

```
49
50        bstring line = bfromcstr(url);
51        bconchar(line, '\n');
52        int rc = fwrite(line->data, blength(line), 1, db);
53        check(rc == 1, "Failed to append to the db.");
54
55        return 0;
56    error:
57        if (db)
58            DB_close(db);
59        return -1;
60    }
61
62    int DB_find(const char *url)
63    {
64        bstring data = NULL;
65        bstring line = bfromcstr(url);
66        int res = -1;
67
68        data = DB_load();
69        check(data, "Failed to load: %s", DB_FILE);
70
71        if (binstr(data, 0, line) == BSTR_ERR) {
72            res = 0;
73        } else {
74            res = 1;
75        }
76
77    error:                  // fallthrough
78        if (data)
79            bdestroy(data);
80        if (line)
81            bdestroy(line);
82
83        return res;
84    }
85
86    int DB_init()
87    {
88        apr_pool_t *p = NULL;
89        apr_pool_initialize();
90        apr_pool_create(&p, NULL);
91
92        if (access(DB_DIR, W_OK | X_OK) == -1) {
```

```
 93             apr_status_t rc = apr_dir_make_recursive(DB_DIR, APR_UREAD | APR_UWRITE
                    | APR_UEXECUTE | APR_GREAD | APR_GWRITE | APR_GEXECUTE, p);
 94             check(rc == APR_SUCCESS, "Failed to make database dir: %s", DB_DIR);
 95         }
 96
 97         if (access(DB_FILE, W_OK) == -1) {
 98             FILE *db = DB_open(DB_FILE, "w");
 99             check(db, "Cannot open database: %s", DB_FILE);
100             DB_close(db);
101         }
102
103         apr_pool_destroy(p);
104         return 0;
105
106     error:
107         apr_pool_destroy(p);
108         return -1;
109     }
110
111     int DB_list()
112     {
113         bstring data = DB_load();
114         check(data, "Failed to read load: %s", DB_FILE);
115
116         printf("%s", bdata(data));
117         bdestroy(data);
118         return 0;
119
120     error:
121         return -1;
122     }
```

挑战 1：代码审核

在继续之前，仔细阅读每一行代码，确保你输入的和我的完全一样。反向逐行阅读。还有，追踪每一个函数调用，确保你使用了 check 来验证返回值。最后，查阅每一个你不认识的函数，要么在 APR 网站查文档，要么查看 bstrlib.h 和 bstrlib.c 的源代码。

shell 函数

设计的一个关键就是让 devpkg 使用 curl、tar、git 这样的外部工具来完成大部分工作。我们可以找到一些库，对这些功能进行内部实现，不过我们只需要使用这些外部程序的基础功能，所以这么做没什么意义。在 Unix 中运行别的命令也没什么丢人的。

要实现这些，我将使用 apr_thread_proc.h 的函数来运行程序，不过还要创建一种简单的模板系统。我将使用 struct Shell 来存储运行程序所需的所有信息，但会在参数列表中留好空位，随时用值替换参数。

看看 shell.h 文件，里边有我要用到的结构体和命令。你可以看到我使用了 extern 来表明别的.c 文件可以访问我在 shell.c 中定义的变量。

shell.h

```
#ifndef _shell_h
#define _shell_h

#define MAX_COMMAND_ARGS 100

#include <apr_thread_proc.h>

typedef struct Shell {
    const char *dir;
    const char *exe;

    apr_procattr_t *attr;
    apr_proc_t proc;
    apr_exit_why_e exit_why;
    int exit_code;

    const char *args[MAX_COMMAND_ARGS];
} Shell;

int Shell_run(apr_pool_t * p, Shell * cmd);
int Shell_exec(Shell cmd, ...);

extern Shell CLEANUP_SH;
extern Shell GIT_SH;
extern Shell TAR_SH;
extern Shell CURL_SH;
extern Shell CONFIGURE_SH;
extern Shell MAKE_SH;
extern Shell INSTALL_SH;

#endif
```

确保你创建的 shell.h 和这里的一模一样，你的 extern Shell 中的名称和变量的数量也是一样的。它们会被 Shell_run 和 Shell_exec 函数用来运行命令。我定义这两个函数，然后在 shell.c 中创建真正的变量。

shell.c

```
1   #include "shell.h"
2   #include "dbg.h"
3   #include <stdarg.h>
4
5   int Shell_exec(Shell template, ...)
6   {
7       apr_pool_t *p = NULL;
8       int rc = -1;
9       apr_status_t rv = APR_SUCCESS;
10      va_list argp;
11      const char *key = NULL;
12      const char *arg = NULL;
13      int i = 0;
14
15      rv = apr_pool_create(&p, NULL);
16      check(rv == APR_SUCCESS, "Failed to create pool.");
17
18      va_start(argp, template);
19
20      for (key = va_arg(argp, const char *);
21              key != NULL; key = va_arg(argp, const char *)) {
22          arg = va_arg(argp, const char *);
23
24          for (i = 0; template.args[i] != NULL; i++) {
25              if (strcmp(template.args[i], key) == 0) {
26                  template.args[i] = arg;
27                  break;              // found it
28              }
29          }
30      }
31
32      rc = Shell_run(p, &template);
33      apr_pool_destroy(p);
34      va_end(argp);
35      return rc;
36
37  error:
38      if (p) {
39          apr_pool_destroy(p);
40      }
41      return rc;
42  }
43
44  int Shell_run(apr_pool_t * p, Shell * cmd)
```

```
45    {
46        apr_procattr_t *attr;
47        apr_status_t rv;
48        apr_proc_t newproc;
49
50        rv = apr_procattr_create(&attr, p);
51        check(rv == APR_SUCCESS, "Failed to create proc attr.");
52
53        rv = apr_procattr_io_set(attr, APR_NO_PIPE, APR_NO_PIPE, APR_NO_PIPE);
54        check(rv == APR_SUCCESS, "Failed to set IO of command.");
55
56        rv = apr_procattr_dir_set(attr, cmd->dir);
57        check(rv == APR_SUCCESS, "Failed to set root to %s", cmd->dir);
58
59        rv = apr_procattr_cmdtype_set(attr, APR_PROGRAM_PATH);
60        check(rv == APR_SUCCESS, "Failed to set cmd type.");
61
62        rv = apr_proc_create(&newproc, cmd->exe, cmd->args, NULL, attr, p);
63        check(rv == APR_SUCCESS, "Failed to run command.");
64
65        rv = apr_proc_wait(&newproc, &cmd->exit_code, &cmd->exit_why, APR_WAIT);
66        check(rv == APR_CHILD_DONE, "Failed to wait.");
67
68        check(cmd->exit_code == 0, "%s exited badly.", cmd->exe);
69        check(cmd->exit_why == APR_PROC_EXIT, "%s was killed or crashed", cmd->exe);
70
71        return 0;
72
73    error:
74        return -1;
75    }
76
77    Shell CLEANUP_SH = {
78        .exe = "rm",
79        .dir = "/tmp",
80        .args = {"rm", "-rf", "/tmp/pkg-build", "/tmp/pkg-src.tar.gz",
                  "/tmp/pkg- src.tar.bz2", "/tmp/DEPENDS", NULL}
81    };
82
83    Shell GIT_SH = {
84        .dir = "/tmp",
85        .exe = "git",
86        .args = {"git", "clone", "URL", "pkg-build", NULL}
87    };
88
```

```
 89    Shell TAR_SH = {
 90        .dir = "/tmp/pkg-build",
 91        .exe = "tar",
 92        .args = {"tar", "-xzf", "FILE", "--strip-components", "1", NULL}
 93    };
 94
 95    Shell CURL_SH = {
 96        .dir = "/tmp",
 97        .exe = "curl",
 98        .args = {"curl", "-L", "-o", "TARGET", "URL", NULL}
 99    };
100
101    Shell CONFIGURE_SH = {
102        .exe = "./configure",
103        .dir = "/tmp/pkg-build",
104        .args = {"configure", "OPTS", NULL}
105        ,
106    };
107
108    Shell MAKE_SH = {
109        .exe = "make",
110        .dir = "/tmp/pkg-build",
111        .args = {"make", "OPTS", NULL}
112    };
113
114    Shell INSTALL_SH = {
115        .exe = "sudo",
116        .dir = "/tmp/pkg-build",
117        .args = {"sudo", "make", "TARGET", NULL}
118    };
```

从下向上阅读 shell.c（这也是 C 代码常用的布局格式），看我是怎样用 shell.h 的 extern 创建真正的 Shell 变量的。它们住在这里，但在程序的其余地方也可以访问。这就是在.o 中创建全局变量，然后用在所有地方的方法。这种变量用多了不好，但在这里使用刚刚好。

继续向上，我们看到了 Shell_run 函数，这只是一个基础函数，它根据 Shell 结构体中的内容运行命令。它使用了 apr_thread_proc.h 中定义的多个函数，去查阅一下这些函数，看看这个基础函数是怎样运作的。和 system 函数调用比起来，我们似乎花了不少额外的功夫，不过这样你就可以对程序的执行实现更多的控制。例如，在我们的 Shell 结构体中，我们有一个.dir 属性，可以强制程序在指定的路径下运行。

最后就是 Shell_exec 函数，它是一个变参函数。你之前见过变参函数，不过要确保你弄懂了 stdarg.h 里的函数。在本节的挑战中，你需要去分析这个函数。

挑战 2：分析 Shell_exec

这里的挑战（除了在挑战 1 中所做的完整的代码检查之外）是完整分析 Shell_exec，逐行弄懂它的工作原理。你应该可以看懂每一行，能看懂两个 for 循环的工作方式，以及参数是怎样被替换的。

分析完以后，为 struct Shell 添加一个字段，用来记录必须替换的 args 变量的个数。更新所有的命令，确保参数个数正确，然后添加一个错误检查，确认这些参数已被替换，然后错误退出。

命令函数

现在就到了真正干活的命令了。这些命令会使用 APR、db.h、shell.h 中的函数，用来真正下载和构建你指定的软件。这些文件最为复杂，所以要小心对待。和之前一样，你从创建 commands.h 文件开始，然后再去实现 commands.c 中的函数。

commands.h

```
#ifndef _commands_h
#define _commands_h

#include <apr_pools.h>

#define DEPENDS_PATH "/tmp/DEPENDS"
#define TAR_GZ_SRC "/tmp/pkg-src.tar.gz"
#define TAR_BZ2_SRC "/tmp/pkg-src.tar.bz2"
#define BUILD_DIR "/tmp/pkg-build"
#define GIT_PAT "*.git"
#define DEPEND_PAT "*DEPENDS"
#define TAR_GZ_PAT "*.tar.gz"
#define TAR_BZ2_PAT "*.tar.bz2"
#define CONFIG_SCRIPT "/tmp/pkg-build/configure"

enum CommandType {
    COMMAND_NONE, COMMAND_INSTALL, COMMAND_LIST, COMMAND_FETCH, COMMAND_INIT, COMMAND_BUILD
};

int Command_fetch(apr_pool_t * p, const char *url, int fetch_only);

int Command_install(apr_pool_t * p, const char *url,
        const char *configure_opts, const char *make_opts,
        const char *install_opts);

int Command_depends(apr_pool_t * p, const char *path);
```

```
int Command_build(apr_pool_t * p, const char *url,
        const char *configure_opts, const char *make_opts,
        const char *install_opts);

#endif
```

commands.h 中没多少你不懂的。你应该看到一些字符串的 define 可以在任何地方都用到。真正有趣的代码在 commands.c 中。

commands.c

```
1    #include <apr_uri.h>
2    #include <apr_fnmatch.h>
3    #include <unistd.h>
4
5    #include "commands.h"
6    #include "dbg.h"
7    #include "bstrlib.h"
8    #include "db.h"
9    #include "shell.h"
10
11   int Command_depends(apr_pool_t * p, const char *path)
12   {
13       FILE *in = NULL;
14       bstring line = NULL;
15
16       in = fopen(path, "r");
17       check(in != NULL, "Failed to open downloaded depends: %s", path);
18
19       for (line = bgets((bNgetc) fgetc, in, '\n');
20               line != NULL;
21               line = bgets((bNgetc) fgetc, in, '\n'))
22       {
23           btrimws(line);
24           log_info("Processing depends: %s", bdata(line));
25           int rc = Command_install(p, bdata(line), NULL, NULL, NULL);
26           check(rc == 0, "Failed to install: %s", bdata(line));
27           bdestroy(line);
28       }
29
30       fclose(in);
31       return 0;
32
33   error:
34       if (line) bdestroy(line);
```

```
35        if (in) fclose(in);
36        return -1;
37    }
38
39    int Command_fetch(apr_pool_t * p, const char *url, int fetch_only)
40    {
41        apr_uri_t info = {.port = 0 };
42        int rc = 0;
43        const char *depends_file = NULL;
44        apr_status_t rv = apr_uri_parse(p, url, &info);
45
46        check(rv == APR_SUCCESS, "Failed to parse URL: %s", url);
47
48        if (apr_fnmatch(GIT_PAT, info.path, 0) == APR_SUCCESS) {
49            rc = Shell_exec(GIT_SH, "URL", url, NULL);
50            check(rc == 0, "git failed.");
51        } else if (apr_fnmatch(DEPEND_PAT, info.path, 0) == APR_SUCCESS) {
52            check(!fetch_only, "No point in fetching a DEPENDS file.");
53
54            if (info.scheme) {
55                depends_file = DEPENDS_PATH;
56                rc = Shell_exec(CURL_SH, "URL", url, "TARGET", depends_file, NULL);
57                check(rc == 0, "Curl failed.");
58            } else {
59                depends_file = info.path;
60            }
61
62            // recursively process the devpkg list
63            log_info("Building according to DEPENDS: %s", url);
64            rv = Command_depends(p, depends_file);
65            check(rv == 0, "Failed to process the DEPENDS: %s", url);
66
67            // this indicates that nothing needs to be done
68            return 0;
69
70        } else if (apr_fnmatch(TAR_GZ_PAT, info.path, 0) == APR_SUCCESS) {
71            if (info.scheme) {
72                rc = Shell_exec(CURL_SH, "URL", url, "TARGET", TAR_GZ_SRC, NULL);
73                check(rc == 0, "Failed to curl source: %s", url);
74            }
75
76            rv = apr_dir_make_recursive(BUILD_DIR, APR_UREAD | APR_UWRITE | APR_UEXECUTE, p);
77            check(rv == APR_SUCCESS, "Failed to make directory %s", BUILD_DIR);
78
79            rc = Shell_exec(TAR_SH, "FILE", TAR_GZ_SRC, NULL);
```

```
80            check(rc == 0, "Failed to untar %s", TAR_GZ_SRC);
81        } else if (apr_fnmatch(TAR_BZ2_PAT, info.path, 0) == APR_SUCCESS) {
82            if (info.scheme) {
83                rc = Shell_exec(CURL_SH, "URL", url, "TARGET", TAR_BZ2_SRC, NULL);
84                check(rc == 0, "Curl failed.");
85            }
86
87            apr_status_t rc = apr_dir_make_recursive(BUILD_DIR, APR_UREAD | APR_UWRITE
                      | APR_UEXECUTE, p);
88
89            check(rc == 0, "Failed to make directory %s", BUILD_DIR);
90            rc = Shell_exec(TAR_SH, "FILE", TAR_BZ2_SRC, NULL);
91            check(rc == 0, "Failed to untar %s", TAR_BZ2_SRC);
92        } else {
93            sentinel("Don't now how to handle %s", url);
94        }
95
96        // indicates that an install needs to actually run
97        return 1;
98    error:
99        return -1;
100   }
101
102   int Command_build(apr_pool_t * p, const char *url,
103           const char *configure_opts, const char *make_opts,
104           const char *install_opts)
105   {
106       int rc = 0;
107
108       check(access(BUILD_DIR, X_OK | R_OK | W_OK) == 0,
                  "Build directory doesn't exist: %s", BUILD_DIR);
109
110       // actually do an install
111       if (access(CONFIG_SCRIPT, X_OK) == 0) {
112           log_info("Has a configure script, running it.");
113           rc = Shell_exec(CONFIGURE_SH, "OPTS", configure_opts, NULL);
114           check(rc == 0, "Failed to configure.");
115       }
116
117       rc = Shell_exec(MAKE_SH, "OPTS", make_opts, NULL);
118       check(rc == 0, "Failed to build.");
119
120       rc = Shell_exec(INSTALL_SH, "TARGET", install_opts ? install_opts : "install", NULL);
121       check(rc == 0, "Failed to install.");
122
123       rc = Shell_exec(CLEANUP_SH, NULL);
```

```
124        check(rc == 0, "Failed to cleanup after build.");
125
126        rc = DB_update(url);
127        check(rc == 0, "Failed to add this package to the database.");
128
129        return 0;
130
131    error:
132        return -1;
133    }
134
135    int Command_install(apr_pool_t * p, const char *url, const char *configure_opts,
            const char *make_opts, const char *install_opts)
136    {
137        int rc = 0;
138        check(Shell_exec(CLEANUP_SH, NULL) == 0, "Failed to cleanup before building.");
139
140        rc = DB_find(url);
141        check(rc != -1, "Error checking the install database.");
142
143        if (rc == 1) {
144            log_info("Package %s already installed.", url);
145            return 0;
146        }
147
148        rc = Command_fetch(p, url, 0);
149
150        if (rc == 1) {
151            rc = Command_build(p, url, configure_opts, make_opts, install_opts);
152            check(rc == 0, "Failed to build: %s", url);
153        } else if (rc == 0) {
154            // no install needed
155            log_info("Depends successfully installed: %s", url);
156        } else {
157            // had an error
158            sentinel("Install failed: %s", url);
159        }
160
161        Shell_exec(CLEANUP_SH, NULL);
162        return 0;
163
164    error:
165        Shell_exec(CLEANUP_SH, NULL);
166        return -1;
167    }
```

输入并编译成功以后，你就可以分析了。如果你完成了前面的挑战，你应该知道 shell.c 的函数是怎样用来运行命令以及参数是怎样被替换的。如果你没有完成挑战，那就回去，确保你真正弄懂了 Shell_exec 的工作原理。

挑战 3：剖析我的设计

和往常一样，完整评审一次代码，确保内容完全一样。然后查看每一个函数，确保你知道它们的功能和工作原理。你还应该追踪每一个函数如何调用，包括当前文件以及别的文件中的调用。最后，确保你弄懂了你调用 APR 中的所有函数。

确保代码正确，并且分析完以后，回去把我想象成一个笨蛋，然后批评我的设计，看你能不能改进它。不要真去修改代码，只要创建一个 notes.txt，把你的想法以及可能的修改写下来就可以了。

devpkg 主函数

最后也是最重要的文件，也可能是最简单的文件，就是 devpkg.c 了，它里边放的是主函数。这里没有 .h 文件，因为它已经包含了所有别的文件。这里的代码只是创建了可执行的 devpkg 文件，和 Makefile 中别的 .o 文件合并起来。输入这个文件的代码，确保正确性。

devpkg.c

```
1     #include <stdio.h>
2     #include <apr_general.h>
3     #include <apr_getopt.h>
4     #include <apr_strings.h>
5     #include <apr_lib.h>
6
7     #include "dbg.h"
8     #include "db.h"
9     #include "commands.h"
10
11    int main(int argc, const char const *argv[])
12    {
13        apr_pool_t *p = NULL;
14        apr_pool_initialize();
15        apr_pool_create(&p, NULL);
16
17        apr_getopt_t *opt;
18        apr_status_t rv;
19
20        char ch = '\0';
21        const char *optarg = NULL;
```

```
22        const char *config_opts = NULL;
23        const char *install_opts = NULL;
24        const char *make_opts = NULL;
25        const char *url = NULL;
26        enum CommandType request = COMMAND_NONE;
27
28        rv = apr_getopt_init(&opt, p, argc, argv);
29
30        while (apr_getopt(opt, "I:Lc:m:i:d:SF:B:", &ch, &optarg) == APR_SUCCESS) {
31            switch (ch) {
32                case 'I':
33                    request = COMMAND_INSTALL;
34                    url = optarg;
35                    break;
36
37                case 'L':
38                    request = COMMAND_LIST;
39                    break;
40
41                case 'c':
42                    config_opts = optarg;
43                    break;
44
45                case 'm':
46                    make_opts = optarg;
47                    break;
48
49                case 'i':
50                    install_opts = optarg;
51                    break;
52
53                case 'S':
54                    request = COMMAND_INIT;
55                    break;
56
57                case 'F':
58                    request = COMMAND_FETCH;
59                    url = optarg;
60                    break;
61
62                case 'B':
63                    request = COMMAND_BUILD;
64                    url = optarg;
65                    break;
66            }
```

```
 67         }
 68
 69         switch (request) {
 70             case COMMAND_INSTALL:
 71                 check(url, "You must at least give a URL.");
 72                 Command_install(p, url, config_opts, make_opts, install_opts);
 73                 break;
 74
 75             case COMMAND_LIST:
 76                 DB_list();
 77                 break;
 78
 79             case COMMAND_FETCH:
 80                 check(url != NULL, "You must give a URL.");
 81                 Command_fetch(p, url, 1);
 82                 log_info("Downloaded to %s and in /tmp/", BUILD_DIR);
 83                 break;
 84
 85             case COMMAND_BUILD:
 86                 check(url, "You must at least give a URL.");
 87                 Command_build(p, url, config_opts, make_opts, install_opts);
 88                 break;
 89
 90             case COMMAND_INIT:
 91                 rv = DB_init();
 92                 check(rv == 0, "Failed to make the database.");
 93                 break;
 94
 95             default:
 96                 sentinel("Invalid command given.");
 97         }
 98
 99         return 0;
100
101     error:
102         return 1;
103     }
```

挑战 4：README 和测试文件

这里的挑战是弄懂参数处理的方式，参数是什么，然后创建 README 文件，其中包含了如何使用这些参数。在你写 README 的过程中，再写一个简单的 test.sh，让它运行 ./devpkg 去检查每个命令都对真正的项目代码有效。在脚本开头使用 set -e，让脚本在遇到第一个错误时就中止。

最后，在调试器下运行这一程序，确保一切正常，然后就来迎接最后的挑战。

最后的挑战

你最后的挑战是一个小测验，其中包含 3 件事情。

- 把你的代码和我网上的代码比较。总分为 100 分，每错一行减 1 分。
- 拿出你之前创建的 `notes.txt` 文件，实现你对代码和 `devpkg` 功能的改进。
- 使用你最喜欢的编程语言另写一个 `devpkg`，或者选你认为最合适的编程语言也可以。比较一下两个版本，根据你学到的东西改进你的 C 版本。

要把你的程序和我的比较，用下面的方法：

```
git clone git@github.com:zedshaw/learn-c-the-hard-way-lectures.git
diff -r devpkg learn-c-the-hard-way-lectures/devpkg/devpkg
```

这样就把我的 `devpkg` 克隆到了一个叫 `devpkgzed` 的文件夹下，以便你可以使用 `diff` 工具来比较你我项目的不同。你处理的文件都直接来自这个项目，所以如果遇到不一致的行，那就是你出错了。

记住，这个习题没有及格与否。它只是让你挑战自己的一种方式，让你尽可能细致和精确。

习题 42

栈与队列

学到这里，你应该已经了解了大部分用来创建别的数据结构的基础数据结构。如果你有了某种 List、DArray、Hashmap 和 Tree，你就可以创建几乎所有类型的数据结构。你遇到的每一种数据结构都会用到这几种基础数据结构的变体。如果没有用到，那么很有可能这种数据结构非常奇特，它对你也许没有什么用处。

栈（Stack）与队列（Queue）是非常简单的数据结构，它们其实是 List 数据结构的变体。它们的作用是使用一套固定的原则或习惯来使用 List：你只能在 List 的一头放元素。对于栈，你只能进行 push 和 pop 操作。对于队列，你只能从头部 shift，从尾部 pop。

我可以只使用 CPP 和两个头文件就实现这两个数据结构。我的头文件只有 21 行，但它可以进行栈与队列的所有操作，并且没有使用花哨的宏定义。

为了检查你是不是认真学习了，我先来给你看单元测试，然后让你自己来实现需要的头文件。要通过这个习题，你不可以创建任何 stack.c 或 queue.c 的实现文件，只许使用 stack.h 和 queue.h 来让测试运行。

stack_tests.c

```
1    #include "minunit.h"
2    #include <lcthw/stack.h>
3    #include <assert.h>
4
5    static Stack *stack = NULL;
6    char *tests[] = { "test1 data", "test2 data", "test3 data" };
7
8    #define NUM_TESTS 3
9
10   char *test_create()
11   {
12       stack = Stack_create();
13       mu_assert(stack != NULL, "Failed to create stack.");
14
15       return NULL;
16   }
17
18   char *test_destroy()
19   {
20       mu_assert(stack != NULL, "Failed to make stack #2");
```

```
21        Stack_destroy(stack);
22
23        return NULL;
24    }
25
26    char *test_push_pop()
27    {
28        int i = 0;
29        for (i = 0; i < NUM_TESTS; i++) {
30            Stack_push(stack, tests[i]);
31            mu_assert(Stack_peek(stack) == tests[i], "Wrong next value.");
32        }
33
34        mu_assert(Stack_count(stack) == NUM_TESTS, "Wrong count on push.");
35
36        STACK_FOREACH(stack, cur) {
37            debug("VAL: %s", (char *)cur->value);
38        }
39
40        for (i = NUM_TESTS - 1; i >= 0; i--) {
41            char *val = Stack_pop(stack);
42            mu_assert(val == tests[i], "Wrong value on pop.");
43        }
44
45        mu_assert(Stack_count(stack) == 0, "Wrong count after pop.");
46
47        return NULL;
48    }
49
50    char *all_tests()
51    {
52        mu_suite_start();
53
54        mu_run_test(test_create);
55        mu_run_test(test_push_pop);
56        mu_run_test(test_destroy);
57
58        return NULL;
59    }
60
61    RUN_TESTS(all_tests);
```

接下来的 queue_tests.c 几乎是一样的，只不过使用了 Queue。

queue_tests.c

```
1    #include "minunit.h"
2    #include <lcthw/queue.h>
3    #include <assert.h>
4
5    static Queue *queue = NULL;
6    char *tests[] = { "test1 data", "test2 data", "test3 data" };
7
8    #define NUM_TESTS 3
9
10   char *test_create()
11   {
12       queue = Queue_create();
13       mu_assert(queue != NULL, "Failed to create queue.");
14
15       return NULL;
16   }
17
18   char *test_destroy()
19   {
20       mu_assert(queue != NULL, "Failed to make queue #2");
21       Queue_destroy(queue);
22
23       return NULL;
24   }
25
26   char *test_send_recv()
27   {
28       int i = 0;
29       for (i = 0; i < NUM_TESTS; i++) {
30           Queue_send(queue, tests[i]);
31           mu_assert(Queue_peek(queue) == tests[0], "Wrong next value.");
32       }
33
34       mu_assert(Queue_count(queue) == NUM_TESTS, "Wrong count on send.");
35
36       QUEUE_FOREACH(queue, cur) {
37           debug("VAL: %s", (char *)cur->value);
38       }
39
40       for (i = 0; i < NUM_TESTS; i++) {
41           char *val = Queue_recv(queue);
42           mu_assert(val == tests[i], "Wrong value on recv.");
43       }
44
```

```
45      mu_assert(Queue_count(queue) == 0, "Wrong count after recv.");
46
47      return NULL;
48  }
49
50  char *all_tests()
51  {
52      mu_suite_start();
53
54      mu_run_test(test_create);
55      mu_run_test(test_send_recv);
56      mu_run_test(test_destroy);
57
58      return NULL;
59  }
60
61  RUN_TESTS(all_tests);
```

应该看到的结果

单元测试应该不经任何修改就能运行通过，在调试器中运行也不应该看到任何内存错误。下面是我直接运行 stack_tests 的结果。

习题 42.1 会话

```
$ ./tests/stack_tests
DEBUG tests/stack_tests.c:61: ----- RUNNING: ./tests/stack_tests
----
RUNNING: ./tests/stack_tests
DEBUG tests/stack_tests.c:54:
----- test_create
DEBUG tests/stack_tests.c:55:
----- test_push_pop
DEBUG tests/stack_tests.c:37: VAL: test3 data
DEBUG tests/stack_tests.c:37: VAL: test2 data
DEBUG tests/stack_tests.c:37: VAL: test1 data
DEBUG tests/stack_tests.c:56:
----- test_destroy
ALL TESTS PASSED
Tests run: 3
$
```

queue_tests 的输出基本也是一样的，所以我就没必要再给你看一遍了。

如何改进程序

唯一的改进就是使用 DArray 取代 List。Queue 数据结构使用 DArray 难度会大一些，因为它需要对结点表的两端进行操作。

在一个头文件中完整实现有一个劣势，那就是你不容易对它进行性能调优。大部分情况下，当你使用这个技巧的时候，你就建立了如何用固定方式使用 List 的一个协议。在性能调优的时候，如果你提升了 List 的速度，那么这二者的性能也会得到提升。

附加任务

- 使用 DArray 取代 List 实现 Stack，但不要改动单元测试。这意味着你需要自己创建一个 STACK_FOREACH。

习题 43

简单的统计引擎

这是一个简单的算法，我用它收集在线的统计汇总数据，也可以不存储所有的样本。我会在任何需要保存统计数据（如平均值、标准差和求和）的软件中使用这个算法，但我不能存储需要的样本。取而代之，我可以只存储计算的滚动结果，这样我只要存 5 个数值就够了。

滚动标准差和平均值

首先你需要的是一个样本的序列。这可以是任何东西，从完成任务要花的时间，到访问某样东西的纪录，再到某个网站的评分系统。统计对象是什么不重要，只要你有一系列的数据，并且你想知道下面的统计汇总结果。

- **sum**：所有数据加总的结果。
- **sum squared(sumsq)**：每个数值平方的加总。
- **count(n)**：你获取的样本的个数。
- **min**：你遇到的最小的样本。
- **max**：你遇到的最大的样本。
- **mean**：平均值，最接近中间的那个数值，它其实不是正中间的数字，处于正中间的数字叫中位数，平均值也算是中位数的一个可接受的近似值。
- **stddev**：这个值是用 `sqrt(sumsq - (sum × mean)) / (n - 1) ))`公式算出来的，其中 `sqrt` 是 `math.h` 头文件中的平方根函数。

我将用 R 语言来确认计算结果，因为我知道 R 语言不会出错。

习题 43.1 会话

```
> s <- runif(n=10, max=10)
> s
 [1] 6.1061334 9.6783204 1.2747090 8.2395131 0.3333483 6.9755066 1.0626275
 [8] 7.6587523 4.9382973 9.5788115
> summary(s)
   Min. 1st Qu. Median   Mean 3rd Qu.    Max.
0.3333  2.1910  6.5410 5.5850  8.0940  9.6780
> sd(s)
[1] 3.547868
> sum(s)
[1] 55.84602
```

```
> sum(s * s)
[1] 425.1641
> sum(s) * mean(s)
[1] 311.8778
> sum(s * s) - sum(s) * mean(s)
[1] 113.2863
> (sum(s * s) - sum(s) * mean(s)) / (length(s) - 1)
[1] 12.58737
> sqrt((sum(s * s) - sum(s) * mean(s)) / (length(s) - 1))
[1] 3.547868
>
```

你不需要懂 R 语言，只要跟着看我逐行解释我的运算就可以了。

- **第 1～4 行**：我使用 runif 函数获取一系列数的随机均匀分布，然后将它们打印出来。我将在后面的单元测试中使用这些数据。
- **第 5～7 行**：这里是汇总，你可以看到 R 语言为它们计算出的值。
- **第 8～9 行**：使用 sd 函数求出 stddev。
- **第 10～11 行**：开始手动构造计算过程，首先获取 sum。
- **第 12～13 行**：stddev 公式接下来的组件是 sumsq，我可以用 sum(s * s)算出来，这个命令告诉 R 语言对整个列表进行自乘，然后对结果进行求和。R 语言强悍的一点就是可以针对整个数据结构进行这样的数学运算操作。
- **第 14～15 行**：根据公式，我需要将 sum 和 mean 相乘，我运行了 sum(s) * mean(s)。
- **第 16～17 行**：然后我将它和 sumsq 结合，得到了 sum(s * s) - sum(s) * mean(s)。
- **第 18～19 行**：上面的结果要被 n-1 除，所以我又有了(sum(s * s) - sum(s) * mean(s)) / (length(s) - 1)。
- **第 20～21 行**：最后，我对它运行 sqrt，得到了结果 3.547868，这和上面 R 语言给我的 sd 结果是一样的。

实现

这就是你计算 stddev 的方法，现在我可以用简单的代码实现这一计算。

stats.h

```
#ifndef lcthw_stats_h
#define lcthw_stats_h

typedef struct Stats {
    double sum;
    double sumsq;
    unsigned long n;
```

```
    double min;
    double max;
} Stats;

Stats *Stats_recreate(double sum, double sumsq, unsigned long n,
        double min, double max);

Stats *Stats_create();

double Stats_mean(Stats * st);

double Stats_stddev(Stats * st);

void Stats_sample(Stats * st, double s);

void Stats_dump(Stats * st);

#endif
```

这里你可以看到，我将需要的计算放到了一个 struct 中，然后我还有用来取样和获取数值的函数。剩下的实现就只有计算过程了。

stats.c

```
1   #include <math.h>
2   #include <lcthw/stats.h>
3   #include <stdlib.h>
4   #include <lcthw/dbg.h>
5
6   Stats *Stats_recreate(double sum, double sumsq, unsigned long n,
7           double min, double max)
8   {
9       Stats *st = malloc(sizeof(Stats));
10      check_mem(st);
11
12      st->sum = sum;
13      st->sumsq = sumsq;
14      st->n = n;
15      st->min = min;
16      st->max = max;
17
18      return st;
19
20  error:
21      return NULL;
22  }
```

```c
23
24  Stats *Stats_create()
25  {
26      return Stats_recreate(0.0, 0.0, 0L, 0.0, 0.0);
27  }
28
29  double Stats_mean(Stats * st)
30  {
31      return st->sum / st->n;
32  }
33
34  double Stats_stddev(Stats * st)
35  {
36      return sqrt((st->sumsq - (st->sum * st->sum / st->n)) / (st->n - 1));
37  }
38
39  void Stats_sample(Stats * st, double s)
40  {
41      st->sum += s;
42      st->sumsq += s * s;
43
44      if (st->n == 0) {
45          st->min = s;
46          st->max = s;
47      } else {
48          if (st->min > s)
49              st->min = s;
50          if (st->max < s)
51              st->max = s;
52      }
53
54      st->n += 1;
55  }
56
57  void Stats_dump(Stats * st)
58  {
59      fprintf(stderr,
60              "sum: %f, sumsq: %f, n: %ld, "
61              "min: %f, max: %f, mean: %f, stddev: %f",
62              st->sum, st->sumsq, st->n, st->min, st->max, Stats_mean(st),
63              Stats_stddev(st));
64  }
```

下面是对 `stats.c` 的详解。

- **`Stats_recreate`**：我要从某种数据库中加载这些数值，这个函数让我重新创建一个

Stats 结构体。

- **Stats_create**：它使用 0 值调用了 Stats_recreate。
- **Stats_mean**：使用 sum 和 n，它算出了平均值 mean。
- **Stats_stddev**：这里实现了我前面推理的公式，唯一的不同在于，我使用 st->sum / st->n 计算了平均值，而没有调用 Stats_mean。
- **Stats_sample**：通过维护 Stats 结构体中的数值实现这一功能。当你给它第一个值的时候，它发现 n 为 0，于是设好 min 和 max。之后的每次调用都会让 sum、sumsq、n 增值，它还会判断新样本是不是一个新的 min 或 max。
- **Stats_dump**：这是一个简单的调试函数，它可以转储统计数据，以供你查看。

最后我要做的是确保计算是正确的。我将使用 R 语言会话中的数值和计算结果来创建一个单元测试，用来确认我得到了正确的结果。

stats_tests.c

```
1    #include "minunit.h"
2    #include <lcthw/stats.h>
3    #include <math.h>
4
5    const int NUM_SAMPLES = 10;
6    double samples[] = {
7        6.1061334, 9.6783204, 1.2747090, 8.2395131, 0.3333483,
8        6.9755066, 1.0626275, 7.6587523, 4.9382973, 9.5788115
9    };
10
11   Stats expect = {
12       .sumsq = 425.1641,
13       .sum = 55.84602,
14       .min = 0.333,
15       .max = 9.678,
16       .n = 10,
17   };
18
19   double expect_mean = 5.584602;
20   double expect_stddev = 3.547868;
21
22   #define EQ(X,Y,N) (round((X) * pow(10, N)) == round((Y) * pow(10, N)))
23
24   char *test_operations()
25   {
26       int i = 0;
27       Stats *st = Stats_create();
28       mu_assert(st != NULL, "Failed to create stats.");
29
```

```
30        for (i = 0; i < NUM_SAMPLES; i++) {
31            Stats_sample(st, samples[i]);
32        }
33
34        Stats_dump(st);
35
36        mu_assert(EQ(st->sumsq, expect.sumsq, 3), "sumsq not valid");
37        mu_assert(EQ(st->sum, expect.sum, 3), "sum not valid");
38        mu_assert(EQ(st->min, expect.min, 3), "min not valid");
39        mu_assert(EQ(st->max, expect.max, 3), "max not valid");
40        mu_assert(EQ(st->n, expect.n, 3), "n not valid");
41        mu_assert(EQ(expect_mean, Stats_mean(st), 3), "mean not valid");
42        mu_assert(EQ(expect_stddev, Stats_stddev(st), 3), "stddev not valid");
43
44        return NULL;
45    }
46
47    char *test_recreate()
48    {
49        Stats *st = Stats_recreate(expect.sum, expect.sumsq, expect.n, expect.min,
                  expect.max);
50
51        mu_assert(st->sum == expect.sum, "sum not equal");
52        mu_assert(st->sumsq == expect.sumsq, "sumsq not equal");
53        mu_assert(st->n == expect.n, "n not equal");
54        mu_assert(st->min == expect.min, "min not equal");
55        mu_assert(st->max == expect.max, "max not equal");
56        mu_assert(EQ(expect_mean, Stats_mean(st), 3), "mean not valid");
57        mu_assert(EQ(expect_stddev, Stats_stddev(st), 3), "stddev not valid");
58
59        return NULL;
60    }
61
62    char *all_tests()
63    {
64        mu_suite_start();
65
66        mu_run_test(test_operations);
67        mu_run_test(test_recreate);
68
69        return NULL;
70    }
71
72    RUN_TESTS(all_tests);
```

单元测试大概除了 EQ 宏没什么新东西。我比较懒，不想去查比较两个 double 值是否接近的标准方法，所以就写了这个宏。用了 double 就会有个问题：程序在比较的时候会看两个值是否完全相等，但我用了两个不同的系统，舍入误差略有不同。解决方法就是让数值“在小数点后 *X* 位相等”。

我用 EQ 宏来做这件事情，通过将数值升为它的 10 次方，然后使用 round 函数来获取整数值。这是一个简单的求取 *N* 位小数，并以整数比较结果的方法。我敢肯定还有 10 亿种方法做这件事情，但我们现在用这个就够了。

期望的结果会放在 Stats 结构体中，我只要确保我得到的数值和 R 给我的接近就可以了。

如何使用这个引擎

你可以使用标准差和平均值来确定新样本是否有价值，或者你可以使用它们来收集对于统计结果的统计。第一件事情人们很容易理解，所以我就以登录时间作为例子快速解释一下。

假设你在追踪用户在服务器上待了多长时间，并要对数据进行统计分析。每次有人登录，你都记录了他们待了多久，然后你调用 Stats_sample。我要找的是待时间特别长或者特别短的那部分人。

与其设定特定的级别，我选择的做法是把某个人在线的时间和 mean (plus or minus) 2 * stddev 的范围进行比较，我取得了 mean 和 2 * stddev，如果登录时间不在这个范围内，我就把它当作有价值的数据。由于我用了轮询算法来保存统计，这个计算是很快的，而且我可以让软件标记出不在这个范围内的用户。

这并不是要去筛选不乖的用户，而是标记出可能的问题，以供你日后检查。而且你的数据是基于所有用户的行为，避免了任选样本带来的误判。

你可以看出大体规则，mean (plus or minus) 2 * stddev 是预估 90%的数据会落到的范围，在这个范围之外的都是值得关注的数据。

还有一种使用这些统计数据的方法，那就是更进一步，为别的 Stats 计算来计算它们。你只要正常做你的 Stats_sample，但针对 min、max、n、mean、stddev 来运行 Stats_sample，这样就可以得到两层的测量结果，然后你可以比较样本的样本。

有点儿晕吧？我继续拿上面的例子讲，假设你有 100 个服务器，每个服务器上有一个不一样的应用。你已经对每一个应用服务器进行了用户追踪，但你要比较 100 个应用，标记出所有在应用服务器上面登录时间过长的用户。最简单的做法是每次有新登录就新统计一次，然后将结果的 Stats structs 元素加到第二个 Stat 上。

结果你就会得到一系列的统计数据，可以命名如下。

- **mean 的平均数**：这是一个完整的 Stats struct，它会给你所有服务器平均值加总后的平均值和标准差。任何服务器或者用户，只要不在这个范围内，就值得全局查看一下。
- **stddev 的平均数**：这个 Stats struct 也会产生所有服务器范围的统计。然后你可以分析每一个服务器，比较每个 stddev 和 stddev 的平均数差多少，看是不是其中一些服务器上会有范围值特别大的情况。

你可以做所有事情，但这些是最有用的。如果你还想监视服务器错误登录的次数，你可以像下面这样做。

- 用户 John 登录并退出了服务器。抓取服务器 A 的统计并对其更新。
- 抓取 mean 的平均数统计，然后取得 A 的平均值，将其作为样本加上去。我将其叫作 m_of_m。
- 获取 stddev 的平均数统计，将 A 的 stddev 作为样本加上去。我叫它 m_of_s。
- 如果 A 的 mean 在 m_of_m.mean + 2 * m_of_m.stddev 之外，那么就可以把它标记为可能有问题的登录。
- 如果 A 的 stddev 在 m_of_s.mean + 2 * m_of_s.stddev 之外，那么就可以把它标记为可能异常的登录。
- 最后，如果 John 的登录时间不在 A 的范围内或者 A 的 m_of_m 范围内，那么就把它标记为值得注意的结果。

使用 mean 的平均数和 stddev 的平均数，你可以有效地追踪各种测量结果，处理和存储却花不了多少空间和时间。

附加任务

- 将 Stats_stddev 和 Stats_mean 转换为 stats.h 中的 static inline 函数，从 stats.c 中移出。
- 使用这些代码写一个 string_algos_test.c 的性能测试，将它作为可选测试，让它作为一系列的样本运行基本的测试，然后汇报结果。
- 用你知道的另一门编程语言写一版同样的软件。确保这个版本基于我写的内容是正确的。
- 写一个小程序，让它接收一个写满数值的文件，然后为这些数值输出统计结果。
- 让程序接收一个有表头的数据表格，表格下面的数据每行以任意多个空格作为分隔符。你的程序应该根据表头名称，为每一列打印出统计结果。

习题 44

环形缓冲区

环形缓冲区（ring buffer）在异步 I/O 处理时非常有用。它们可以允许一端接受随机间隔发送的随机大小的数据，但在另一端以固定大小和间隔送入连续的数据块。它们是 Queue 数据结构的一个变体，但它们处理的是字节块，而非指针的列表。在这个习题中，我会向你展示 RingBuffer 的代码，然后让你为它创建完整的单元测试。

ringbuffer.h

```
#ifndef _lcthw_RingBuffer_h
#define _lcthw_RingBuffer_h

#include <lcthw/bstrlib.h>

typedef struct {
    char *buffer;
    int length;
    int start;
    int end;
} RingBuffer;

RingBuffer *RingBuffer_create(int length);

void RingBuffer_destroy(RingBuffer * buffer);

int RingBuffer_read(RingBuffer * buffer, char *target, int amount);

int RingBuffer_write(RingBuffer * buffer, char *data, int length);

int RingBuffer_empty(RingBuffer * buffer);

int RingBuffer_full(RingBuffer * buffer);

int RingBuffer_available_data(RingBuffer * buffer);

int RingBuffer_available_space(RingBuffer * buffer);

bstring RingBuffer_gets(RingBuffer * buffer, int amount);
```

```
#define RingBuffer_available_data(B) (((B)->end + 1) % (B)->length - (B)->start - 1)

#define RingBuffer_available_space(B) (B)->length - (B)->end - 1)

#define RingBuffer_full(B) (RingBuffer_available_data((B)) - (B)->length == 0)

#define RingBuffer_empty(B) (RingBuffer_available_data((B)) == 0)

#define RingBuffer_puts(B, D) RingBuffer_write((B), bdata((D)), blength((D)))

#define RingBuffer_get_all(B) RingBuffer_gets((B), RingBuffer_available_data((B)))

#define RingBuffer_starts_at(B) ((B)->buffer + (B)->start)

#define RingBuffer_ends_at(B) ((B)->buffer + (B)->end)

#define RingBuffer_commit_read(B, A) ((B)->start = ((B)->start + (A)) % (B)->length)

#define RingBuffer_commit_write(B, A) ((B)->end = ((B)->end + (A)) % (B)->length)

#endif
```

看看这个数据结构，你看到我这里有 buffer、start 和 end。RingBuffer 所做的只是在缓冲区中循环移动 start 和 end，这样每当到达缓冲区结尾，循环就会再次启动。这样做给你一种在有限空间中进行无穷读设备的错觉。然后我还有一些宏，用来基于 RingBuffer 做各种计算。

下面是具体实现，这些代码更方便你理解 RingBuffer 的原理。

ringbuffer.c

```
1   #undef NDEBUG
2   #include <assert.h>
3   #include <stdio.h>
4   #include <stdlib.h>
5   #include <string.h>
6   #include <lcthw/dbg.h>
7   #include <lcthw/ringbuffer.h>
8
9   RingBuffer *RingBuffer_create(int length)
10  {
11      RingBuffer *buffer = calloc(1, sizeof(RingBuffer));
12      buffer->length = length + 1;
13      buffer->start = 0;
14      buffer->end = 0;
15      buffer->buffer = calloc(buffer->length, 1);
```

```
16
17        return buffer;
18    }
19
20    void RingBuffer_destroy(RingBuffer * buffer)
21    {
22        if (buffer) {
23            free(buffer->buffer);
24            free(buffer);
25        }
26    }
27
28    int RingBuffer_write(RingBuffer * buffer, char *data, int length)
29    {
30        if (RingBuffer_available_data(buffer) == 0) {
31            buffer->start = buffer->end = 0;
32        }
33
34        check(length <= RingBuffer_available_space(buffer),
                  "Not enough space: %d request, %d available",
                  RingBuffer_available_data(buffer), length);
35
36        void *result = memcpy(RingBuffer_ends_at(buffer), data, length);
37        check(result != NULL, "Failed to write data into buffer.");
38
39        RingBuffer_commit_write(buffer, length);
40
41        return length;
42    error:
43        return -1;
44    }
45
46    int RingBuffer_read(RingBuffer * buffer, char *target, int amount)
47    {
48        check_debug(amount <= RingBuffer_available_data(buffer),
                  "Not enough in the buffer: has %d, needs %d",
                  RingBuffer_available_data(buffer), amount);
49
50        void *result = memcpy(target, RingBuffer_starts_at(buffer), amount);
51        check(result != NULL, "Failed to write buffer into data.");
52
53        RingBuffer_commit_read(buffer, amount);
54
55        if (buffer->end == buffer->start) {
56            buffer->start = buffer->end = 0;
57        }
```

```
58
59          return amount;
60      error:
61          return -1;
62      }
63
64      bstring RingBuffer_gets(RingBuffer * buffer, int amount)
65      {
66          check(amount > 0, "Need more than 0 for gets, you gave: %d ", amount);
67          check_debug(amount <= RingBuffer_available_data(buffer),
                    "Not enough in the buffer.");
68
69          bstring result = blk2bstr(RingBuffer_starts_at(buffer), amount);
70          check(result != NULL, "Failed to create gets result.");
71          check(blength(result) == amount, "Wrong result length.");
72
73          RingBuffer_commit_read(buffer, amount);
74          assert(RingBuffer_available_data(buffer) >= 0 && "Error in read commit.");
75
76          return result;
77      error:
78          return NULL;
79      }
```

以上就是基本的 RingBuffer 的实现。你可以对它进行数据块的读写操作。你可以查询它里边有多少数据，占了多少空间。有一些更高级的环形缓冲区实现，它们使用了操作系统的特性，来创建似乎无穷的存储空间，不过这些实现是不可移植的。

我的 RingBuffer 处理的是内存块的读写，我要确保每当 end == start 的时候，我就把它们都设为 0，这样它们就会回到缓冲区的开始位置。维基百科中的版本并不进行数据块的写入，所以它只需要在一个环形中移动 end 和 start 就可以了。为了更好地处理内存块，你需要在数据为空的时候回到内部缓冲区的开始位置。

单元测试

对于你的单元测试，你需要测试尽可能多的条件。最简单的做法就是预先创建不同的 RingBuffer 结构体，然后手动检查函数和运算的结果。例如，你可以创建一个 RingBuffer，让它的 end 正好处于缓冲区的末尾，而 start 正好处于缓冲区的前面，然后看它会不会运行失败。

应该看到的结果

下面是我的 ringbuffer_tests 的运行结果。

习题 44.1 会话

```
$ ./tests/ringbuffer_tests
DEBUG tests/ringbuffer_tests.c:60: ----- RUNNING: ./tests/ringbuffer_tests
----
RUNNING: ./tests/ringbuffer_tests
DEBUG tests/ringbuffer_tests.c:53:
----- test_create
DEBUG tests/ringbuffer_tests.c:54:
----- test_read_write
DEBUG tests/ringbuffer_tests.c:55:
----- test_destroy
ALL TESTS PASSED
Tests run: 3
$
```

你至少需要有 3 个测试来确认所有的基本操作，然后看你还能多测试哪些东西。

如何改进程序

和往常一样，你应该回去为这个习题添加防御性编程的检查。希望你一直都这样做，因为 `liblcthw` 的基本代码中并没有包含我教你的防御性编程检查。我把这个任务留给你，以便让你习惯用这些额外的检查来改进代码。

例如，在这个环形缓冲区中，并没有多少代码会检查所有的访问都在缓冲区之内。

如果阅读维基百科上的"Circular buffer"页面，你会看到"Optimized POSIX implementation"，它使用了可移植操作系统接口（Portable Operating System Interface，POSIX）专用的调用方式来创建一片无穷的空间。研究一下，我会让你在附加任务中试着实现一下。

附加任务

- 使用 POSIX 技巧，创建一个不同的 `RingBuffer` 实现，然后为它创建单元测试。
- 为这个单元测试添加性能比较测试，使用模糊测试的方式，提供随机数据，进行随机读写，比较两个版本的结果。确保你模糊测试的设置能让两个版本都进行一样的操作，然后你可以对运行结果进行比较。

简单的 TCP/IP 客户端

接下来我会使用 RingBuffer 来创建一个非常简单的网络测试工具，我将其命名为 netclient。为了实现它，我需要在 Makefile 中添加一些东西，让它来处理 bin/目录下的小程序。

加强 Makefile

首先，为程序添加一个变量，与单元测试的 TESTS 和 TEST_SRC 变量类似：

```
PROGRAMS_SRC=$(wildcard bin/*.c)
PROGRAMS=$(patsubst %.c,%,$(PROGRAMS_SRC))
```

然后，你需要将 PROGRAMS 添加到 all 目标：

```
all: $(TARGET) $(SO_TARGET) tests $(PROGRAMS)
```

接下来，将 PROGRAMS 添加到 clean 目标的 rm 行：

```
rm -rf build $(OBJECTS) $(TESTS) $(PROGRAMS)
```

最后，你需要在结尾有一个目标，用来构建所有的东西：

```
$(PROGRAMS): CFLAGS += $(TARGET)
```

完成这些改动以后，你可以将简单的.c 文件放到 bin 下，然后 make 就会构建它们，并将它们链接到库中，就跟在单元测试中一样。

netclient 的代码

我们的小 netclient 的代码是下面这样的。

netclient.c

```
1    #undef NDEBUG
2    #include <stdlib.h>
3    #include <sys/select.h>
4    #include <stdio.h>
```

```
 5  #include <lcthw/ringbuffer.h>
 6  #include <lcthw/dbg.h>
 7  #include <sys/socket.h>
 8  #include <sys/types.h>
 9  #include <sys/uio.h>
10  #include <arpa/inet.h>
11  #include <netdb.h>
12  #include <unistd.h>
13  #include <fcntl.h>
14
15  struct tagbstring NL = bsStatic("\n");
16  struct tagbstring CRLF = bsStatic("\r\n");
17
18  int nonblock(int fd)
19  {
20      int flags = fcntl(fd, F_GETFL, 0);
21      check(flags >= 0, "Invalid flags on nonblock.");
22
23      int rc = fcntl(fd, F_SETFL, flags | O_NONBLOCK);
24      check(rc == 0, "Can't set nonblocking.");
25
26      return 0;
27  error:
28      return -1;
29  }
30
31  int client_connect(char *host, char *port)
32  {
33      int rc = 0;
34      struct addrinfo *addr = NULL;
35
36      rc = getaddrinfo(host, port, NULL, &addr);
37      check(rc == 0, "Failed to lookup %s:%s", host, port);
38
39      int sock = socket(AF_INET, SOCK_STREAM, 0);
40      check(sock >= 0, "Cannot create a socket.");
41
42      rc = connect(sock, addr->ai_addr, addr->ai_addrlen);
43      check(rc == 0, "Connect failed.");
44
45      rc = nonblock(sock);
46      check(rc == 0, "Can't set nonblocking.");
47
48      freeaddrinfo(addr);
49      return sock;
```

```
50
51    error:
52        freeaddrinfo(addr);
53        return -1;
54    }
55
56    int read_some(RingBuffer * buffer, int fd, int is_socket)
57    {
58        int rc = 0;
59
60        if (RingBuffer_available_data(buffer) == 0) {
61            buffer->start = buffer->end = 0;
62        }
63
64        if (is_socket) {
65            rc = recv(fd, RingBuffer_starts_at(buffer),
                      RingBuffer_available_space(buffer), 0);
66        } else {
67            rc = read(fd, RingBuffer_starts_at(buffer),
                      RingBuffer_available_space(buffer));
68        }
69
70        check(rc >= 0, "Failed to read from fd: %d", fd);
71
72        RingBuffer_commit_write(buffer, rc);
73
74        return rc;
75
76    error:
77        return -1;
78    }
79
80    int write_some(RingBuffer * buffer, int fd, int is_socket)
81    {
82        int rc = 0;
83        bstring data = RingBuffer_get_all(buffer);
84
85        check(data != NULL, "Failed to get from the buffer.");
86        check(bfindreplace(data, &NL, &CRLF, 0) == BSTR_OK, "Failed to replace NL.");
87
88        if (is_socket) {
89            rc = send(fd, bdata(data), blength(data), 0);
90        } else {
91            rc = write(fd, bdata(data), blength(data));
92        }
```

```
 93
 94         check(rc == blength(data), "Failed to write everything to fd: %d.", fd);
 95         bdestroy(data);
 96
 97         return rc;
 98
 99     error:
100         return -1;
101     }
102
103     int main(int argc, char *argv[])
104     {
105         fd_set allreads;
106         fd_set readmask;
107
108         int socket = 0;
109         int rc = 0;
110         RingBuffer *in_rb = RingBuffer_create(1024 * 10);
111         RingBuffer *sock_rb = RingBuffer_create(1024 * 10);
112
113         check(argc == 3, "USAGE: netclient host port");
114
115         socket = client_connect(argv[1], argv[2]);
116         check(socket >= 0, "connect to %s:%s failed.", argv[1], argv[2]);
117
118         FD_ZERO(&allreads);
119         FD_SET(socket, &allreads);
120         FD_SET(0, &allreads);
121
122         while (1) {
123             readmask = allreads;
124             rc = select(socket + 1, &readmask, NULL, NULL, NULL);
125             check(rc >= 0, "select failed.");
126
127             if (FD_ISSET(0, &readmask)) {
128                 rc = read_some(in_rb, 0, 0);
129                 check_debug(rc != -1, "Failed to read from stdin.");
130             }
131
132             if (FD_ISSET(socket, &readmask)) {
133                 rc = read_some(sock_rb, socket, 0);
134                 check_debug(rc != -1, "Failed to read from socket.");
135             }
136
137             while (!RingBuffer_empty(sock_rb)) {
```

```
138                 rc = write_some(sock_rb, 1, 0);
139                 check_debug(rc != -1, "Failed to write to stdout.");
140             }
141
142             while (!RingBuffer_empty(in_rb)) {
143                 rc = write_some(in_rb, socket, 1);
144                 check_debug(rc != -1, "Failed to write to socket.");
145             }
146         }
147
148         return 0;
149
150     error:
151         return -1;
152     }
```

这段代码使用了 select 来处理来自 stdin（文件描述符 0）和 socket 的数据，然后程序使用这些数据和服务器进行交流。这段代码使用了 RingBuffer 来存储和复制数据。你可以将 read_some 和 write_some 函数看作 RingBuffer 库中同类函数的早期原型。

这一小段代码包含了不少你可能不认识的网络函数。当你遇到不认识的函数时，就在参考手册页中查询一下，确保自己弄懂了它。这个小文件也许会为你后面研究用 C 语言写小服务器所需的所有 API 带来灵感。

应该看到的结果

如果一切构建成功，快速检查代码的方法就是试试它能不能从 http://learncodethehardway.org 网站获取一个特殊文件。

习题 45.1 会话

```
$
$ ./bin/netclient learncodethehardway.org 80
GET /ex45.txt HTTP/1.1
Host: learncodethehardway.org

HTTP/1.1 200 OK
Date: Fri, 27 Apr 2012 00:41:25 GMT
Content-Type: text/plain
Content-Length: 41
Last-Modified: Fri, 27 Apr 2012 00:42:11 GMT
ETag: 4f99eb63-29
Server: Mongrel2/1.7.5
```

```
Learn C The Hard Way, Exercise 45 works.
^C
$
```

我在这里所做的是按固定的语法输入，创建 HTTP 请求，获取/ex45.txt 文件，然后获取 Host:header 行，接着我按回车获取了一个空行。然后我获得了响应，包括头文件和内容。最后，我敲了 Ctrl+C 退出程序。

如何破坏程序

这段代码一定会有缺陷，在本书的初稿中，我不断地改善它。同时，试着分析我这里的代码，使用它去访问别的服务器。有一个叫 netcat 的工具，用它可以建立这样的服务器。还有一件事情要做，那就是使用 Python 或 Ruby 这样的语言来创建一个简单的垃圾服务器，让它输出垃圾内容和坏数据，随机地切断链接，做各种各样的坏事。

如果你找到缺陷，那就告诉我，我会修正它们。

附加任务

- 正如我提到过的，有不少函数你也许还不认识，所以去查一下。其实就算你觉得你认识，也应该去查看一下。
- 在调试器中运行，看有没有错误。
- 回头看一遍代码，添加各种防御性编程的检查，提高函数的安全性。
- 使用 getopt 函数来让用户可以不将\n 翻译成\r\n。只在需要特定行尾的协议中这样做，如 HTTP 协议。有时候你不需要这种翻译，所以把它做成一个用户选项。

习题 46

三元搜索树

最后要讲的数据结构叫 TSTree，它和 BSTree 差不多，只不过它有 3 个分支，即 low、equal 和 high。它的用处跟 BSTree 和 Hashmap 差不多，都是用来存储键/值数据，不过它对键中的单个字符有效，这让 TSTree 具备了一些 BSTree 和 Hashmap 都没有的能力。

在 TSTree 中，每一个键都是一个字符串，是基于字符串中的每一个字符的平等性，通过遍历和构建树状结构实现插入的。从根结点开始，查看结点的字符，根据比较结果的大于、小于或等于，确定它会走向的方向。从头文件就可以看出这一点。

tstree.h

```c
#ifndef _lcthw_TSTree_h
#define _lcthw_TSTree_h

#include <stdlib.h>
#include <lcthw/darray.h>

typedef struct TSTree {
    char splitchar;
    struct TSTree *low;
    struct TSTree *equal;
    struct TSTree *high;
    void *value;
} TSTree;

void *TSTree_search(TSTree * root, const char *key, size_t len);

void *TSTree_search_prefix(TSTree * root, const char *key, size_t len);

typedef void (*TSTree_traverse_cb) (void *value, void *data);

TSTree *TSTree_insert(TSTree * node, const char *key, size_t len, void *value);

void TSTree_traverse(TSTree * node, TSTree_traverse_cb cb, void *data);

void TSTree_destroy(TSTree * root);

#endif
```

TSTree 包含下列元素。

- **splitchar**：树中当前位置的字符。
- **low**：低于 splitchar 的分支。
- **equal**：等于 splitchar 的分支。
- **high**：高于 splitchar 的分支。
- **value**：为 splitchar 位置字符串设置的值。

你可以看出这个实现包含下面的操作。

- **search**：典型的为某个键寻找值的操作。
- **search_prefix**：这个操作会找到拥有键的前缀（prefix）的第一个值。这个操作在 BSTree 或 Hashmap 中不易做到。
- **insert**：将键分解为字符，并将它们插入树中。
- **traverse**：遍历整个树，允许你收集或分析它里边所有的键和值。

这里唯一缺的是 TSTree_delete，这是因为该操作实在太昂贵了，比 BSTree_delete 还昂贵。当我使用 TSTree 结构的时候，我将它们作为常量数据处理，我会对它们进行多次遍历，但不会进行任何删除操作。遍历很快，但添加和删除东西就不行了。要做添加和删除，我会使用 Hashmap，它在这些方面比 BSTree 和 TSTree 都强。

TSTree 的实现其实挺简单，但一开始可能不好看懂。等你录完代码，我会逐行讲解一下。

tstree.c

```
1    #include <stdlib.h>
2    #include <stdio.h>
3    #include <assert.h>
4    #include <lcthw/dbg.h>
5    #include <lcthw/tstree.h>
6
7    static inline TSTree *TSTree_insert_base(TSTree * root, TSTree * node,
             const char *key, size_t len, void *value)
8    {
9        if (node == NULL) {
10           node = (TSTree *) calloc(1, sizeof(TSTree));
11
12           if (root == NULL) {
13               root = node;
14           }
15
16           node->splitchar = *key;
17       }
18
19       if (*key < node->splitchar) {
20           node->low = TSTree_insert_base(root, node->low, key, len, value);
```

```
21        } else if (*key == node->splitchar) {
22            if (len > 1) {
23                node->equal = TSTree_insert_base( root, node->equal, key + 1, len - 1, value);
24            } else {
25                assert(node->value == NULL && "Duplicate insert into tst.");
26                node->value = value;
27            }
28        } else {
29            node->high = TSTree_insert_base(root, node->high, key, len, value);
30        }
31
32        return node;
33    }
34
35    TSTree *TSTree_insert(TSTree * node, const char *key, size_t len, void *value)
36    {
37        return TSTree_insert_base(node, node, key, len, value);
38    }
39
40    void *TSTree_search(TSTree * root, const char *key, size_t len)
41    {
42        TSTree *node = root;
43        size_t i = 0;
44
45        while (i < len && node) {
46            if (key[i] < node->splitchar) {
47                node = node->low;
48            } else if (key[i] == node->splitchar) {
49                i++;
50                if (i < len)
51                    node = node->equal;
52            } else {
53                node = node->high;
54            }
55        }
56
57        if (node) {
58            return node->value;
59        } else {
60            return NULL;
61        }
62    }
63
64    void *TSTree_search_prefix(TSTree * root, const char *key, size_t len)
65    {
```

```
66      if (len == 0)
67          return NULL;
68
69      TSTree *node = root;
70      TSTree *last = NULL;
71      size_t i = 0;
72
73      while (i < len && node) {
74          if (key[i] < node->splitchar) {
75              node = node->low;
76          } else if (key[i] == node->splitchar) {
77              i++;
78              if (i < len) {
79                  if (node->value)
80                      last = node;
81                  node = node->equal;
82              }
83          } else {
84              node = node->high;
85          }
86      }
87
88      node = node ? node : last;
89
90      // traverse until we find the first value in the equal chain
91      // this is then the first node with this prefix
92      while (node && !node->value) {
93          node = node->equal;
94      }
95
96      return node ? node->value : NULL;
97  }
98
99  void TSTree_traverse(TSTree * node, TSTree_traverse_cb cb, void *data)
100 {
101     if (!node)
102         return;
103
104     if (node->low)
105         TSTree_traverse(node->low, cb, data);
106
107     if (node->equal) {
108         TSTree_traverse(node->equal, cb, data);
109     }
110
```

```
111         if (node->high)
112             TSTree_traverse(node->high, cb, data);
113
114         if (node->value)
115             cb(node->value, data);
116     }
117
118     void TSTree_destroy(TSTree * node)
119     {
120         if (node == NULL)
121             return;
122
123         if (node->low)
124             TSTree_destroy(node->low);
125
126         if (node->equal) {
127             TSTree_destroy(node->equal);
128         }
129
130         if (node->high)
131             TSTree_destroy(node->high);
132
133         free(node);
134     }
```

对于 TSTree_insert，我使用了递归结构的老模式，让一个小函数调用真正的递归函数。这里我没有做额外检查，不过你应该像往常一样，加上防御性编程必需的检查。要注意一点，就是这里的设计略有不同，里边没有独立的 TSTree_create 函数。然而，如果你为它传入一个 NULL 作为结点，它就会创建树，并且返回最终值。

这意味着我需要分解 TSTree_insert_base，让你明白插入操作。

- **第 10～18 行**：正如我讲过的，如果给一个 NULL，那我需要创建这个结点，并且将*key（当前字符）赋值给它。这样就能在插入键的时候创建树。
- **第 20～21 行**：如果*key 比它小，那就递归，进入 low 分支。
- **第 22 行**：这个 splitchar 是相等的，所以我需要处理等值的情况。这种情况会在创建结点的时候发生，所以我们现在要构建这个树。
- **第 24 行**：还有要处理的字符，所以就递归到 equal 分支，选择到下一个*key 字符。
- **第 25～26 行**：这里是最后一个字符，所以我设了 value，然后就完成了。我这里有一个 assert 用来侦测重复。
- **第 29 行**：最后一个条件，*key 大于 splitchar，所以我要递归到 high 分支。

这个数据结构的关键是，当 splitchar 是等于的时候，我只要对字符进行增值。对于其他两种情况，我只要遍历树，直到遇到相等的字符并递归到下一步。这样做会让找不到键的情况运行很快。如果我的键错误，那么我只要遍历若干 high 和 low 结点，遇到死胡同，就知道这个键不存在了。我不需要处理键的每一个字符，也不需要处理树的每一个结点。

弄懂了这个，你就可以分析 TSTree_search 的工作原理了。

- **第 45 行**：我不需要在 TSTree 里进行树的递归操作。我可以只用一个 while 循环，以及一个记录当前位置的结点就够了。
- **第 46～47 行**：如果当前字符比结点的 splitchar 小，那就到 low 分支。
- **第 48～51 行**：如果是等于，只要它不是最后一个字符，那就加上 i 并走到 equal 分支。这就是为什么这里会有一句 if(i < len)，这样我就不会越过最终的值太多。
- **第 52～53 行**：其他情况下，我就到 high 分支，因为这时字符更大。
- **第 57～61 行**：如果循环完后我得到了一个结点，那就返回值，否则就返回 NULL。

这不是特别难懂，你应该看到它和 TSTree_search_prefix 函数的算法几乎完全一样。唯一的不同是我没有试图寻找完全匹配的结果，而是找了最长的前缀。要做到这一点，我持续跟踪相等的 last 结点，在搜索循环之后，遍历该结点，直到我找到 value 为止。

通过看 TSTree_search_prefix，你可以看出 TSTree 在查找字符串方面超过 BSTree 和 Hashmap 的第二个优势。给定键的长度是 X，你就能在 X 步内找到任何键。你还能在 X 步内找到第一个前缀，再加上 N 步，取决于匹配的键有多大。如果树中最大的键有十个字符长，那你就可以在 10 步内找到这个键的任何前缀。更重要的是，你可以进行一次键的每个字符的比对来完成这一切。

相比而言，要在 BSTree 中做同样的操作，你需要针对前缀中的每一个字符，检查 BSTree 中每一个可能的匹配结点的每一个字符前缀。就跟寻找键或看键是否存在一样。你需要将每个字符跟 BSTree 中大部分的字符比较，才能确定能不能找到匹配。

Hashmap 找前缀就更难了，因为你不能只针对前缀做散列。基本上，除非数据可以解析，如 URL，否则 Hashmap 根本无法有效地做这件事。就算在可以的情况下，也经常需要访问 Hashmap 的整个树才能得到结果。

最后两个函数对你来说应该很简单，因为它们只是遍历和销毁操作，你在别的数据结构中已经见过了。

最后，我有一个简单的单元测试，用来确保一切正确。

tstree_tests.c

```
1    #include "minunit.h"
2    #include <lcthw/tstree.h>
3    #include <string.h>
4    #include <assert.h>
5    #include <lcthw/bstrlib.h>
6
7    TSTree *node = NULL;
8    char *valueA = "VALUEA";
```

```
 9   char *valueB = "VALUEB";
10   char *value2 = "VALUE2";
11   char *value4 = "VALUE4";
12   char *reverse = "VALUER";
13   int traverse_count = 0;
14
15   struct tagbstring test1 = bsStatic("TEST");
16   struct tagbstring test2 = bsStatic("TEST2");
17   struct tagbstring test3 = bsStatic("TSET");
18   struct tagbstring test4 = bsStatic("T");
19
20   char *test_insert()
21   {
22       node = TSTree_insert(node, bdata(&test1), blength(&test1), valueA);
23       mu_assert(node != NULL, "Failed to insert into tst.");
24
25       node = TSTree_insert(node, bdata(&test2), blength(&test2), value2);
26       mu_assert(node != NULL, "Failed to insert into tst with second name.");
27
28       node = TSTree_insert(node, bdata(&test3), blength(&test3), reverse);
29       mu_assert(node != NULL, "Failed to insert into tst with reverse name.");
30
31       node = TSTree_insert(node, bdata(&test4), blength(&test4), value4);
32       mu_assert(node != NULL, "Failed to insert into tst with second name.");
33
34       return NULL;
35   }
36
37   char *test_search_exact()
38   {
39       // tst returns the last one inserted
40       void *res = TSTree_search(node, bdata(&test1), blength(&test1));
41       mu_assert(res == valueA, "Got the wrong value back, should get A not B.");
42
43       // tst does not find if not exact
44       res = TSTree_search(node, "TESTNO", strlen("TESTNO"));
45       mu_assert(res == NULL, "Should not find anything.");
46
47       return NULL;
48   }
49
50   char *test_search_prefix()
51   {
52       void *res = TSTree_search_prefix(node, bdata(&test1), blength(&test1));
53       debug("result: %p, expected: %p", res, valueA);
```

```
54        mu_assert(res == valueA, "Got wrong valueA by prefix.");
55
56        res = TSTree_search_prefix(node, bdata(&test1), 1);
57        debug("result: %p, expected: %p", res, valueA);
58        mu_assert(res == value4, "Got wrong value4 for prefix of 1.");
59
60        res = TSTree_search_prefix(node, "TE", strlen("TE"));
61        mu_assert(res != NULL, "Should find for short prefix.");
62
63        res = TSTree_search_prefix(node, "TE--", strlen("TE--"));
64        mu_assert(res != NULL, "Should find for partial prefix.");
65
66        return NULL;
67    }
68
69    void TSTree_traverse_test_cb(void *value, void *data)
70    {
71        assert(value != NULL && "Should not get NULL value.");
72        assert(data == valueA && "Expecting valueA as the data.");
73        traverse_count++;
74    }
75
76    char *test_traverse()
77    {
78        traverse_count = 0;
79        TSTree_traverse(node, TSTree_traverse_test_cb, valueA);
80        debug("traverse count is: %d", traverse_count);
81        mu_assert(traverse_count == 4, "Didn't find 4 keys.");
82
83        return NULL;
84    }
85
86    char *test_destroy()
87    {
88        TSTree_destroy(node);
89
90        return NULL;
91    }
92
93    char *all_tests()
94    {
95        mu_suite_start();
96
97        mu_run_test(test_insert);
98        mu_run_test(test_search_exact);
```

```
 99         mu_run_test(test_search_prefix);
100         mu_run_test(test_traverse);
101         mu_run_test(test_destroy);
102 
103         return NULL;
104     }
105 
106     RUN_TESTS(all_tests);
```

优点和缺点

TSTree 还能做到一些有趣而且实用的事情。

- 除了找前缀，你还可以逆转所有你插入的键，然后用后缀（suffix）来找东西。我用这种方法来找主机名，因为我要找*.learncodethehardway.com 这样的字符串，如果我从后向前找，我能更快地找到结果。
- 你可以做近似匹配，将所有和键拥有最多相同字符的结点收集到一起，或者使用别的算法来找到近似匹配。
- 你可以找到所有中间有一部分匹配的键。

我已经讲过了 TSTree 能做的事情，不过它并不是所有场合都适用。下面是 TSTree 的缺点。

- 我讲过，删除操作能难死人。它适用于需要快速查询但很少需要删除的场合。如果你需要删除，那就禁用该 value，然后在树变得过大时，你就周期性对它重建即可。
- 与 BSTree 和 Hashmap 相比，一样的键空间，它会占用大量的内存。想想，它对每个键的每个字符都用了一个完整结点。对于小一点的键也许还不错，但如果你放了很多东西到 TSTree 中，那它就会变得很庞大。
- 它们对于大的键也不好用，但大小是主观的。和往常一样，先测试再使用。如果你要存储 10 000 个字符的键，那就用 Hashmap 吧。

如何改进程序

和往常一样，遍历它，并通过添加防御性编程前置条件、断点以及检查每个函数来改进这一点。还有一些别的改进方式，但你也没必要一一都实现。

- 你可以通过把 value 换成 DArrayvalue，允许重复内容。
- 我前面提到过，删除很难，但你可以通过将值设为 NULL 来模拟删除，其实和删除效果一样。
- 这里没有收集所有可能匹配值的方法。我要求你在附加任务中实现一下。
- 还有别的算法，更复杂，但拥有一些好一点儿的属性。查一下后缀数组（suffix array）、后缀树（suffix tree）和基数树（radix tree）等结构。

附加任务

- 实现一个 TSTree_collect，让它返回一个 DArray，其中包含所有与给定前缀匹配的键。
- 实现 TSTree_search_suffix 和 TSTree_insert_suffix，这样你可以做后缀搜索和插入。
- 使用调试器，将它与 BSTree 和 Hashmap 相比较，看它是如何存储数据的。

习题 47

快速 URL 路由

现在我要向你展示如何使用 TSTree 来做我写的 Web 服务器的 URL 路由。这个简单 URL 路由在应用程序边缘也许有点儿用处，但对 Web 应用框架中找到的更复杂的（有时就没必要了）路由就力不从心了。

要实验路由功能，我将创建一个小命令行工具，它叫 urlor，它会读取一个包含路由的文件，然后提示用户输入 URL。

urlor.c

```
1   #include <lcthw/tstree.h>
2   #include <lcthw/bstrlib.h>
3
4   TSTree *add_route_data(TSTree * routes, bstring line)
5   {
6       struct bstrList *data = bsplit(line, ' ');
7       check(data->qty == 2, "Line '%s' does not have 2 columns", bdata(line));
8
9       routes = TSTree_insert(routes, bdata(data->entry[0]), blength(data->entry[0]),
                bstrcpy(data->entry[1]));
10
11      bstrListDestroy(data);
12
13      return routes;
14
15  error:
16      return NULL;
17  }
18
19  TSTree *load_routes(const char *file)
20  {
21      TSTree *routes = NULL;
22      bstring line = NULL;
23      FILE *routes_map = NULL;
24
25      routes_map = fopen(file, "r");
26      check(routes_map != NULL, "Failed to open routes: %s", file);
27
28      while ((line = bgets((bNgetc) fgetc, routes_map, '\n')) != NULL) {
```

```
29            check(btrimws(line) == BSTR_OK, "Failed to trim line.");
30            routes = add_route_data(routes, line);
31            check(routes != NULL, "Failed to add route.");
32            bdestroy(line);
33        }
34
35        fclose(routes_map);
36        return routes;
37
38    error:
39        if (routes_map) fclose(routes_map);
40        if (line) bdestroy(line);
41
42        return NULL;
43    }
44
45    bstring match_url(TSTree * routes, bstring url)
46    {
47        bstring route = TSTree_search(routes, bdata(url), blength(url));
48
49        if (route == NULL) {
50            printf("No exact match found, trying prefix.\n");
51            route = TSTree_search_prefix(routes, bdata(url), blength(url));
52        }
53
54        return route;
55    }
56
57    bstring read_line(const char *prompt)
58    {
59        printf("%s", prompt);
60
61        bstring result = bgets((bNgetc) fgetc, stdin, '\n');
62        check_debug(result != NULL, "stdin closed.");
63
64        check(btrimws(result) == BSTR_OK, "Failed to trim.");
65
66        return result;
67
68    error:
69        return NULL;
70    }
71
72    void bdestroy_cb(void *value, void *ignored)
73    {
```

```
 74         (void)ignored;
 75         bdestroy((bstring) value);
 76     }
 77 
 78     void destroy_routes(TSTree * routes)
 79     {
 80         TSTree_traverse(routes, bdestroy_cb, NULL);
 81         TSTree_destroy(routes);
 82     }
 83 
 84     int main(int argc, char *argv[])
 85     {
 86         bstring url = NULL;
 87         bstring route = NULL;
 88         TSTree *routes = NULL;
 89 
 90         check(argc == 2, "USAGE: urlor <urlfile>");
 91 
 92         routes = load_routes(argv[1]);
 93         check(routes != NULL, "Your route file has an error.");
 94 
 95         while (1) {
 96             url = read_line("URL> ");
 97             check_debug(url != NULL, "goodbye.");
 98 
 99             route = match_url(routes, url);
100 
101             if (route) {
102                 printf("MATCH: %s == %s\n", bdata(url), bdata(route));
103             } else {
104                 printf("FAIL: %s\n", bdata(url));
105             }
106 
107             bdestroy(url);
108         }
109 
110         destroy_routes(routes);
111         return 0;
112 
113     error:
114         destroy_routes(routes);
115         return 1;
116     }
```

然后我来创建一个简单文件，里边包含一些假的路由供实验使用：

```
/ MainApp
/hello Hello
/hello/ Hello
/signup Signup
/logout Logout
/album/ Album
```

应该看到的结果

编译好了 `urlor` 和路由文件，你就可以这样试一下。

习题 47 会话

```
$ ./bin/urlor ex47_urls.txt
URL> /
MATCH: / == IndexHandler
URL> asdfasf
No exact match found, trying prefix.
FAIL: asdfasf
URL> /test
No exact match found, trying prefix.
MATCH: /test == TestHandler
URL> /test/
NO exact match found, trying prefix.
MATCH: /test == PageHandler
URL>
$
```

你可以看出，路由系统首先会进行完整匹配，如果匹配不成功，它就会进行一个前缀匹配。实现的方式就是试出二者之间的不同。根据你的 URL 的语义，你也许需要一直进行完全匹配，一直进行前缀匹配，或者两者都试过，然后选最合适的一个。

如何改进程序

URL 都很奇怪，因为人们想要它们能像魔法一般，处理 Web 应用能做的各种疯狂的事情，甚至一些不合逻辑的事情也要它们去处理。这个简单的演示程序中使用了 `TSTree` 来做路由，其中有些不好描述的错误。例如，`TSTree` 会将`/al` 匹配到 `Album`，通常人们不会想这样做。他们希望将`/album/*`匹配到 `Album`，而`/al` 应该是一个 404 错误。

不过这个实现起来并不难，因为你可以修改前缀算法，让它用你希望的方式去匹配。如果你修改匹配算法让它找到所有匹配的前缀，然后选择最合适的一个，那么你就可以轻松达到目的了。在这里，`/al` 可以匹配 `MainApp` 或者 `Album`。取到这两个结果，然后用一点儿小逻辑来决定哪一个更合适。

你还可以在真正的 URL 路由系统中做一件事情，那就是使用 TSTree 找到所有可能的匹配，但这些匹配结果只是要检查的模式中的一个小的子集。在很多 Web 应用中，针对每一个请求，都会有一系列的正则表达式（regex）需要和 URL 去匹配。运行所有的正则表达式会很费时间，所以你可以使用 TSTree，通过前缀找到所有可能的匹配。这样你就可以减少模式的个数，只要快速试几次匹配就够了。

使用这种方法，你的 URL 将会完整匹配，因为你运行了真正的正则表达式模式，它们的匹配速度会更快，因为你是通过可能的前缀找到它们的。

这类算法在别的情况下也有用，包括所有需要灵活的用户可见的路由机制的地方：域名、IP 地址、注册表以及目录、文件或者 URL。

附加任务

- 与其只为 URL 处理器存储字符串，不如创建一个真正的使用 Handler 结构体来存储应用的引擎。这个结构体应该存储它附带 URL、名称以及一些别的真正路由系统需要的东西。
- 与其将 URL 映射到任意的名称，不如将它们映射到 .so 文件，并使用 dlopen 系统来即时加载处理器，调用它们包含的回调函数。将回调函数放到你的 Handler 结构体中，然后你就拥有了一个 C 语言版的完全动态的回调处理系统。

简单网络服务器

在从现在开始的一系列习题中，你要深入一个持久延续的项目。最后 5 个习题会让你创建一个简单服务器，和你之前的 `logfind` 项目风格类似。我会描述项目的每个阶段，你试着去实现每个阶段的功能，然后你把自己的实现和我的实现进行比较。

我故意把这些描述说得比较模糊，这样你就可以用自己的方式自由实现，不过我还是会在这个过程中帮你的。每一个习题中都有两个视频。第一个视频告诉你这个项目该有什么样的功能，你看了它的运行后就可以去模拟它。第二个视频展示了我是如何解决问题的，这样你就可以拿你的实现和我的实现进行比较。最后，你可以访问 GitHub，看我的代码是怎样写的。

你应该试着先自己完成任务，程序运行起来以后（或者如果你完全无法进行下去的时候），再去看第二个视频，看看我的代码。当你做完之后，你可以继续使用你的代码，也可以用我的代码来进行后续的习题。

规格说明

这里你要先完成一个小程序，为后面的项目打好基础。这个程序我叫它 `statserve`，尽管现在的规格说明中没有提到统计之类的东西，我们后面会补上。

项目的规格说明很简单。

1. 创建一个简单的网络服务器，让它可以接受来自 `netclient` 或 `nc` 命令的 7899 端口访问，然后将你输入的东西回显到命令行。
2. 你需要学习如何绑定端口，监听套接字，响应数据。使用你的研究功底，钻研一下怎样做，然后试着自己去实现它。
3. 这个项目中更重要的部分是从 `c-skeleton` 列好项目目录结构，确保你可以执行每一种构建，并让一切能正常运作。
4. 守护进程之类的东西就别去想了。你的服务器只要从命令行运行起来，并且能够不间断运行，这样就够了。

这个项目有一个重要的挑战，就是要弄清楚如何创建一个套接字服务器，不过你现在学到的知识应该足够完成这个任务了。如果你觉得太难，自己弄不清楚，就先看看第一个视频，我在里边有教你怎样做。

习题 49

统计服务器

这个项目的下一阶段就是实现 statserve 服务器的第一个功能。习题 48 中的程序你应该已经完成了，而且不会崩溃。记住，在继续进行之前，要用防御性思维，尽最大能力破坏和摧毁你的项目。看看习题 48 的两个视频中我是怎样做的。

statserve 的目的是让客户端连接到主机后，提交用于修改统计数据的命令。如果你记得的话，我们之前学过一点儿基本的增值统计系统的实现，而且你学会了怎样使用散列表、动态数组、二叉搜索树、三元搜索树等数据结构。这些东西都会在 statserve 中用到，用于实现它的下一个功能。

规格说明

你需要实现一个协议，供你的网络客户端用来存储统计数据。如果你还记得习题 43 中的内容，你应该记得 stats.h 的 API 有以下几种简单操作。

- **States_create**：创建一个新统计。
- **States_mean**：获取当前统计的平均值。
- **States_sample**：为统计添加新样本。
- **States_dump**：获取所有的统计元素（sum、sumsq、n、min 和 max）。

这会创建你的协议的开头，你还需要做更多事情。

1. 你需要能让人们为这些统计数据命名，这意味着使用一种映射型数据结构，把名称映射到 Stats 结构体上。
2. 你需要为每一个名字添加标准的 CRUD 操作。CRUD 表示创建（create）、读取（read）、更新（update）和删除（delete）。目前已经有了 create、mean 和 dump 命令可以用于读取，sample 命令可以用于更新。你还需要一个删除命令。
3. 你也许还需要一个 list 命令，用来列出服务器上所有可用的统计数据。

假定你的 statserve 将会处理允许上述操作的协议，我们就来创建统计数据、更新样本、删除记录、转储记录、获取平均值，最后列出所有统计信息。

尽力设计一个简单（一定要简单）协议，先使用纯文本格式撰写，看看能弄出什么结果。先在纸上演练，然后看这个习题的视频，学习如何设计协议，并获取关于这个习题的更多信息。

我还建议你使用单元测试来测试协议解析是与服务器分开的。为处理字符串以及协议创建分开的 .c 和 .h 文件，然后测试这些文件，直到结果如你所愿。这会让为服务器添加新功能的过程更为容易。

统计数据的路由

解决了协议的问题，并把统计数据放到了数据结构中以后，你想要进一步丰富其功能。这个习题要求你重新设计以及重构你的部分代码。这是有意为之，因为编写软件的过程中这些事情都是必不可少的需求。你必须经常把旧代码扔掉，然后腾出空间放新代码。对于代码可不能恋旧。

在这个习题中，你需要使用习题 47 中的 URL 路由来加强你的协议，允许统计数据存储在任意 URL 路径中。

这就是你能得到的所有信息了。这个需求很简单，你必须自己完成。修改你的协议，更新你的数据结构，修改你的代码，让程序正常工作。

看视频，了解我的要求，然后努力完成，然后再看第二个视频，看我是怎样实现的。

习题 51

存储统计数据

接下来要解决的问题是如何存储统计数据。在内存中存储统计数据有一个优势，那就是存储速度快得多。事实上，有一些大型数据存储系统就是这样做的，不过在这里，我们需要一个小型服务器，用来把一些数据存储到硬盘上。

软件规格

对于这个习题，你需要添加两个命令，用来向硬盘存储统计数据和从硬盘加载统计数据。

- **store**：如果有 URL，就把它存储到硬盘。
- **load**：如果有两个 URL，就根据第一个 URL 加载硬盘上的统计数据，然后把统计数据放到内存中的第二个 URL 中。

这似乎很简单，不过要实现这个功能你还需要经历一些瓶颈。

1. 如果 URL 中包含“/”字符，那就会和文件系统使用的斜杠冲突。这个问题该怎么解决？
2. 如果 URL 中包含“/”字符，那么就有人可以通过给定一个路径，用你的服务器覆写硬盘上的文件。这个问题该怎么解决？
3. 如果你选择使用深度嵌套的目录，那么遍历路径找到文件的速度就会很慢。那么你该怎么做？
4. 如果你选择使用单一目录，然后为 URL 算散列值（不小心给了个提示），那么目录中文件过多的时候速度会很慢。该怎么解决？
5. 如果有人把硬盘上的数据加载到已经存在的 URL 上，会发生什么？
6. 运行 `statserve` 的人怎样知道存储应该在哪里？

除了使用文件系统存储数据，你还可以使用 SQLite 和 SQL 来做这件事情。另外你还可以使用 GNU dbm（GDBM）这样的系统将数据存储在更简单的数据库系统中。

研究一下所有的可选项，然后看视频讲座，选择最简单的选项试一下。花点儿时间弄清楚这个功能，因为下一个习题会涉及如何破坏你的服务器。

习题 52

入侵和改进你的服务器

最后一个习题包含 3 个视频。第一个视频讲的是怎样入侵你的服务器并试图破坏它。在这段视频里，我向你演示了破坏协议的众多工具和技巧，使用我自己的实现来演示设计中的缺陷。这个视频很有趣，如果你用自己的代码一直跟着学习，你可以和我比赛；看谁的服务器更健壮。

第二个视频演示了我对服务器做的一些改进。你应该先自改进一下自己的服务器，然后再看视频，看你的改进是不是和我的一样。

最后，第三个视频教你怎样进一步改进服务器，优化项目决策。视频中包含了我能想到的所有完善和优化项目的方法。要完成一个项目，最值得一提的是下面几项。

1. 将项目上线，让人们能够访问到。
2. 记录和改善易用性相关的问题，确保文档易读。
3. 尽可能扩大测试覆盖率。
4. 改进边角情况，防御能想到的所有攻击。

第二个视频演示了这些方面，并解释了怎么去做。

接下来的路

这本书对于初学者应该是一个大工程，对于了解底层不多的程序员来说应该也有一定的难度。你已经成功地学习了一系列的基础知识，包括 C 编程、测试、代码安全、算法、数据结构、单元测试以及解决问题的通用方式。恭喜你，你的编程水平应该已经提高了不少。

我推荐你再去读一些 C 语言编程书籍。Brian W. Kernighan 和 Dennis M. Ritchie 的《C 程序设计语言》（Prentice Hall, 1988）永远是正确的选择，这两人是 C 语言的创造者。我的书教你基本的应用方面的知识，让你能拿着 C 语言做出东西来，其实主要是借 C 语言教你其他编程相关的主题。他们的书教的东西更深入，能从创造者的角度教你 C 语言的原理和标准。

如果你还想在编程的路上继续提高，那我建议你至少学习 4 种编程语言。如果你已经学过了一种，现在又学会了 C，那么我建议你接着试试下面这些语言。

- Python，你可以用我的书《“笨办法”学 Python（第 3 版）》（*Learn Python The Hard Way, Third Edition*）（Addison-Wesley，2014）。
- Ruby，你可以用我的书《“笨办法”学 Ruby（第 3 版）》（*Learn Ruby The Hard Way, Third Edition*）（Addison-Wesley，015）。
- Go，使用 http://golang.org/doc 的官方文档学习。这门语言也是 C 语言的作者们写的，实话讲，比 C 语言强多了。
- Lua，挺有趣的一门编程语言，有着不错的 C 语言 API，没准儿你会喜欢。
- JavaScript，不过我也说不好用哪本书学习比较好。

可用的编程语言有很多，所以选择一种感兴趣的学习就可以了。我这么建议的原因是，要掌握编程，建立信心，提高能力，最简单的办法就是学习多种编程语言。4 种语言应该是从初学者到有能力的程序员的一个突破点。另外学习多种编程语言本来就是一件很有趣的事情。

特 别 优 惠

购买本书的读者专享异步社区购书优惠券。

使用方法：注册成为社区用户，在下单购书时输入 S4XC5 使用优惠码，然后点击“使用优惠码”，即可在原折扣基础上享受全单9折优惠。（订单满39元即可使用，本优惠券只可使用一次）

纸电图书组合购买

社区独家提供纸质图书和电子书组合购买方式，价格优惠，一次购买，多种阅读选择。

社区里还可以做什么？

提交勘误

您可以在图书页面下方提交勘误，每条勘误被确认后可以获得100积分。热心勘误的读者还有机会参与书稿的审校和翻译工作。

写作

社区提供基于 Markdown 的写作环境，喜欢写作的您可以在此一试身手，在社区里分享您的技术心得和读书体会，更可以体验自出版的乐趣，轻松实现出版的梦想。

如果成为社区认证作译者，还可以享受异步社区提供的作者专享特色服务。

会议活动早知道

您可以掌握 IT 圈的技术会议资讯，更有机会免费获赠大会门票。

加入异步

扫描任意二维码都能找到我们：

异步社区

微信服务号

微信订阅号

官方微博

QQ 群：436746675

社区网址：www.epubit.com.cn

投稿 & 咨询：contact@epubit.com.cn